Bildatlas
OLDTIMER

Michael Dörflinger

Bildatlas
OLDTIMER

© Naumann & Göbel Verlagsgesellschaft mbH

Emil-Hoffmann-Straße 1

D–50996 Köln

Autor: Michael Dörflinger

Realisation und Redaktion: red.sign GbR, Stuttgart

Gesamtherstellung: Naumann & Göbel Verlagsgesellschaft mbH, Köln

Alle Rechte vorbehalten

ISBN 978-3-625-13352-0

www.naumann-goebel.de

VORWORT

Es ist noch nicht lange her, da wurde der 125. Geburtstag des Automobils gefeiert. Für die heute Lebenden gab es nie eine Zeit ohne Auto. Viele Jahrhunderte lang spielte sich das Leben jedoch ohne motorisierten fahrbaren Untersatz ab. Wer reisen wollte, blieb auf das Pferd, die Kutsche, das Schiff oder die Eisenbahn angewiesen.

Doch abseits aller Nützlichkeitsaspekte wurde das Auto – besonders für Männer – auch zum Objekt der Begierde. Immer mehr begeisterten sich nicht nur für pfeilschnelle Sportwagen, sondern für die Autos, die in früheren Zeiten die Herzen höher schlagen ließen. Schnauferl, Oldtimer oder Classic Cars waren plötzlich keine Schrotthaufen mehr, sondern begehrte Kaufobjekte, die liebevoll restauriert wurden.

1966 hatten die nationalen Oldtimerverbände eine Dachorganisation gegründet, die FIVA mit Sitz in Paris. Diese Fédération Internationale des Véhicules Anciens hat für die Durchführung von Oldtimer-Rallyes die Fahrzeuge in verschiedene Klassen unterteilt. Derzeit gibt es sechs verschiedene Klassen. Die älteste (A) geht bis zum Jahresende 1904 und umfasst alle bis dahin gebauten Autos. Diese Exemplare werden als Ancestor oder Antique Cars bezeichnet. Zwischen Neujahr 1905 und Silvester 1918 wurden Fahrzeuge gebaut, die sich heute in der Klasse B wiederfinden und die Bezeichnung Veteran tragen. Modelle aus den Jahren 1919 bis 1930 heißen Vintage Cars und bilden die Klasse C. Es folgen alle zwischen 1930 und 1945 gebauten Fahrzeuge. Sie werden als Post Vintage oder elegante Classic Cars bezeichnet und bilden die Klasse D. Dann kommen die Post War Classics oder Post War Cars, die zwischen 1946 und 1960 hergestellt wurden, als Klasse E. Seit einiger Zeit gibt es zudem eine Klasse F mit Fahrzeugen, die zwischen den Jahren 1961 und 1970 produziert wurden. Alles, was neuer ist – aber älter als 30 Jahre sein muss, gehört in die Klasse G. Diese Autos werden landläufig gern als Youngtimer bezeichnet.

Ein Oldtimer ist eigentlich nur ein altes Auto – je nach Gesetzgebung des Landes ungefähr mindestens 30 Jahre alt und in einem weitgehend originalen Zustand. Es handelt sich somit um ein real existierendes Fahrzeug. Doch auf diese Weise will der Begriff in diesem Buch nicht verstanden sein. Hier sollen auch Autos vorgestellt werden, die Meilensteine waren, von denen aber aus irgendeinem Zufall kein einziges Modell mehr existiert. Dieser Band zeigt die Welt der alten Autos rund um den Globus.

INHALT

Das Auto
Erfolgsgeschichte einer Idee	**8**
Die Anfänge	**10**
Die Dampfer und die Elektrischen	**14**
Frankreich fährt davon	**18**
Automobile in den Vereinigten Staaten	**32**
Roll Britannia – motorisierte Briten	**40**
Italien auf vier Rädern	**46**
Autos aus dem Land der Erfinder	**50**
Autobauer in Mittel- und Osteuropa	**64**
Die ersten Automobile in Japan	**68**

Preiswert und kompakt
Kleinwagen erobern die Straße	**70**
Ein neues Konzept wird geboren	**72**
Die Kleinsten aus dem Schoß Europas	**84**
Klein, aber fein aus aller Welt	**102**

Standesgemäß unterwegs
Die Mittel- und Oberklasse	**112**
Die Grande Nation im Autobau	**114**
Gütesiegel „Made in Germany"	**126**
Osteuropa	**140**
Aus Europa in alle Welt	**150**
Spätstarter Japan und Australien	**164**
Im Land der Straßenkreuzer	**168**

Luxus auf vier Rädern

Individualität und Klasse	**182**
Noble Zurückhaltung	**184**
Uncle Sams Genussmobile	**194**
Frankreichs Majestäten	**204**
Echte Royals	**210**

Der große Männertraum

Sportwagen aus aller Welt	**218**
Deutsche Sportwagenlegenden	**220**
Sportlich-kühl: britische Sportwagen	**232**
Die großen Italiener	**246**
Frankreich und der Rest der Welt	**260**

Die Youngtimer

Nachwuchs auf der Überholspur	**276**
Pferdestärken aus den USA	**278**
Gediegenes und Sportliches in Europa	**290**

Register	**302**

Das Auto

Erfolgsgeschichte einer Idee

Die Anfänge

Früher war es der Araberhengst oder der feurige Mustang, der die Männer zum Träumen brachte. Heute ist es der Achtzylinder oder das Cabrio. Seit seiner Erfindung hat das Auto einen Siegeszug ohnegleichen erlebt. Die technische Entwicklung ist beeindruckend – und äußerst spannend.

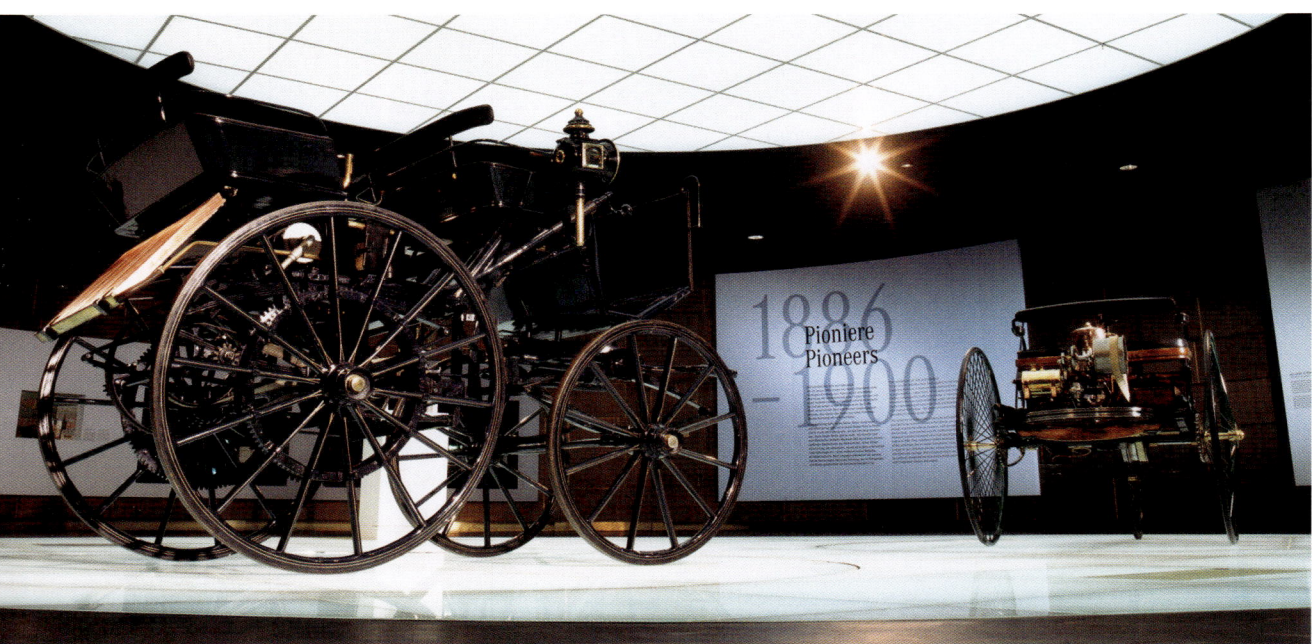

Die **ersten Autos** von Gottlieb Daimler (links) und Carl Benz (rechts) haben die Welt verändert. Diese beiden ersten Fahrzeuge mit Verbrennungsmotor läuteten das Zeitalter der Automobile ein.

Die Kraftübertragung vom Motor auf die Räder beim **Patent-Motorwagen** von Carl Benz geschah ähnlich wie beim Fahrrad über eine Kette. Das sollte noch einige Jahre so bleiben. Die Räder stammten vom Kutschenbau.

Das Auto hat zwei Väter: den Badener Carl Benz und den Württemberger Gottlieb Daimler. Der Erfolg mit den Neukonstruktionen sollte allerdings noch etwas auf sich warten lassen. Die beiden Pioniere hatten zunächst mit allerlei Widrigkeiten zu kämpfen. Doch am Ende stand eine „Traumhochzeit".

Benz und Daimler

Als der Apotheker Willi Ockel in Wiesloch bei Heidelberg Anfang August 1888 einer eleganten, aber etwas eingestaubten Dame einen Kanister Ligroin verkaufte, ahnte er nicht, dass Bertha Benz mit dieser Flüssigkeit nichts reinigen wollte, sondern das Waschbenzin in den Tank ihrer dreirädrigen Kutsche füllte. In diesem Augenblick war er zum ersten Tankwart der Geschichte geworden. Die Dame war die Gattin des Erfinders Carl Benz, der zweieinhalb Jahre zuvor, am 29. Januar 1886 ein Patent auf sein „Fahrzeug mit Gasmotorantrieb" erhalten hatte.

Der Motorwagen, der vor der Apotheke parkte, und neben dem die beiden Söhne Eugen und Richard standen, war das dritte von Benz gebaute Fahrzeug. Bis dahin war die Erfindung praktisch unbekannt geblieben. Nun ging es aufwärts. In Handarbeit wurden weitere Fahrzeuge hergestellt, die auch verkauft werden konnten. Doch bis 1893 wurden lediglich 15 Exemplare gebaut. Dann ging Benz auch

Benz

Carl Friedrich Benz wurde am 25. November 1844 in Mühlburg geboren, das heute zu Karlsruhe gehört. Er studierte Maschinenbau und beschäftigte sich danach mit der Konstruktion von Motoren. 1885 fertigte er sein erstes Fahrzeug, für das er ein Jahr später ein Reichspatent bekam. Seitdem gilt er offiziell als der Erfinder des Automobils. Benz baute weiterhin Wagen und war um 1900 der größte Autobauer der Welt. Er starb am 4. April 1929 in Ladenburg. Viel zu verdanken hatte er seiner Frau Bertha, die seine Unternehmungen finanzierte und mit ihrer ersten Ausfahrt seiner Idee zum Durchbruch verhalf.

Ein Blick auf den Motor zeigt, dass das **Schwungrad** bei Benz liegend angebracht war, um die Fahrt ruhiger zu machen. Der Einzylindermotor leistete 0,67 PS.

zur vierrädrigen Kutsche über. Mit dem Modell *Velo* fand er dann endlich zum Verkaufserfolg.

Ab 1896 wurden Zweizylinder- und ab 1903 Vierzylinderwagen gebaut. Die von Benz entwickelten Motoren waren Boxermotoren mit gegenüberliegenden Zylindern. Benz nannte sie allerdings „Kontramotoren". Die frühen Modelle hatten noch eine Hebellenkung. Das Lenkrad, wie wir es heute kennen, sollte erst zum Ende des 19. Jahrhunderts seinen Siegeszug antreten. Gebremst wurde anfangs nur mit auf die Hinterräder wirkenden Klotzbremsen aus dem Kutschenbau. Angesichts der noch niedrigen Fahrgeschwindigkeiten mochte das halbwegs genügen, doch die ersten Verkehrsunfälle zeigten, dass hier dringender Handlungsbedarf bestand.

Ein Motorbauer erfindet nebenbei Gottlieb Daimler hatte bei Nikolaus Otto in dessen Kölner Firma Deutz gearbeitet, doch er wollte sein eigener Herr sein. So kehrte er in die schwäbische Heimat zurück und gründete in Cannstatt eine Versuchswerkstatt. 1885 bekam er für seinen Motor ein Patent. Eigentlich eher, um Beispiele für die Anwendung

Dieser **Mylord Coupé** stammt aus dem Jahr 1901. Benz hatte zu diesem Zeitpunkt die größte Autofabrik der Welt.

DAS AUTO | *Die Anfänge*

1926 fand die „Traumhochzeit" der beiden ältesten Automobilhersteller statt. Das war die Geburtsstunde von **Mercedes-Benz**, gefeiert von einer leicht bekleideten Dame.

seines leichten Triebwerks zu geben, baute er teilweise zusammen mit seinem Freund Wilhelm Maybach den Reitwagen, der das erste Motorrad war, 1886 das erste Auto mit vier Rädern und Verbrennungsmotor. In den folgenden Jahren wurden weitere Motorwagen gebaut. Der Schwerpunkt lag aber weiterhin auf dem Verkauf von Motoren.

Die Daimler Motoren-Gesellschaft baute verschiedene Fahrzeuge, darunter den Typ *Victoria*. In Nizza vertrat der österreichische Kaufmann Emil Jellinek die Marke Daimler. Unter der reichen Bevölkerung an der Côte d'Azur versprach er sich viele Kunden. Er wusste aber, dass die Daimler-Wagen einige Veränderungen benötigten. Seine Anregungen wurden umgesetzt, und Jellinek trat unter dem Pseudonym Mercedes bei Rennfahrten an. Mercedes war der Name seiner ältesten Tochter. Die Erfolge waren so überwältigend, dass Daimler sich 1901 entschloss, alle gebauten Wagen als *Mercedes* zu verkaufen.

Die Hersteller merkten schnell, dass Rennsiege eine gute Werbung waren und engagierten Werksfahrer, die ihre Marke siegreich präsentieren sollten. Einer der erfolgreichsten in den Kinderjahren von Mercedes war der „rote Teufel" genannte Belgier Camille Jenatzy.

Die Mercedes-Wagen der Folgejahre gehörten zu den besten der Zeit. Selbst ein Großbrand, der 1903 nicht nur 93 verkaufsbereite Mercedes-Wagen, sondern auch die Fertigungsanlagen zerstörte, konnte die Erfolgsgeschichte nicht stoppen. Ein Jahr später wurde am neuen Standort in Untertürkheim wieder produziert. Als der Staatssekretär im Reichskolonialamt Bernhard Dernburg eine Reise durch die Kolonien antreten wollte, gab er dafür bei Daimler einen Wagen in Auftrag. Der innovative *Dernburg-Wagen* von 1907 wurde mit Allradantrieb und einer Allradlenkung ausgestattet, der ihn auf dem unwegsamen Gelände sicher voran brachte.

Vor der Einführung einer elektrischen Beleuchtung im Fahrzeugbau und teilweise bis in die 1920er-Jahre hinein verwendete man **Azetylenscheinwerfer**, die mit Karbid betrieben wurden. »

Daimler

Gottlieb Daimler wurde am 17. März 1834 in Schorndorf östlich von Stuttgart geboren. Er studierte in Stuttgart Maschinenbau und arbeitete in verschiedenen Maschinenbaufirmen, dann wechselte er zur Firma Deutz, wo er im Motorenbau arbeiten konnte. Nach einem Streit mit Nikolaus Otto verließ er zusammen mit seinem Freund Maybach das Unternehmen und bastelte an seiner eigenen Karriere. Er bekam 1885 ein Patent auf seinen scherzhaft als „Standuhr" bezeichneten Motor und erfand innerhalb kurzer Zeit das Motorrad, das Motorboot, die Motorstraßenbahn und das erste vierrädrige Auto von 1886. Allerdings stellte seine Firma dann vor allem Motoren her. Daimler starb am 6. März 1900 in Cannstatt.

Diese Abbildung zeigt das **erste Auto der Welt** in seiner ganzen Pracht. Der Motor lag hinten, vorne hatte der Wagen nur ein Rad. Das vereinfachte die Lenkung.

Vorläufer – aber wohl nicht „Vorfahrer" Auch vor Benz und Daimler gab es Versuche, Fahrzeuge mit einem Verbrennungsmotor zu betreiben. Etienne Lenoir hatte schon 1862/63 einen Wagen mit seinem Gasmotor ausgestattet. Neben diesem dreirädrigen *Hippomobile* entstand später ein weiteres Fahrzeug, mit dem er bereits vor Benz auf der Straße unterwegs war. Ein anderer Franzose, der in seiner Heimat gern als der wahre Erfinder des Automobils gilt, ist Édouard Delamare-Deboutteville, der zusammen mit Léon Malandain erstmals einen Viertakt-Benzinmotor auf ein Gefährt setzte und damit fahren wollte. Doch weit kamen sie nicht, dann brach das Fahrgestell. Siegfried Marcus, ein in Österreich lebender Mecklenburger, soll Mitte der 1870er-Jahre an der Wiener Universität ein Fahrzeug gebaut haben, das von einem Einzylindermotor angetrieben wurde. Es gab aber in späteren Jahren Versuche, einen 1888 gebauten Wagen auf eine viel frühere Zeit zu datieren. Weil es keine Beweise für einen so frühen Motorwagen gibt, glaubt die Marcus-Theorie heute niemand mehr.

DAS AUTO | Die Dampfer und die Elektrischen

Die Dampfer und die Elektrischen

Die Industrielle Revolution, die ein neues Zeitalter einläutete, war nur durch die Dampfmaschine möglich geworden. Bereits im 18. Jahrhundert wurde sie auch für ein Fortbewegungsmittel eingesetzt. Doch es dauerte noch Jahre, bis die Lokomotive serienreif wurde. Auch Dampfautos gab es – schon vor Carl Benz.

Cugnot und die ersten Dampfmobile

Für den British Royal Automobile Club und den Automobile Club de France ist der Dampfwagen von Cugnot das erste Automobil der Welt. Kein Wunder, denn den Deutschen wollten die ehemaligen Kriegsgegner diesen Erfolg nicht gönnen. Doch wer war eigentlich Nicholas Cugnot? Man muss bis ins Jahr 1769 zurückgehen, um auf ihn zu treffen – also in eine Zeit, die fast 120 Jahre vor dem ersten Motorwagen liegt. In Paris hatte der Artillerie-Offizier Cugnot gerade eine Zugmaschine entwickelt, mit der er schwere Kanonen schleppen wollte. Als Antrieb diente eine Dampfmaschine mit einem großen Kessel, der ein wenig so aussah wie der Zaubertrankkessel von Miraculix. Es lag an der Lenkung, dass Cugnot damit das Kasernentor verfehlte und an die Mauer rumpelte. 1770 entstand ein weiteres Modell, doch auch damit stellte sich kein Erfolg ein. Wenn man davon ausgeht, dass ein Auto eine etwas größere Strecke zurücklegen muss, kann man den Automobilisten der Entente Cordiale wohl kaum Recht geben.

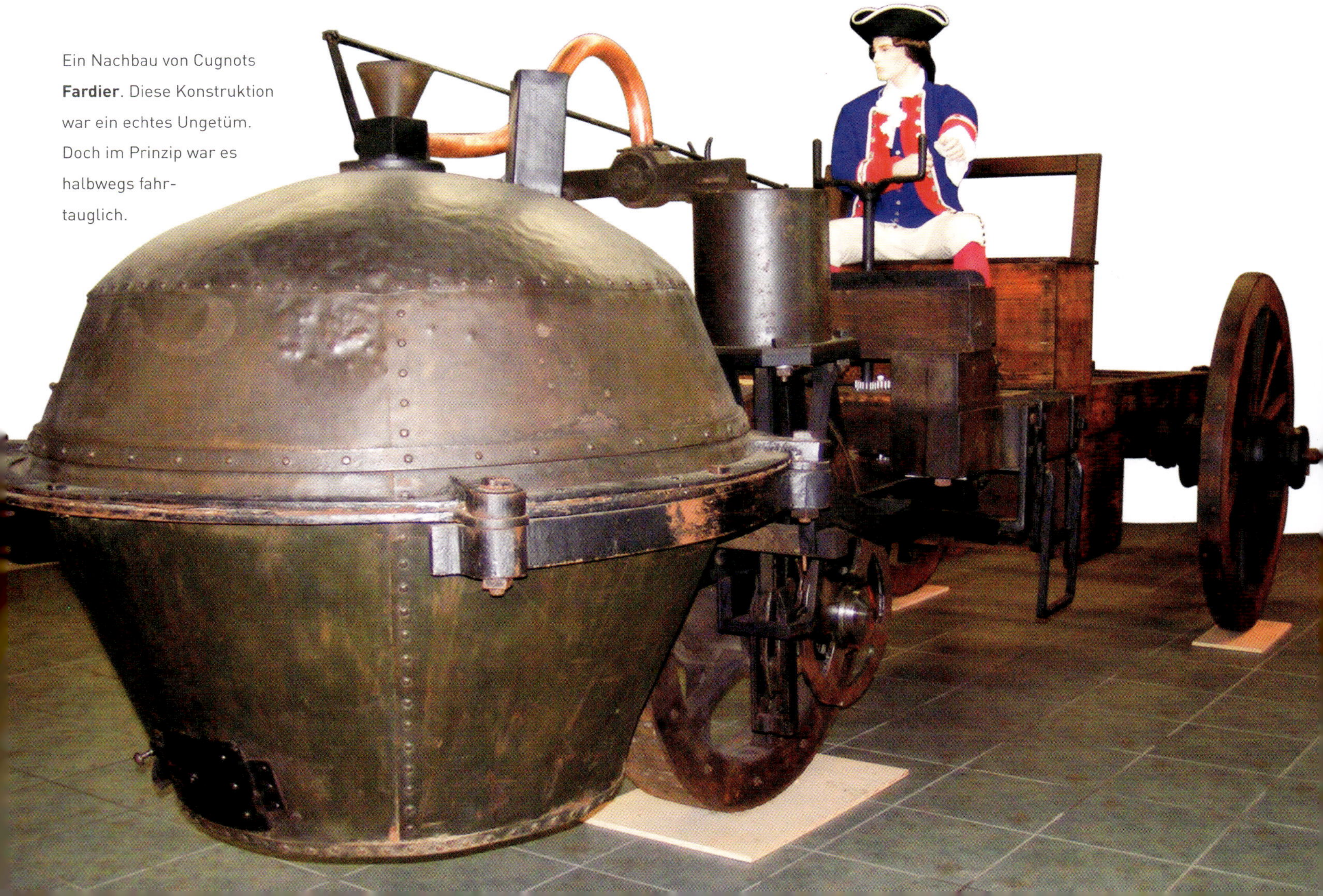

Ein Nachbau von Cugnots **Fardier**. Diese Konstruktion war ein echtes Ungetüm. Doch im Prinzip war es halbwegs fahrtauglich.

Diese Abbildung zeigt die notwendigen Bestandteile eines **Dampfautos** und deren Verteilung auf dem Fahrgestell. Adolf Altmann war ein Autopionier, der neben Dampfautos auch den ersten deutschen Traktor gebaut hat. »

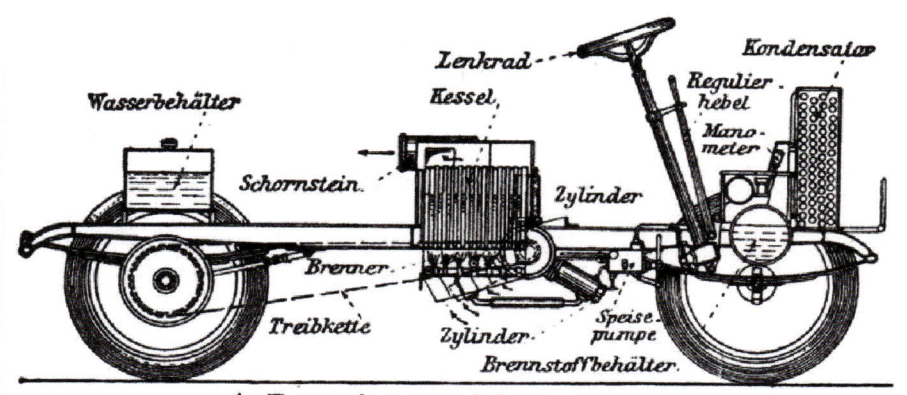

Schriftzug der Firma **Stanley**, der sicherlich bedeutendsten Herstellerin von Dampfautos. Ein Stanley war das erste Auto, das über 200 Stundenkilometer erreichte. Dieser Weltrekord gelang bereits 1906. «

Dieser Dampfwagen, ein **Biplace Course** des Typs **H**, wurde 1902 bei Serpollet in Paris hergestellt. Das schwarze Gestell an der Fahrzeugfront war ein damals auch bei Benzinautos üblicher Schlangenkühler.

Dampfbusse und Lokomobilen In Großbritannien, wo die Dampfmaschine erfunden worden war, hatte die Dampftraktion traditionell eine starke Position. Richard Trevithick, der Erfinder der Dampflokomotive, stellte 1797 auch einen Straßenwagen vor, den *Puffing Devil*. 30 Jahre später fuhren die ersten Dampfomnibusse durch London. Bereits um 1850 wurden Lokomobilen gebaut. Dabei handelte es sich um selbstfahrende Dampfmaschinen, die wie Dampfloks funktionierten, aber nicht an Schienen gebunden waren. Ihr hohes Gewicht machte sie für längere Fahrten jedoch ungeeignet. Hauptsächlich wurden sie als mobile Kraftzentralen oder später auch als Zugmaschinen eingesetzt. Hinzu kam, dass damals auf britischen Straßen nur mit Schrittgeschwindigkeit gefahren werden durfte. Das machte eine Entwicklung von Personenfahrzeugen uninteressant.

Dampfwagen der Belle Epoque

🏛 Anders als in Großbritannien sah es in Frankreich aus. Hier war man motorisierten Fahrzeugen gegenüber aufgeschlossen wie nirgendwo sonst. Bereits 1873 stellte die Firma Bollée in Le Mans Dampfwagen her. Ab 1896 erfolgte aber der Umstieg auf Benzinmodelle. De Dion-Bouton trat zehn Jahre nach Bollée in den Markt ein. Dort baute man Dampfwagen, bis man um etwa 1902 vollständig auf Benzinmotoren umstieg.

🏛 **Überall dampft es in den USA** In den Vereinigten Staaten von Amerika entwickelte sich um 1900 ein wahrer Boom bei Dampfwagen. Die Hersteller schienen wie Pilze aus dem Boden zu schießen. Doch nur die wenigsten schafften es, das

Die **Red Jammers**, die roten Busse im Glacier National Park in Montana, sind die vielleicht berühmtesten Fahrzeuge von **White**. In den 1930er-Jahren gebaut, wurden sie aber nicht mehr mit Dampf betrieben.

kritische dritte Jahr zu überstehen. Einem dem das gelang, war die White Motor Company aus Cleveland, ein Produzent von Nähmaschinen. Ein wichtiger Werbeeffekt war, dass der 27. US-Präsident William Howard Taft sich mit einem 40 PS starken White Steamer Typ *M* chauffieren ließ. Über 10 000 Dampfwagen konnten gebaut werden.

Ab 1910 wurden Benzinmotoren verbaut. 1918 zog man sich auf die Herstellung von Nutzfahrzeugen zurück. In den folgenden Jahren entwickelte sich White mit seinen Lastkraftwagen zu einem der Marktführer in den USA.

Die wahrscheinlich bedeutendste Firma, die Dampfwagen baute, trug den Namen Stanley. Zwischen 1897 und 1927 entstanden unzählige Wagen. Allerdings wurde nicht wie bei der Eisenbahn mit Kohle, sondern mit Petroleum geheizt. Der Höhepunkt war sicher der *Stanley Steamer*

Dies ist der Kessel eines 1924 gebauten Dampfautomobils **Typ 740** der amerikanischen Firma **Stanley**. Hier erfolgte die Dampferzeugung, allerdings wurde nicht mit Kohlen geheizt, sondern man verwendete Petroleum und später auch Kerosin. Der Stanley 740 war über zehnmal so teuer wie ein Model *T* von Ford.

Der damalige Präsident der Vereinigten Staaten, Taft, erhielt von der **White Motor Company** einen Dampfwagen mit der Bezeichnung **Model M**, der 40 PS leistete. Taft stellte sich damit gegen den Vorgänger Roosevelt, der bei der Konkurrenz Stanley gekauft hatte.

Beetle, mit dem Fred Marriot 1906 einen Weltrekord aufstellte und als erster mit einem Auto die 200-Stundenkilometer-Marke übertraf. In den Krisenjahren um 1930 bis 1945 besann man sich in manchen Ländern wieder auf den Dampfantrieb, doch blieben diese Modelle relativ erfolglos.

Der Elektrik-Trick Bereits in der Pionierzeit des Automobils konkurrierte der Elektrowagen mit dem Dampfwagen. Es gab viele Anbieter, beispielsweise Lohner Österreich, Baker in den USA oder den AEG-Ableger NAG in Berlin. Weil die Batterien sehr schnell leer waren, eignete sich dieses Prinzip jedoch nur in beschränktem Maße im Stadtverkehr.

Der erste Elektrowagen wurde bereits 1881 von dem Franzosen Jeantaud gebaut. Allerdings hatte er mit den bekannten Problemen zu kämpfen, sodass es bei Einzelstücken blieb. Immerhin hatte Jeantaud die Ehre, dass Gaston de Chasseloup-Laubat auf einem seiner Fabrikate 1898 den ersten Geschwindigkeitsweltrekord aufstellte: 63,16 Stundenkilometer. Ein Jahr später wurde diese Marke auf 92,8 Stundenkilometer geschraubt. Am bekanntesten wurde aber ein anderer französischer Hersteller: Kriéger aus Paris baute zwischen 1898 und 1909 eine Vielzahl von Elektroautos, die hauptsächlich als Taxis Dienst taten. Die Elektrowagen der US-Firma Baker hatten mit Thomas A. Edison und der Comicfigur Oma Duck zwei berühmte Fahrer. Bakers *Torpedo* war das erste Auto mit einem Sicherheitsgurt.

Frankreich fährt davon

Der Begriff Automobil stammt von Peugeot. Die Franzosen bezeichneten im Frühjahr 1891 eines ihre Fahrzeuge so. Überhaupt gab es in keinem anderen Land in der Pionierzeit des Autos einen solchen Boom, wie ihn Frankreich erlebte. Erst durch den dortigen Siegeszug des Kraftfahrzeugs war dessen Zukunft gesichert.

Dieser Wagen ist der **Type 3** von **Peugeot**. Er wurde 1891 als erstes Auto der französischen Firma gebaut. Der Motor stammte von Daimler – er leistete ganze zwei PS. Die Passagiere saßen sich gegenüber, weshalb diese Bauform Vis-à-Vis hieß.

Ein Löwe brüllt

- 1889 waren die beiden deutschen Firmen Benz und Daimler mit ihren Motorwagen auf der Pariser Weltausstellung vertreten. Armand Peugeot, ein 40-jähriger Provinzler aus Audincourt in der Nähe der Schweizer Grenze, war ebenfalls auf der Weltausstellung, denn als Fabrikant interessierte er sich stets für Neuheiten. Eigentlich stellte er Werkzeuge und Haushaltsgeräte her. Sieben Jahre zuvor hatte er auch damit begonnen, Fahrräder zu montieren – ein Segment, das bei Peugeot bis heute noch bedient wird – und einen Dampfwagen in Serpollet-Lizenz baute er ebenfalls. Doch was er auf der Weltausstellung bei den Motorwagen zu sehen bekam, stellte alles bisher Dagewesene in den Schatten. Peugeot schloss mit Daimler einen Vertrag zur Lieferung von Phoenix-Motoren, die er in seine eigenen Modelle einbauen wollte.

- **Eine Flut neuer Modelle** Nun ging es Schlag auf Schlag. Die ersten Modelle waren noch als Kutschen konstruiert. Bei den kutschenartigen Automobilen gab es verschiedene Sitzanordnungen. Sehr kommunikativ war die Vis-à-Vis-Anordnung wie bei dem *Type 3* von 1891, bei dem die Passagiere sich gegenüber saßen. Als Dos-à-Dos bezeichnete man

Lion-Peugeot war das Unternehmen eines Neffen Robert Peugeot. Es wurde 1906 gegründet, aber bereits 1910 mit Peugeot vereint. Dort entstanden die berühmten *Bébé*-Modelle.

eine Anordnung, bei denen die Passagiere nach hinten blickten und Rücken an Rücken mit dem Fahrer saßen. Der Fahrer – ohnehin meist ein Angestellter – saß Rücken an Rücken mit denen der zweiten Reihe. Allerdings hatten sie kein Gegenüber auf einer dritten Reihe. Zündapp stellte mit seinem Kleinwagen Janus noch in den 1950er-Jahren ein derartiges Modell her. Peugeot ging jedoch schon bald dazu über, Wagen zu bauen, die einen Frontmotor hatten und sich dem moderneren Auto annäherten. Der *Typ 36* von 1901 machte hier den Anfang.

Ab 1897 war Peugeot in der Lage, seine Modelle mit Motoren aus eigener Fertigung zu versehen. Im Jahr 1900 umfasste die Modellgeschichte der Franzosen bereits über 30 verschiedene Typen, und 1905 wurde dann schon das 69. Modell vorgestellt. Dieser Kleinwagen bekam schnell den Beinamen *Bébé*, „Baby", verpasst. Neben den Kleinwagen, die bis zu dieser Zeit das Programm beherrschten, fanden immer mehr Mittelklassemodelle ihren Weg in den Verkauf. Der *Typ 127* beispielsweise, der zwischen 1910 und

Abadal

Schneller Luxus – kurzes Spektakel Spanien hatte in Barcelona mit Hispano-Suiza bereits einen renommierten Autobauer hervorgebracht. In der gleichen Stadt baute ein Rennfahrer und ehemaliger Verkäufer dieser Marke die Firma Abadal auf, der es 1912 gelang, ebenfalls Autos auf den Markt zu bringen. Schnelle Luxuswagen sollten gebaut werden. Die belgische Firma Imperia erwarb eine Nachbaulizenz. Doch der in Europa ab 1914 tobende Krieg ließ die potenzielle Kundschaft schnell dahinschmelzen. Abadal gab 1923 auf und vertrat fortan General Motors in Spanien.

Blick in das Cockpit eines **Abadal**. Die spanische Firma baute Vier- und Sechszylindermodelle, musste aber bereits nach kurzer Zeit wieder aufgeben. Francisco Serramelera y Abadal vertrat danach General Motors in Spanien.

Dieses Fahrzeug, der Nachfolger des ersten *Bébé* Typ 69, wurde von **Ettore Bugatti** entwickelt. Peugeot warb mit den niedrigen Verbrauchskosten von lediglich einem Sou auf einen Kilometer. Der Vierzylindermotor hatte 10 PS.

Der **Typ 127** von **Peugeot** wurde zwischen 1910 und 1912 gebaut. Sein Zwei-Liter-Vierzylindermotor leistete 10 PS. Der Typ *127* erreichte eine Geschwindigkeit von bis zu 60 Stundenkilometern.

Von diesem Modell, dem **Typ 177**, wurden über 34 000 Exemplare verkauft. Die Karosserieform dieses Cabriolets heißt Torpedo. Sie zeichnet sich durch die sich nach vorne verjüngende Motorhaube aus.

1912 gebaut wurde, hatte einen Vierzylindermotor mit 10 PS Leistung. Mit Delage und Bugatti konnte Peugeot für einige Zeit prominente Entwickler gewinnen. Bugatti hatte beispielsweise das zweite *Bébé* von 1913 konstruiert.

Ab 1906 gab es eine zweite Firma mit dem Namen Peugeot, die Lion-Peugeot, die Robert Peugeot, ein Neffe, gegründet hatte. Doch bereits 1910 wurde sie in die große Firma integriert. 1912 wurde in Sochaux ein neues Werk gebaut, in das sehr bald die Zentrale umzog.

In schöner Regelmäßigkeit entstanden neue Modelle, die alle nur möglichen Bauformen aufwiesen. Zwischen 1914 und 1920 musste die Personenwagenproduktion eingestellt werden. Stattdessen baute Peugeot für den Krieg. Doch dann ging es wieder bergauf. Mit der kleinen *Quadrilette* von 1921 oder dem *Typ 177* von 1923 wurden im unteren und mittleren Leistungssegment Modelle präsentiert, die sich gut verkauften. Ein neues Zeitalter brach 1929 an, als der *Peugeot 201* das Licht der Welt erblickte, doch davon später.

Heute fast vergessene Marken Bereits 1903 waren die ersten Autos aus dem Werksgelände der Kanonengießerei Hotchkiss gefahren. Bis 1970 entstanden dort zuverlässige Wagen, die auch bei Rennfahrten überaus erfolgreich waren. Ein weiteres Unternehmen, das bei Renn- und Rekordfahrten in der Frühzeit des Automobils glänzend abschnitt, war die Pariser Firma Mors. Zunächst stellte die 1895 gegründete Wagenschmiede Dampfautos her, dann folgten Benziner. Nach dem Ersten Weltkrieg geriet Mors aber in Schwierigkeiten und wurde von Citroën aufgekauft.

DAS AUTO | Frankreich fährt davon

Andere Hersteller nehmen Fahrt auf

Bereits seit 1883 war der Marquis Albert de Dion mit seinen Dampfwagen im Kfz-Bereich tätig. Auch kleine Dampfdreiräder gehörten dazu. Mit einem seiner Modelle holte de Dion 1894 beim ersten Autorennen der Welt von Paris nach Rouen den Sieg, wurde aber von der Jury zurückgestuft, weil ihr das Auto nicht einfach genug zu bedienen war. Zusammen mit seinem Kompagnon Georges Bouton und seinem Schwager Trepardoux baute er in Puteaux vor den Toren von Paris im gleichen Jahr das Modell *Voiturette* mit einem selbst konstruierten Einzylindermotor. In den Folgejahren wurde die Firma zeitweilig zum größten Autobauer der Welt und zur ersten, die Großserien produzieren konnte. Die gelungenen Motoren wurden an viele andere Hersteller verkauft. 1910 stellte De Dion-Bouton erstmals ein Serienmodell mit V8-Motor vor. Doch nach dem Ersten Weltkrieg liefen die Geschäfte nicht mehr so gut. Die Konkurrenz war schärfer geworden. Aufgrund der Folgen der Weltwirtschaftskrise gab das Unternehmen den Bau von Pkw auf.

De Dion-Bouton legte Wert auf Eleganz, das zeigt dieses Detailfoto der Fahrzeugfront eines Modells aus dem Jahr 1908.

Paris, 1909 vor der Oper. Die Wagen von **Lorraine-Dietrich** waren die richtigen Fahrzeuge für die feine Gesellschaft. Wie man im Hintergrund erkennen kann, gab es damals bereits schon Doppeldeckerbusse.

De Dietrich aus dem französischen Teil Lothringens stellte Waggons her und wandte sich 1897 auch dem Automobilbau zu, zunächst mit Nachbauten von Bollée-Wagen. Zu seinen Mitarbeitern gehörte auch Ettore Bugatti. Ab 1905 hieß die Firma Lorraine-Dietrich. Hergestellt wurden hochwertige Autos, die sich auch in Rennen bewährten. In den 1920er-Jahren wurden Sechszylinder-Modelle gebaut, hinzu kamen Nutzfahrzeuge. 1934 wandte sich das inzwischen in Lorraine umbenannte Unternehmen vom Autobau ab und stellte fortan Flugzeugmotoren her.

In den Fahrzeugen von **De Dion-Bouton** war es wohnlich wie in einem Separée. Selbst an Blumen wurde gedacht.

Verschlungene Wege Ein früher Pionier des Autobaus war ab 1898 Decauville, ein Hersteller von Feldbahnen – dieses Unternehmen hatte beispielsweise die Bahn gebaut, die bei der Weltausstellung 1889 in Paris zu Füßen des Eiffelturms verkehrte. Die kleinen Modelle von Decauville namens *Voiturelle* waren sehr beliebt. Noch im selben Jahr verkaufte die Firma eine Produktionslizenz des Modells an Wartburg aus Deutschland und Marchand in Italien. Bis 1911 folgten noch einige andere Modelle.

Ein schönes Beispiel dafür, wie die Geschichte einer Automarke verlaufen kann, ist Unic. Entstanden ist das in Puteaux ansässige Unternehmen, weil sich Georges Richard 1904 von seinem Partner Brasier trennte, mit dem er zusammen seit 1901 Autos gebaut hatte. Die Firma Richard-Brasier ging übrigens 1930 in Konkurs und wurde von Delahaye aufgekauft. Diese Firma wurde dann ebenfalls übernommen und zwar 1954 von Hotchkiss. Dieser trotz des Namens französische Hersteller war allerdings bereits seit 1942 mehrheitlich im Besitz von Peugeot.

Aber eigentlich ging es ja um Richard. Seine Firma Unic ging 1949 in die Hände von Simca über und wurde 1966 an Fiat weiterverkauft. In den letzten Jahren wurden aber nur noch Nutzfahrzeuge hergestellt. An diesem Beispiel ist gut zu sehen, wie die alten Marken in den heutigen großen Konzernen aufgegangen sind. Oft bewahren diese das Erbe, doch vielfach sind die Namen solcher Marken heute fast vergessen.

Dieser hübsche **Unic** stammt von 1909. Die Firma begann mit leichten Fahrzeugen und Taxis, später wurden vor allem Nutzfahrzeuge hergestellt. Anfang des 21. Jahrhunderts gab es einen erfolglosen Versuch, die Marke wiederzubeleben.

DAS AUTO | *Frankreich fährt davon*

Dieser Wagen wurde bei **Panhard & Levassor** 1899 gebaut. Er hat eine Kohlenschaufel-Motorhaube, der Kühler lag zwischen Motor und Fahrer. Die Räder hatten noch Felgen aus Holz, die Hinterräder wurden mit einer Kette angetrieben.

Echte Pioniere

Emile Levassor und René Panhard arbeiteten beide in der Holzbranche. Auch sie hatten die Weltausstellung von 1889 besucht und die dort vorgeführten Motorwagen der beiden Deutschen Benz und Daimler gesehen. Sie erwarben daraufhin von Daimler eine Fertigungslizenz und stellten bereits ein Jahr später ihr erstes Auto her. Leider verunglückte Levassor bei einem Wettrennen, auf dem er seine Marke präsentieren wollte und starb an den Unfallfolgen. Panhard aber machte trotz dieses Unglücks weiter. 1896 baute er

Der **AB** der Serie 8 von **Delage** hatte einen Vierzylinder-Reihenmotor von Ballot und ein Viergang-Getriebe. Er wurde kurz vor dem Ersten Weltkrieg produziert.

Excelsior

Spitzenklasse aus Belgien 1903 stellte die belgische Firma Excelsior ihr erstes Automobil vor. Nach zuerst auch kleineren Modellen wurden in der Folge nur noch Vier- oder Sechszylindertypen gebaut. Spitzenmodell war der ab 1926 produzierte *Albert I*, benannt nach dem belgischen König, mit einem Sechszylindermotor, der Spitzengeschwindigkeiten von bis zu 160 Kilometern in der Stunde ermöglichte. Für viele Autobauer war dieser Wagen ein vielgerühmtes Vorbild, doch wegen der Wirtschaftskrise fehlten die Kunden. Wie andere belgische Hersteller, so Métallurgique oder Nagant wurde auch Excelsior (1929) vom heimischen Konkurrenten Imperia übernommen.

Delahaye ist heute vor allem noch wegen seiner Rennerfolge bekannt. Die Firma gehörte zu den Pionieren der Automobilbranche und war seit 1894 auf dem Markt.

erstmals einen Vierzylindermotor in ein Auto ein. 1898 führte Panhard & Levassor als erste Firma den Frontmotor ein, der allerdings weiterhin die Hinterräder antrieb. Dieses als „Standardbauweise" bezeichnete Konstruktionsprinzip hatte den Vorteil einer besseren Gewichtsverteilung. Auch das Lenkrad geht auf diesen Hersteller zurück – es wurde 1896 erstmals verwendet. Mehr über diese Firma erfährt man im dritten Kapitel.

Von Peugeot stammte Lucien Delage, ein begabter Ingenieur, der 1905 sein eigenes Label gründete. Er begann mit kleinen Voiturettes, doch schon bald wurden Sportwagen und Limousinen gebaut, die zuletzt mit Achtzylindermotoren ausgestattet waren. Die exklusiven Wagen begeisterten das Publikum. Doch der Geldadel wollte sich nach dem „Schwarzen Freitag" von 1929 nicht mehr mit dem Autokauf befassen. Delage musste daher schwere Verluste hinnehmen und gab 1935 schließlich auf. Der Mitbewerber Delahaye produzierte noch bis 1953 Fahrzeuge, die den Namen Delage trugen.

Delahaye selbst war bereits im Jahr 1894 mit eigenen Autos in Erscheinung getreten. Die Blütezeit dieser Firma lag aber erst in den 1920er-Jahren. Ihre Rennwagen feierten auf den Strecken der Welt großartige Triumphe, und die sportlichen Wagen verkauften sich gut. Doch nach dem Bruch infolge der Auswirkungen des Zweiten Weltkriegs lief es nie wieder so gut. 1954 ging Delahaye schließlich in die Hand von Hotchkiss über.

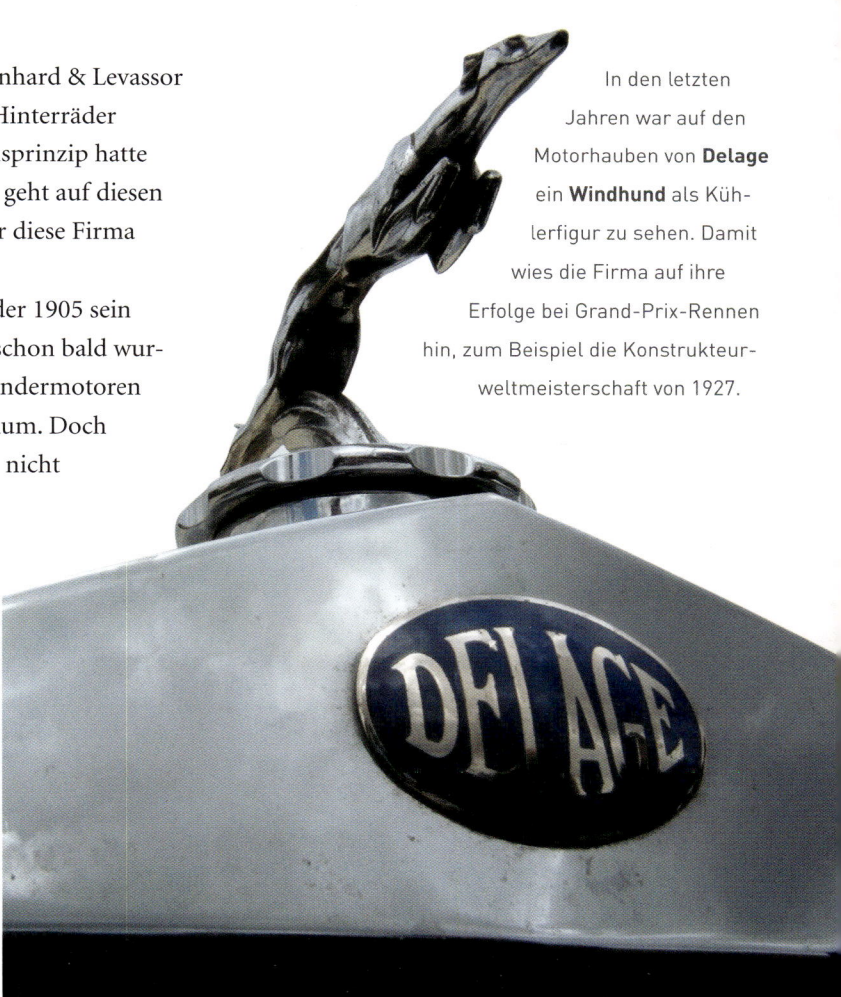

In den letzten Jahren war auf den Motorhauben von **Delage** ein **Windhund** als Kühlerfigur zu sehen. Damit wies die Firma auf ihre Erfolge bei Grand-Prix-Rennen hin, zum Beispiel die Konstrukteurweltmeisterschaft von 1927.

DAS AUTO | *Frankreich fährt davon*

Der **Typ D 4 CV** wurde bei **Renault** 1901 hergestellt. Der flott aussehende Zweisitzer erreichte allerdings nur eine Höchstgeschwindigkeit von 40 Stundenkilometern. Solche Voiturettes standen am Beginn der Firmengeschichte.

Renault, der Créateur d'Automobiles

Die Familie Renault hatte drei Söhne und zwei Töchter. Der Vater hatte in der Textilbranche gutes Geld gemacht, weshalb sich die Renaults sogar ein Ferienhaus in Billancourt vor den Toren von Paris an der Straße nach Versailles leisten konnten. Der Sohn Louis, das vierte Kind, war wie viele Jungen von Technik fasziniert. Anders als die meisten schwänzte er aber die Schule, nur um bei Serpollet zuzuschauen, wie dort Dampfautos gebaut wurden. Als er einmal sogar selbst fahren durfte, stand für ihn fest, dass er einmal Autos bauen und Rennfahrer werden wollte. Sein Studium absolvierte er quasi auf den Straßen und in den Werkstätten von Paris. Eine höhere Schule hat er nie besucht. Im Alter von gerade einmal 22 Jahren gründete Louis Renault zusammen mit seinen Brüdern eine eigene Firma – in Billancourt, wo das Wochenendhaus der Familie stand. Zu Weihnachten 1898 hatte er eine Bestellung über zwölf Voiturettes bekommen.

Louis war ein bedeutender Erfinder, der viele Patente erwarb. Eine seiner wichtigsten Erfindungen in den Pionierjahren des Automobilbaus war die Einführung der Kardanwelle 1898. Die Übertragung der Motorkraft auf die Räder geschah nun nicht mehr über eine Kette oder gar einen Riemen, sondern mithilfe einer Gelenkwelle. Da der Motor jetzt meist vorne eingebaut war, der Antrieb aber auf die Hinterräder erfolgte, war diese Lösung ideal. Bei schwereren Fahrzeugen und Rennwagen blieb allerdings die Kette noch für einige Jahre üblich. Andere

Autos und Flugzeuge waren in der Belle Epoque die Lieblingsspielzeuge vieler wohlhabender und abenteuerlustiger Männer. **Renault** nutzte diese Begeisterung für die eigenen Werbeaktivitäten.

bedeutende Erfindungen von Louis Renault waren beispielsweise die Trommelbremse, der Turbolader oder die Sicherheitsgurte.

Kohlenschaufeln und Wunder-Taxis Markenzeichen der frühen Renault-Ära waren die Motorhauben, die in Form einer Kohlenschaufel gehalten waren und nicht nur damals als schick galten. Der Kühler war hinter dem Motor angebracht, wodurch die Wirkung deutlich reduziert war. Bei stärkeren Motoren wurde diese Bauweise später deshalb aufgegeben.

1906 verwendete Renault bei einem Rennwagen erstmals abnehmbare Räder. Vorher mussten bei einer Panne die Schläuche mühsam geflickt werden. Da damals noch viele Nägel von Pferdehufen auf der Straße lagen und die Straßen noch oft ungeteert waren, traten Reifenschäden häufig auf. Im gleichen Jahr bekam Renault einen Großauftrag: 250 Taxis für Paris! Diese Taxis begründeten den Mythos Renault, denn sie waren es, die 1914 Verstärkung an die Front brachten und die heranrückende deutsche Armee im „Wunder an der Marne" zum Rückzug zwangen. Bis Mitte der 1920er-Jahre waren die Modelle relativ einheitlich gestaltet.

Im Jahr 1906 stellte **Renault** den **Type Al** mit 35 CV, also Steuer-PS, vor. Der Wagen war das Flaggschiff der Firma vor dem Ersten Weltkrieg, das vor allem reiche Amerikaner kauften. Der Vierzylindermotor hatte 7,4 Liter Hubraum. «

Zwischen Luxus und Vergnügen

In Billancourt, in der Nähe von Renault, ließ sich Emile Salmson nieder, um Zulieferprodukte für die Kfz- und Flugindustrie zu bauen. Nach dem Ersten Weltkrieg wurden auch Autos hergestellt, vor allem Sport- und Rennwagen, die bei vielen Motorsportveranstaltungen anzutreffen waren. 1957 wurde Salmson jedoch von Renault übernommen.

Rochet-Schneider – Autos aus der Provinz Nicht nur im Raum Paris gab es Ende des 19. Jahrhunderts Enthusiasten, die Autos bauten, sondern auch in der Provinz. In Lyon war beispielsweise die Fahrradfirma Rochet-Schneider beheimatet, die sich die Erfolge des Konkurrenten Peugeot zum Vorbild nahm und 1894 mit einem eigenen Automobil an die Öffentlichkeit trat. Vorbild für den Wagen war offensichtlich der Motorwagen von Benz. Etwa zehn Jahre später orientierte man sich mit größeren Vierzylindermodellen an der inzwischen weiterentwickelten Technik.

Rochet-Schneider aus Lyon bot in den 1920er-Jahren edel gestylte Oberklassemodelle wie diese viertürige Limousine an.

Dieser **12 CV Type 9000** von **Rochet-Schneider** stammt aus dem Jahr 1909. Er hatte einen Vierzylindermotor. Gefertigt wurde dieses Fahrzeug, dessen Karosserie vor allem aus Holz war, in Lyon.

In den „Goldenen Zwanzigern" nahm Rochet-Schneider auch luxuriöse Sechszylinder ins Programm auf. Die langgezogenen Wagen wiesen einen klassischen Chic auf, der beim Geldadel sehr gut ankam. Doch mit der Wirtschaftskrise fand diese Zeit ihr Ende. Jetzt wurden vor allem Nutzfahrzeuge gebaut.

Autobau in Levallois-Perret Der Fahrradfabrikant Clément baute ab 1898 Automobile, die unter dem Namen *Gladiator* herauskamen. In England interessierte sich der Earl Talbot für diese Fahrzeuge und importierte sie. Dort erhielten sie die Bezeichnung *Talbot* (Näheres dazu im dritten Kapitel). Ab 1933 bekamen die in Frankreich gebauten Talbot-Modelle den neuen Markennamen *Talbot-Lago*.

Wie Clément befand sich auch die Firma Ader in Levallois-Perret. Dort wurden zwischen 1900 und 1907 Automobile hergestellt. Ader baute Modelle mit V-Motoren mit zwei bis sogar acht Zylindern. Das 1903 erstmals gebaute Achtzylinder-Modell war durch die Aneinanderreihung zweier Vierzylindermotoren entstanden.

Die Anfänge der luxuriösen Wagen Ettore Bugatti war Italiener, seine ersten Schritte in die Selbständigkeit unternahm er aber im damals zu Deutschland gehörigen elsässichen Molsheim. Daher lag nach dem Ersten Weltkrieg

Talbot war eine Marke, die sich auch im Motorsport ihre Meriten verdiente. So waren Talbot-Vertreter auch im Grand-Prix-Sport vertreten. Hier bestreitet ein Talbot ein Oldtimerrennen in der Nähe von Barcelona.

DAS AUTO | *Frankreich fährt davon*

Anlassen

Starten mit der Kurbel In der Frühzeit des Automobils wurde der Motor in der Regel mit einer Andrehkurbel gestartet. Allerdings war dies nicht ganz ungefährlich, wenn man nicht gut aufpasste – und so flog so manchem Automobilisten die Kurbel um die Ohren. Auch nach der Erfindung des elektrischen Anlassers boten viele Hersteller weiterhin die Möglichkeit zum zusätzlichen manuellen Anwerfen des Motors an. Citroën war in dieser Hinsicht besonders traditionsbewusst. Die Kurbel gehörte noch 1990 bei der letzten verkauften „Ente" zum Lieferumfang.

Bugattis berühmter Rennwagen der Zeit vor dem Ersten Weltkrieg war der **Type 13**. Dieses Foto zeigt Ernest Friederich, den Freund und Geschäftspartner von Ettore Bugatti, bei einem Autorennen um 1910.

seine Firma auf französischem Boden – und so gibt es gleich drei Nationen, die Anspruch auf den berühmten Fahrzeugbauer erheben. Doch Grenzen interessierten den jungen Mann nicht. Genausowenig wie er sich in die Berufswünsche, die sein Vater für ihn hegte, einzwängen ließ, sondern sich für den Konstrukteursberuf entschied. Mit 19 Jahren baute er in Mailand sein erstes Auto, das ihm gleich einen Preis einbrachte. Es folgten Anstellungen bei de Dietrich und Mathis im Elsass. Von 1907 bis 1909 arbeitete er dann bei der berühmten Motorenfabrik Deutz. In seiner Freizeit baute er ein neues Auto und schließlich gründete er seine eigene Firma. Ein besonderer Auftrag erreichte ihn von Peugeot, er entwarf das

Talbot-Lago hieß das Unternehmen, nachdem der Italiener Antonio Lago das Werk in Frankreich übernommen hatte. Zu seinen Meisterwerken gehört der **T23 Teardrop Coupé**. Die Karosserie wurde von Figoni e Falaschi aufgebaut.

berühmte zweite *Bébé*. Außerdem produzierte er sein erstes Modell, den *Type 13*. Der Erste Weltkrieg beendete zwar die Fabrikation vorläufig, doch von Bugatti wird noch zu reden sein.

Luftfahrtpionier am Boden Gabriel Voisin kam aus der Fliegerei: Er hatte 1905 als einer der Ersten weltweit eine Flugzeugfirma gegründet. Durch die massiv wachsende Flugzeugproduktion im Ersten Weltkrieg konnte Voisin gute Gewinne verbuchen, die er dann in seine Autopläne steckte. Ab 1919 wandte er sich vor allem dem Automobilbau zu, und viele Herstellungsformen aus dem Flugzeugbau fanden bei seinen Modellen Anwendung. Es begann mit dem Sechssitzer *M-1*, der 75 PS Leistung brachte.

Das Design seiner Karosserien war immer außergewöhnlich und oft sogar futuristisch – womit er aber vielen Kunden Freude machte. In der Regel setzte Voisin auf Schiebermotoren, bei denen die Ventile nach einer Idee Knights durch Schieber ersetzt waren. Das machte den Motor leise, aber teuer. Seine vielleicht exzentrischsten Entwürfe waren die beiden Exemplare des Typs *C-2*, die mit Zwölfzylinder-Motoren ausgestattet waren und einen Radstand von annähernd vier Metern hatten. Die Flugzeugtechniken kamen besonders beim *C-11* zum Tragen, denn dieses Modell hatte ein Chassis und eine Karosserie aus Aluminium. Und das bereits in den 1920er-Jahren! Seine Fahrzeuge waren meist luxuriös und exklusiv. Das erschwerte es, einen großen Kundenstamm zu finden. 1936 musste er deshalb den Autobau aufgeben.

Automobile in den Vereinigten Staaten

Allein schon wegen der Größe des Marktes und des Landes spielten die Vereinigten Staaten gleich von Anfang an eine bedeutende Rolle in der Geschichte des Automobilbaus. Zahlreiche Unternehmer und Erfinder versuchten am Ende des 19. und Anfang des 20. Jahrhunderts in der jungen Automobilbranche Fuß zu fassen – mit mehr oder weniger Erfolg.

◆ Nur wenige Personen waren für die Geschichte des Automobils so bedeutend wie Henry Ford. Dabei fiel Ford jedoch nicht nur wegen seiner erfinderischen Leistungen auf, sondern nicht zuletzt auch durch sein unternehmerisches Geschick, mit dem er den Automobilbau revolutionierte und den motorisierten fahrbaren Untersatz für eine breite Bevölkerungsschicht erschwinglich machte.

Henry Ford kam am 30. Juli 1863 in dem kleinen Dorf Greenfield, Michigan, als zweites Kind einer Farmerfamilie zur Welt. Nicht weit von Fords Geburtsort entfernt befand sich die schnell wachsende Stadt Detroit, die damals ungefähr 50 000 Einwohner hatte und im folgenden Jahrhundert zur „Autostadt" der Vereinigten Staaten aufsteigen sollte. Greenfield ist heute ein Teil der Stadt Dearborn, in der sich auch die Zentrale der Ford Motor Company befindet.

◆ **Der junge Erfinder** Henrys technisches Interesse zeigte sich bereits im Alter von elf Jahren, als er anfing, alle Uhren, deren er daheim habhaft werden konnte, zu zerlegen und wieder zusammenzusetzen. Da ihm ein geeigneter Schrau-

Mit dem **Modell T** schrieb Henry Ford Geschichte. Zahlreichen Angehörigen der amerikanischen Mittelschicht ermöglichte dieses preisgünstige Modell die Anschaffung eines eigenen Autos.

benzieher fehlte, feilte er sich einen aus einem Nagel. Wie damals üblich, musste der Junge schon früh in der Landwirtschaft mitarbeiten. Die körperliche Tätigkeit bereitete ihm keine Freude, veranlasste ihn aber dazu, kleine, die Arbeit erleichternde Geräte zu konstruieren, wie etwa eine Vorrichtung, die es ihm erlaubte, das Hoftor schließen zu können, ohne vom Wagen absteigen zu müssen.

In die große Stadt Die Landarbeit begeisterte Henry Ford nicht. Als er 16 Jahre alt war, machte er sich eines Tages, anstatt in die Schule zu gehen, auf den Weg nach Detroit. Dort fand er bei der Firma James Flower & Company, einem der wichtigsten Dampfmaschinenhersteller Detroits, einen Job, der ihm zweieinhalb Dollar in der Woche einbrachte. Zusätzliche zwei Dollar verdiente er sich durch eine abendliche Teilzeittätigkeit bei einem Juwelier.

Das **Modell T** gab es in verschiedenen Karosserieformen und Ausstattungen. In technischer Hinsicht bestand jedoch kein großer Unterschied.

Henry Ford wird der Spruch zugeschrieben, dass es das **Modell T** in jeder Farbe gebe, solange sie schwarz sei. Vor 1913 war das Auto tatsächlich in Grün, Rot, Blau und Grau erhältlich. Ford entschied sich dann jedoch für Schwarz, da diese Farbe schneller trocknete.

DAS AUTO | Automobile in den Vereinigten Staaten

Henry war von den Maschinen begeistert und er lernte schnell. Er wechselte mehrfach den Arbeitgeber, um sein Wissen erweitern zu können. Bereits 1891 wurde er Maschinenbauer und später Chefingenieur bei der Edison Illuminating Company, einem von dem Erfinder Thomas Alva Edison gegründeten Unternehmen. Henry Ford besaß nun ausreichend Erfahrung und Möglichkeiten, um sich mehr seiner Leidenschaft widmen zu können. 1893 baute er seinen ersten Benzinmotor, und drei Jahre später folgte das erste von ihm konstruierte Fahrzeug. Er nannte es *Quadricycle*. Dabei handelte es sich um ein kleines, kutschenähnliches Gefährt, das von einem vier PS starken Zweizylindermotor angetrieben wurde. Die Höchstgeschwindigkeit lag bei 20 Stundenkilometern. Immerhin konnte Ford das Fahrzeug für 200 Dollar verkaufen.

Das *Quadricycle* war noch ein ziemlich einfaches Automobil gewesen. Henry Ford hoffte aber, größere und bessere Fahrzeuge bauen zu können, als er 1899 die Stellung eines Konstrukteurs bei der neu gegründeten Detroit Automobile Company übernahm. Allerdings kam das Unternehmen nicht über eine Produktionszahl von 20 Fahrzeugen hinaus und bereits 1901 musste es seine Tore wieder schließen.

Die fliegende Wachtel erschien 1928 erstmals auf dem Kühler eines **Modell A**, des Nachfolgers des Modell T. Die Figur war Henry Fords eigene Idee, wurde aber von einem Zulieferer umgesetzt.

Der Unternehmer Noch im gleichen Jahr entstand mithilfe von finanziellen Unterstützern die Henry Ford Company, die sich ebenfalls den Bau von Autos zum Ziel gesetzt hatte. Henry Ford wollte damals schon durch standardisierte Komponenten die Produktion rationalisieren, jedoch konnte er seine Ideen nicht mehr durchsetzen, da er bereits ein Jahr später wegen Unstimmigkeiten mit den Investoren zurücktreten musste. Aus dem Unternehmen wurde dann die Cadillac Motor Company.

Der **1937er Ford** ist leicht am typischen Kühlergrill zu erkennen. Wie schon bei den Vorgängern war das Modell in zahlreichen Karosserie- und Ausstattungsvarianten erhältlich. Nachfolger war der *1941er Ford*.

Holz für die Karosserie zu verwenden, war anfangs im Automobilbau die Regel. Dieser Ford sorgt trotzdem bei Oldtimertreffen für interessierte Blicke. Auffallend sind auch die verschiedenen Farben.

Aber bereits 1903 gründete Ford nun die Ford Motor Company mit Sitz in Dearborn. Das erste Modell, das aus den Werkstoren rollte, erhielt die einfache Bezeichnung *A*. Das Fahrzeug war mit einem acht PS starken Zweizylinder-Boxermotor ausgestattet. Es konnte bereits eine Höchstgeschwindigkeit von 72 Stundenkilometern erreichen und war für einen Preis von 750 Dollar zu haben.

Eine Blechliesl für alle Das bekannteste Automobil, das Ford produzierte, war aber das Modell *T*, dessen Produktion 1908 begann. Das Fahrzeug kostete anfangs 850 Dollar, was für die meisten Durchschnittsbürger noch zu teuer war. Fords Ziel war aber immer gewesen, ein Auto für die Allgemeinheit zu produzieren. Um dies zu erreichen, musste er seine Produktionsmethoden ändern. Die Lösung war die Einführung des Fließbandes, die es ermöglichte, dass jeder Arbeiter nur bestimmte Tätigkeiten an den vorbeirollenden Autos ausführte. Die Folge davon war eine erhebliche Produktionssteigerung, die nicht nur Fords Gewinne in die Höhe schnellen ließ, sondern auch eine Verdoppelung der Löhne ermöglichte. Das Entscheidende für die Motorisierung der Massen war jedoch der Verkaufspreis des Modells *T*, der 1915 auf 290 Dollar sank. Allein in diesem Jahr leisteten sich eine Million Amerikaner ein solches Automobil. Bis 1927, als die Produktion des Modells eingestellt wurde, war die Anzahl der insgesamt hergestellten Exemplare auf über 15 000 000 angestiegen. Damit war die *Tin Lizzy* („Blechliesl"), wie das Modell auch genannt wurde, das damals meistverkaufte Auto der Welt.

 DAS AUTO | *Automobile in den Vereinigten Staaten*

Viele Marken unter einem Dach – General Motors

Anfang des 20. Jahrhundert gab es in den USA annähernd 90 Unternehmen, die sich dem Automobilbau verschrieben hatten. Die meisten stellten nur wenige Fahrzeuge her und verschwanden bald wieder vom Markt. Andere wurden aufgekauft oder fusionierten und bestehen heute noch als Markennamen weiter.

Eine der bekanntesten amerikanischen Automobilmarken entstand 1902 aus den Überresten der Henry Ford Company in Detroit. Nach Fords Ausscheiden führte Henry M. Leland die Produktion weiter. Der Firmenname wurde in Cadillac geändert, womit an Laumet de La Mothe, Sieur de Cadillac, den Gründer von Detroit, erinnert werden sollte.

Das erste Cadillac-Modell kam noch im gleichen Jahr auf den Markt. Es wurde später Modell *A* genannt und glich dem gleichnamigen von Ford konstruierten Typ. Für die Leistung von 6,5 bis 8,25 PS war jedoch ein Einzylindermotor der ebenfalls von Henry M. Leland gegründeten Firma Leland & Faulconer zuständig.

Die Gründergeneration Zu den ältesten Automobilmarken zählt Oldsmobile. Das von Ransom E. Olds gegründete Unternehmen nahm seinen Anfang in der Stadt Lansing, ungefähr 120 Kilometer nordwestlich von Detroit. Das erste,

Zu Beginn des 20. Jahrhunderts hatten **Elektroautos** eine erstaunlich weite Verbreitung. Ungefähr ein Drittel der Autos in den Straßen von New York, Boston und Chicago besaß einen elektrischen Antrieb, wie dieses Taxi von 1902.

Cartercar

Stufenlos mit Reibscheiben Zu den zahlreichen Automobilherstellern, die Teil des General-Motors-Konzerns wurden, gehörte auch die Cartercar Company. Dieses Unternehmen war 1905 gegründet worden und hatte ab 1907 seinen Sitz in der bei Detroit gelegenen Stadt Pontiac. Was Cartercar für General Motors interessant machte und von anderen Herstellern abhob, war das Reibscheibengetriebe, das ohne Schaltstufen arbeitete. Die Technik scheint anfangs viele Kunden überzeugt zu haben, was 1909 zur Übernahme durch General Motors führte. Die erhofften Verkaufszahlen wurden jedoch nicht erreicht, weswegen 1915 der Bau der Cartercars eingestellt wurde.

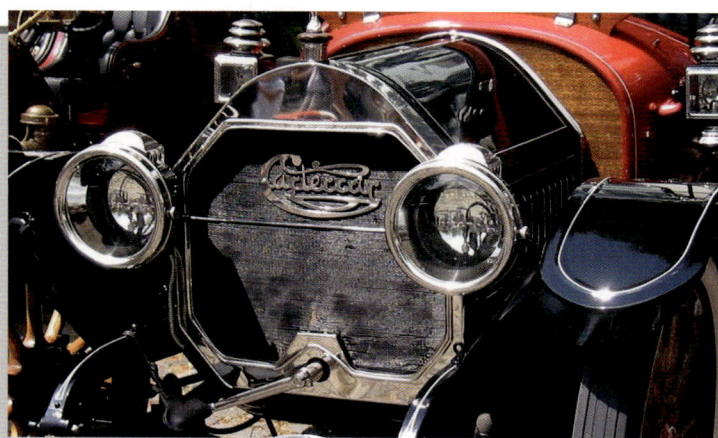

Die stufenlose Kraftübertragung von **Cartercar** war wie der elektrische Antrieb ein Vorgeschmack auf die Zukunft. Letztendlich musste sie aber der herkömmlichen Technologie Platz machen.

noch wie eine pferdelose Kutsche aussehende, Serienmodell ging 1901 in Produktion. Mit den im ersten Jahr hergestellten 425 Exemplaren erwies sich Oldsmobile als eine der meistverkauften Marken in den USA.

Ebenfalls als eine der ältesten Automarken der Welt gilt Buick. Das Unternehmen wurde 1899 als Buick Auto-Vim and Power Company in Detroit gegründet. Den Namen Buick Motor Company bekam es im Jahr 1903. In diesem Jahr erfolgte zudem der Umzug in die nordwestlich von Detroit gelegene Stadt Flint. In den ersten Jahren kamen aus den Buick-Werkstätten jedoch nur einige Prototypen. Das erste in Serie gefertigte Auto war 1904 das Modell B. Von den 37 Exemplaren, die in diesem Jahr gebaut wurden, ist heute jedoch keines mehr erhalten.

Ein Autoriese entsteht Flint war zunächst auch der Sitz eines anderen bedeutenden Unternehmens der Automobilbranche. In dieser Stadt gründete 1908 der Autopionier William C. Durant zusammen mit einem Teilhaber General Motors, eine Holdinggesellschaft, in deren Eigentum sich Buick befand. Kurze Zeit danach kamen auch Cadillac, Oldsmobile und ein paar heute kaum mehr bekannte Firmen unter das Dach von General Motors.

Mit den Übernahmen stieg General Motors zu einem der wichtigsten Automobilhersteller der USA auf. Durant verlor jedoch die Führung des Unternehmens und gründete 1911 zusammen mit dem Rennfahrer Louis-Joseph Chevrolet eine neue Automobilfirma: Chevrolet. Von seiner neuen Basis aus erlangte Durant erneut die Kontrolle über General Motors, was auch dazu führte, dass Chevrolet Teil des Multi-Marken-Unternehmens wurde.

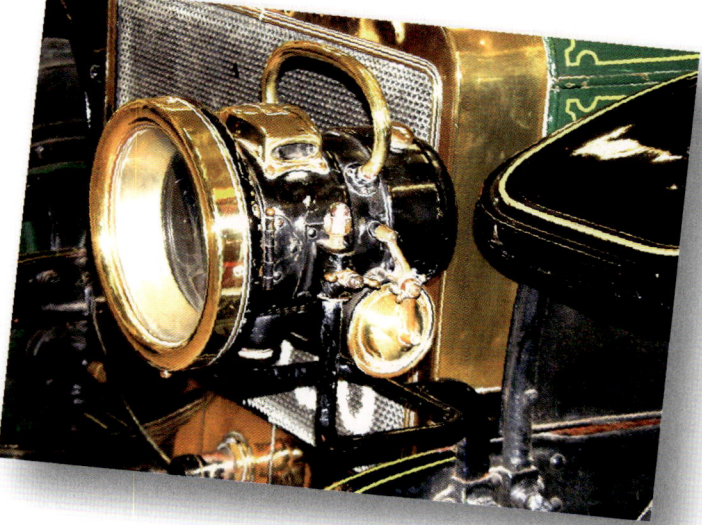

Dieser **Cadillac** ist mit einer guten Beleuchtung ausgestattet. 1904 erweiterte Cadillac das Angebot um das **Modell B**. Mit bis zu neun PS Leistung war es etwas stärker als das *Modell A*.

Bei den Preisen konnten die Automobile des Dreschmaschinenherstellers **J. I. Case** nicht mit Ford und den anderen großen Produzenten konkurrieren, wohl aber in Hinsicht auf Qualität und Ausstattung. «

Das **Case**-Rennauto wurde **Jay-Eye-See** genannt. Der Name leitete sich von der englischen Aussprache des abgekürzten Firmennamens ab. Noch bevor man bei Case an den Autobau dachte, hatte es bereits ein Rennpferd mit dem gleichen Namen gegeben.»

Case – Landmaschinen und Automobile

Nur wenige kennen Case als Automarke. Stattdessen ist der Name heute weltweit wegen der roten Traktoren, Mähdrescher und Landmaschinen bekannt. Auch Jerome Increase Case hatte noch keine fahrbaren Untersätze im Sinn, als er Mitte des 19. Jahrhunderts in der Stadt Racine, im Bundesstaat Wisconsin, das Unternehmen gründete, das ab 1880 J. I. Case Threshing Machine Company hieß. Der Bau von Dreschmaschinen sollte ursprünglich das Hauptziel sein. Bald waren es aber Dampfmaschinen, die für den größten Teil des Umsatzes sorgten. Case wurde sogar der bedeutendste Hersteller auf diesem Gebiet.

Von Detroit, dem Zentrum des Automobilbaus, war Racine weit entfernt. 1887 ließ sich jedoch Andrew J. Pierce in der Stadt am Michigansee nieder. Der Neubürger baute das erste Benzinauto im Bundesstaat Wisconsin und gründete 1892 ein Unternehmen, das später Pierce Motor Company hieß und das 1908 bereits ungefähr 300 Automobile unter dem Markennamen Pierce-Racine herstellte. In preislicher Hinsicht konnten die Pierce-Autos zwar mit den Ford-Modellen nicht mithalten. Die Fahrzeuge sollten sich jedoch von Anfang an durch eine qualitativ höherwertige Fertigung und eine luxuriösere Ausstattung von der Konkurrenz abheben.

Von der Dampfmaschine zum Autobau Bei Case hatte man schon länger mit dem Gedanken gespielt, in den Automobilbau einzusteigen. Die Möglichkeit ergab sich 1909, als der Schuldenberg von Pierce eine solche Höhe erreicht hatte, dass der Einstieg eines finanzkräftigen Investors nötig wurde – und der Land- und Dampfmaschinenhersteller nutzte die Chance. Von nun an wurden die Autos aus Racine unter dem Namen Case verkauft.

Case machte sich auch einen Namen bei Automobilrennen. Auf dem Markt für Personenkraftwagen stand es aber nicht so gut. Nachdem Ford durch die Einführung der Fließbandfertigung die Preise entscheidend hatte senken können, kosteten einige Case-Autos etwa das Zehnfache eines Modells T. Auch eine höhere Qualität konnte diese Preisunterschiede nicht mehr rechtfertigen. Ende der 1920er-Jahre fasste man daher bei Case den Entschluss, sich doch lieber auf die Landmaschinenbranche zu konzentrieren – rechtzeitig vor dem Einsetzen der Weltwirtschaftskrise, die der Autosparte des Unternehmens sowieso ein Ende gesetzt hätte.

 DAS AUTO | *Roll Britannia – motorisierte Briten*

Roll Britannia – motorisierte Briten

 Bei der Industrialisierung hatte Großbritannien noch die Führungsrolle inne. Doch bei der Motorisierung wäre es fast zu einem Fehlstart gekommen. Ein erfolgreicher Aufbau einer Automobilbranche gelang dann doch. Dabei waren es vor allem einige Nobelmarken, die für eine weltweite Bekanntheit der britischen Automobilbaukunst sorgten.

Großbritannien ist zwar die älteste Industrienation Europas, aber dennoch hatte der Automobilbau auf den britischen Inseln anfangs mit einigen Widerständen zu kämpfen. Die Pläne für das erste von einem Verbrennungsmotor angetriebene Fahrzeug wurden bereits 1884 von Edward Butler vorgestellt. Der Erfinder nannte sein Gefährt *Petrol Cycle*. Es wird allgemein als das erste britische Automobil angesehen, obwohl es lediglich drei Räder hatte: zwei vorne und eines hinten. Gebaut wurde das Dreiradfahrzeug jedoch erst 1888, nachdem Carl Benz bereits seinen ebenfalls dreirädrigen Motorwagen vorgestellt hatte.

In technischer Hinsicht konnte Butlers Dreirad einige fortschrittliche technische Details vorweisen. Dazu gehörten ein Düsenvergaser, mechanisch betätigte Einlassventile und die Achsschenkellenkung. Das Fahrzeug hätte eine Höchstgeschwindigkeit von 16 Stundenkilometern erreichen können. Die damalige Gesetzgebung erlaubte für selbstfahrende Vehikel allerdings nur eine Geschwindigkeit von höchstens 3 Stundenkilometern im bebauten Gebiet und 6,5 Stundenkilometern auf dem Land. Außerdem hätte eine Person dem Fahrzeug vorausgehen und eine rote Fahne schwenken müssen. Diese Restriktionen führten dazu, dass Butler schließlich die Weiterentwicklung seines Fahrzeugs aufgab und es verschrottete.

Ein Daimler in Coventry Harry John Lawson gilt als einer der Väter der britischen Automobilindustrie. Er gründete 1895 eine Gesellschaft mit der Bezeichnung British Motor Syndicate, deren Ziel es war, ausländische Patente aufzukaufen, eine inländische Automobilbranche aufzubauen und die restriktiven Gesetze aufzuheben. Im folgenden Jahr gründete er die Daimler Motor Company. Einige Jahre zuvor hatte er bereits von Daimler die Lizenz für den Bau und den Vertrieb von Daimler-Fahrzeugen sowie die Verwendung des Markennamens erworben.

Daimler gehört zu den großen britischen Automarken und war lange Zeit der gefährlichste Konkurrent von Rolls-Royce. Die Produktion der Fahrzeuge erfolgte in Coventry, wo auch viele andere Hersteller ihren Sitz hatten.

Von **Edward Butler** stammt das erste in Großbritannien hergestellte Fahrzeug mit einem Verbrennungsmotor. Das noch recht einfach konstruierte Modell besaß nur drei Räder.

Das Ziel der Gesetzesänderung erreichte Lawson bereits 1896. Nun war eine Höchstgeschwindigkeit von immerhin 20 Stundenkilometern erlaubt, und die Begleitperson mit der Flagge entfiel. Zur Feier organisierte Lawson am 14. November des Jahres die „Befreiungsfahrt" („The Emancipation Run"), die von London nach Brighton führte und heute noch jährlich begangen wird. Auch die Daimler Motor Company spielte eine wichtige Rolle in der britischen Automobilbranche. Als 1900 der Prinz von Wales, der spätere König Edward VII., einen Daimler-Wagen in Auftrag gab, stieg das Renommé des Unternehmens beträchtlich.

Der **Daimler DB18** wurde 1939 eingeführt. Eine andere Bezeichnung war **Daimler 2½-Liter**, die auf die Hubraumgröße seines Sechszylindermotors Bezug nahm. Ab 1949 lautete die Typenbezeichnung **Daimler Consort**.

Qualität als oberstes Ziel

Kaum eine andere Automarke wird derart mit Großbritannien identifiziert oder erlangte eine ähnliche weltweite Bekanntheit wie Rolls-Royce. Der Ruf der englischen Automobilmarke ist nicht zuletzt auf das Ziel des Unternehmensgründers Frederick Henry Royce zurückzuführen, das beste Auto der Welt zu bauen. 1904 stellte man ihm Charles Rolls, einen Automobilhändler, vor. Die beiden Männer entschlossen sich zur Zusammenarbeit. Royce sollte für die Produktion von Automobilen und Rolls für deren Vertrieb verantwortlich sein. Im folgenden Dezember konnte Royce bereits sein erstes Meisterwerk präsentieren. Es war der Rolls-Royce *10 hp*, von dem 16 Exemplare hergestellt wurden. 1905 kamen drei stärkere Modelle hinzu. Sie erhielten gemäß ihrer Leistung die Bezeichnungen: *15 hp*, *20 hp* und *30 hp*.

Der erfolgreichen Zusammenarbeit von Rolls und Royce folgte 1906 die Gründung eines gemeinsamen Unternehmens mit der Bezeichnung Rolls-Royce Limited. Als neuer Produktionsstandort wurde Derby gewählt.

Am fliegenden B sind die Automobile von **Bentley** zu erkennen. Die Marke stand seit jeher für Qualität und Exklusivität.

Der **10 hp** war das erste Rolls-Royce-Modell. Das Auto basierte zwar auf einem Wagen des französischen Herstellers Decauville, aber Henry Royce war es gelungen, einige Verbesserungen vorzunehmen. Beispielsweise war es bedeutend leiser im Betrieb.

Dieser **16EX** von 1928 war eines von mehreren experimentellen Rolls-Royce-Modellen, die auf dem Chassis des *Rolls-Royce Phantom* basierten. Für den Bau der Karosserie waren andere Firmen zuständig. »

Britischer Luxus: Bentley Bentley und Rolls-Royce hatten von Anfang an das gemeinsame Ziel, hochwertige Automobile herzustellen. Dies blieb jedoch nicht die einzige Gemeinsamkeit: Die wirtschaftlichen Umstände führten schließlich zur Fusion der beiden Unternehmen.

Gründer der britischen Nobelmarke war der Eisenbahntechniker Walter Owen Bentley, der oft einfach nur „W. O." genannt wurde. Bereits 1912 hatte er sich mit seinem Bruder Horace Milner Bentley zusammengetan, um aus Frankreich importierte Autos zu vertreiben. Während des Ersten Weltkriegs spielte er eine wichtige Rolle bei der Verbesserung von Flugzeugmotoren. Nach dem Krieg war W. O. soweit, sich der Produktion eigener Automobile zu widmen. Zu diesem Zweck gründete er 1919 die Firma Bentley Motors Limited. Im Oktober des Jahres konnte er sein erstes Modell ausstellen, allerdings noch ohne einen richtigen Motor. Es sollte fast noch ein Jahr dauern, bis die ersten funktionierenden Fahrzeuge zur Auslieferung bereit standen.

Die Bezeichnung des ersten Bentley-Modells bezog sich nicht, wie damals oft gehandhabt, auf die Motorleistung, sondern auf die Hubraumgröße. Beim *3 Litre* handelte es sich um einen Sportwagen, der je nach Ausführung eine Höchstgeschwindigkeit von ungefähr 130 bis 160 Stundenkilometern erreichen konnte. Bis 1929 wurden über 1600 Exemplare des Modells hergestellt. Als Nachfolger des Fahrzeugs gilt der *4½ Litre*.

Obwohl Bentley hervorragende Automobile produzierte und sich auch die Verkaufszahlen sehen ließen, kämpfte das Unternehmen wegen einer zu geringen Eigenkapitalbasis mit finanziellen Schwierigkeiten. 1925 stieg deshalb der Millionär Woolf Barnato ein und wurde praktisch der Eigentümer. Die Weltwirtschaftskrise traf Bentley als Hersteller von Luxuswagen besonders hart. 1931 wurde das Unternehmen von Rolls-Royce übernommen.

W. O. Bentley war ein begeisterter Rennfahrer. Mit dem **3 Litre Experimental No. 2** errang 1921 zum ersten Mal ein Bentley-Fahrzeug beim Brooklands-Rennen einen Sieg.

Morgan

Handwerkliche Exklusivität Das von H. S. F. Morgan gegründete Unternehmen nimmt eine Sonderrolle in der britischen Automobilbranche ein. Das Ziel der Firma lag nie in der Massenproduktion, sondern in der Herstellung exklusiver Sportwagen. Das in einem kleinen Ort in der Grafschaft Worcestershire ansässige Unternehmen benötigt deshalb auch keine Fließbänder. Die Wartezeiten auf ein bestelltes Auto sind entsprechend lang. Trotzdem genießen die Morgan-Modelle weltweit einen hervorragenden Ruf unter Liebhabern. Das erste Modell kam 1910 auf den Markt – ein Dreiradfahrzeug. Vierrädrige Fahrzeuge wurden erst 1935 in das Programm aufgenommen.

Dreirädrige Fahrzeuge waren eine Spezialität der **Morgan Motor Company**. Als Antrieb diente bei den **V-Twin** genannten Modellen ein vorne positionierter V2-Motor.

Ein kleiner Austin für die Mittelschicht

Während sich Rolls-Royce und Bentley ausschließlich die Herstellung hochwertiger, luxuriöser Fahrzeuge auf die Fahnen geschrieben hatten, führte die Devise von Herbert Austin in die entgegengesetzte Richtung: „Motorisierung für die Millionen!".

Austin wurde im Jahre 1866 als Sohn eines Landwirts in einem kleinen Dorf im südlichen England geboren. Sein technisches Wissen erwarb er vor allem während eines neunjährigen Aufenthalts in Australien. Nach seiner Rückkehr nach England nahm er eine führende Position bei der Wolseley Tool & Motor Company ein. 1905 hatte er sich jedoch ausreichend Kapital beschafft, um ein eigenes Unternehmen zu gründen.

Die Absicht, erschwingliche Automobile für den Durchschnittsbürger zu produzieren, wurde allerdings erst 1922 mit der Einführung des *Austin Seven* (auch *Austin 7* geschrieben), dem man den Beinamen *Baby Austin* gab, umgesetzt. Der kleine Austin wog nur halb soviel wie ein Modell *T* von Ford und begnügte sich mit einem zehn PS

Die Marke **Austin** stand für erschwingliche Autos. Mit einer breiten Modellauswahl sollte eine große Zielgruppe angesprochen werden. Den Luxusbereich überließ man jedoch anderen Herstellern.

starken Motor. Bei den weniger zahlungskräftigen Bürgern kam das kleine Auto bestens an. Bis 1939 verließen ungefähr 290 000 Stück das Austin-Werk. In mehreren Ländern wurden außerdem Lizenzversionen hergstellt. Die Bedeutung des Austin Seven für Großbritannien wird oft mit derjenigen des Modell T für die USA verglichen.

Der **Austin Seven** wurde im Lauf der Zeit in zahlreichen Versionen angeboten. Es gab ihn als Tourenwagen, Limousine, Cabriolet, Coupé, Roadster und Kombi mit jeweils unterschiedlichen Ausstattungsvarianten.

Italien auf vier Rädern

Mit der Jahrhundertwende begann auch für Italien das Automobilzeitalter. Von Anfang an spielte das Unternehmen, das auch heute noch die bekannteste italienische Automarke ist, die wichtigste Rolle: Fiat. Aber auch andere Anbieter traten auf den Markt, wie etwa Lancia, der sich in der gehobenen Klasse etablierte.

Einer der ersten Pioniere des italienischen Automobilbaus war Enrico Zeno Bernardi. Der 1841 geborene Ingenieur war an der Universität von Padua Professor für Hydraulik und Landmaschinen. 1882 stellte er den Prototyp eines Benzinmotors vor, den er nach seiner Tochter Pia nannte. Der Motor kam zunächst beim Antrieb der Nähmaschine seiner Tochter zum praktischen Einsatz. Aber 1894 hatte Bernardi die Idee, das Dreirad seines Sohnes zu motorisieren. Damit war das erste von einem Verbrennungsmotor angetriebene Fahrzeug in Italien entstanden. Die Serienproduktion des Gefährts übernahm jedoch erst 1896 ein Unternehmen in Padua, ohne damit allzu großen Erfolg zu haben, denn bereits fünf Jahre später wurde das letzte nach Bernardis Plänen gebaute Dreirad hergestellt.

Wesentlich erfolgreicher waren die Investoren, die sich 1899 in Turin trafen, um ein Automobilwerk aufzubauen. Sie nannten ihre Firma Fabbrica Italiana Automobili Torino (Italienische Automobilfabrik Turin). Anfangs lautete die Abkürzung F.I.A.T., ab 1906 wurden dann die Punkte in dem Akronym weggelassen.

Fiat baute den Mittelklassewagen **Zero**, auch **12/15 HP** genannt, ab 1912. Er war das erste Fiat-Modell, von dem mehr als 2000 Exemplare hergestellt wurden. Mit der 1915 erfolgten Umstellung auf Kriegsproduktion endete der Bau des Zero.

Der von 1903 bis 1906 produzierte **Typ 16-20 HP** von Fiat war ein Modell der oberen Mittelklasse. Insgesamt wurden fast 700 Stück des in drei Karosserievarianten verfügbaren Fiat-Modells hergestellt.

Der erste Fiat Das erste Fiat-Modell war der *4 HP*, der manchmal auch als *3½ CV* bezeichnet wird. Das Automobil wurde von einem 0,7 Liter großen Zweizylindermotor angetrieben und leistete ungefähr 4,2 PS bei einer Drehzahl von 800 Umdrehungen pro Minute. Das Getriebe stellte drei Vorwärtsgänge, aber keinen Rückwärtsgang zur Verfügung. Trotz des kleinen Motors konnte eine Höchstgeschwindigkeit von 35 Stundenkilometern erreicht werden.

In dem Automobil steckte jedoch noch keine allzu große eigene Entwicklungsarbeit des neuen Unternehmens, denn es basierte auf einem Modell der ebenfalls in Turin ansässigen Firma Ceirano GB & C. Das Ceirano-Auto hatte durchaus das Interesse vieler Automobilbegeisterter erregt, aber dem Unternehmen war es nicht gelungen, dieses Interesse für einen kommerziellen Erfolg zu nutzen. Die Firmenleitung hatte sich deshalb entschieden, die Patente und Pläne an Giovanni Agnelli, der wiederum an der Gründung von Fiat beteiligt war, zu verkaufen. Der *Fiat 4 HP* wurde nur bis 1900 hergestellt. Insgesamt verließen 26 Exemplare das Turiner Werk auf dem Corso Dante.

Von der Kleinserie zur Massenproduktion Der Nachfolger des ersten Fiat-Modells hieß *6 HP*. 20 Exemplare dieses Typs wurden in der etwa einjährigen Bauzeit hergestellt.

Bei Fiat arbeitete man fieberhaft an der Weiterentwicklung der Automobile. 1901 konnte das Turiner Werk bereits mit zwei neuen Modellen aufwarten. Im Laufe der Zeit stiegen auch die Verkaufszahlen – so konnten von dem 1912 vorgestellten *Fiat Zero* schon mehr als 2000 Stück verkauft werden.

Italiens Eintritt in den Ersten Weltkrieg brachte jedoch eine Umwandlung der Fabrik in ein Rüstungswerk mit sich. Erst nach Kriegsende ging es mit der Automobilfertigung wieder aufwärts. Der von 1919 bis 1926 produzierte *Fiat 501* wurde ungefähr 47 600-mal hergestellt. In Turin hatte man in der Zwischenzeit von Fords Produktionsmethoden gelernt und war in die Massenfertigung eingestiegen. Neben der Limousinen-Version wurden mit dem *501 S* und dem *501 SS* auch Sportausführungen angeboten. Aber auch größere Modelle befanden sich im Produktionsprogramm, zum Beispiel ab 1921 der *520*, der den Beinamen „Superfiat" erhielt. Mit seinem V12-Motor erzielte das Modell eine Leistung von 80 PS und erreichte eine Höchstgeschwindigkeit von 120 Stundenkilometern.

Fiat-Autos spielten auch im Motorsport eine Rolle. Mit dem Fiat-Rennwagen *Mefistofele* erzielte der englische Rennfahrer Ernest Eldridge 1924 mit einer Geschwindigkeit von 234,97 Stundenkilometern einen Rekord.

DAS AUTO | *Italien auf vier Rädern*

Mit dem **Fiat 18-24 HP** spazieren zu fahren, machte sicherlich Spaß. Der 4,5 Liter große Motor brachte den Wagen auf eine Leistung von 24 PS. Das Modell wurde allerdings nur in den Jahren 1907 und 1908 gebaut.

Turiner Oberklasse

Ein anderer Rennfahrer, der mit Fiat-Rennwagen fuhr, war Vincenzo Lancia. Lancia entschloss sich 1906 dazu, gemeinsam mit dem Fiat-Versuchsfahrer Claudio Fogolin, ein eigenes Unternehmen zu gründen. Das erste Modell aus dem Hause Lancia hieß *Alpha*. Ungefähr 100 Exemplare wurden hergestellt, davon einige speziell für Autorennen. Lancia zielte mit seinen Produkten auf den gehobenen Bereich des Automobilmarktes ab. Das Turiner Unternehmen war für zahlreiche technische Innovationen des Autobaus, wie die selbsttragende Bauweise, den V4-Motor oder die Einzelradaufhängung, verantwortlich.

Isotta Fraschini

Luxus aus Italien Cesare Isotta und Vincenzo Fraschini montierten in ihrer Werkstatt in Mailand Automobile von Renault. Importieren, Verkaufen und Reparieren war das Ziel, als sie 1900 ihr Unternehmen gründeten. 1905 bauten sie jedoch ein eigenes Modell, einen Rennwagen mit der Bezeichnung *Tipo D*, mit dem Fraschini an mehreren Rennen teilnahm. Vor allem nach dem Ersten Weltkrieg ging man auf die Produktion von Luxusautos über, wie dem *Tipo 8*. Isotta Fraschini wurde oft als italienisches Pendant zum britischen Rolls-Royce gesehen.

Nur zwei Exemplare des **Fiat 130 HP Corsa** gab es. Mit diesem Modell kam Felice Nazzaro beim Grand Prix de France 1906 auf den zweiten und 1907 auf den ersten Platz. Vincenzo Lancia fuhr mit dem zweiten *130 HP Corsa*.

DAS AUTO | Autos aus dem Land der Erfinder

Autos aus dem Land der Erfinder

Obwohl die Entwicklung des Automobils in Deutschland ihren Anfang nahm, blieb der Kfz-Bau des Landes noch recht lange auf relativ niedrige Stückzahlen beschränkt. Doch die vielen neu entstehenden Firmen konnten einen hervorragenden technischen Standard vorweisen. Allen voran die Marke mit dem Stern.

Die Ideen gingen den Deutschen nicht aus. Neben den vollständigen Autos gab es auch die Konstruktion des legendär gewordenen Ingenieurs Joseph Vollmer, der für Gespannkutschen eine neue Vorderachse entwarf, die einen Elektro- oder einen 4-PS-Benzinmotor enthielt. Dieser Kühlstein-Vollmer-Vorspannwagen oder *Avant-Train* konnte als Umrüstsatz vorhandener Kutschen gekauft werden. Durchsetzen konnte sich diese Behelfskonstruktion allerdings nicht.

Wichtig wurde die Erfindung der Lichtmaschine, die vor allem Bosch zu verdanken ist. Mit ihr wurde es möglich, elektrische Verbraucher am Fahrzeug zu

Der **8/20 PS** von **Benz** in der Karosserieausführung als Doppelphaeton wurde zwischen 1912 und 1921 gebaut, allerdings mit einer kriegsbedingten Unterbrechung. Das 20 PS starke Fahrzeug war eine Familienkutsche für Ausflüge mit relativ gemütlichen 65 Stundenkilometern.

betreiben und die Autobatterie immer aufgeladen zu halten. Einer der ersten Kunden war Mercedes. Dieses Unternehmen war schon damals ein Impulsgeber in der Autoindustrie. Um 1910 wurde der Spitz- oder Knickkühler mit Mercedes-Sternen zum Markenzeichen der Untertürkheimer. Mit dieser Konstruktion erhoffte man sich vor allem eine bessere Kühlwirkung durch den Fahrtwind, denn die Aufschlagsfläche wurde ja wesentlich erhöht. Doch auch eine ästhetische Komponente spielte mit.

Mercedes-Knight – das Erlebnis Ein bedeutender Vorsprung gelang mit der Einführung der Knight-Schiebermotoren bei den teuren Modellen. Sie zeichneten sich durch eine besondere Bauweise aus. Die Ventile der ersten Jahre hatten den Nachteil, dass sie ziemlich laut klapperten. Der US-Amerikaner Charles Knight sorgte hier für Abhilfe. Er ersetzte die Ventile durch ein ausgeklügeltes System von Schiebern. Dank dieser Motoren waren die Mercedes-Typen die leisesten auf dem Markt. Staatsmänner wie Kaiser Wilhelm II. interessierten sich für diese Fahrzeuge.

1914 übernahm Mercedes die elektrische Beleuchtung, die der Amerikaner Peerless bereits vier Jahre zuvor eingeführt hatte. Früher waren Azetylenlampen verwendet worden, zu Beginn auch noch Petroleumlampen. Etwa zur gleichen Zeit wurde auch ein elektrischer Anlasser entwickelt. Wiederum gehörte Mercedes in Europa zu den Pionieren. Doch das war kein Wunder, denn der Anbieter Bosch befand sich ja in der gleichen Stadt.

1926 kam es zur „Traumhochzeit" der Daimler Motoren-Gesellschaft mit der Mannheimer Firma Benz & Cie. Die Firmen der beiden Erfinder des Automobils waren nun vereint, und die Marke Mercedes-Benz wurde geboren.

Der **Mercedes 630** wurde von Ferdinand Porsche konstruiert. Er war der schnellste Serienwagen seiner Zeit. Dank seines 160 PS starken Reihensechszylinders erreichte er 145 Stundenkilometer. Er wurde von 1926 bis 1929 hergestellt. »

1910 stellte Daimler den **Mercedes-Knight 16/45** vor. Ein Landaulet dieses Typs wurde von Wilhelm II. genutzt. Der Wagen leistete 45 PS, die Steuer-PS lagen bei 16. Über 5300 Stück dieses Fahrzeugs mit Schiebermotor wurden gebaut. Gut zu erkennen ist der Knickkühler.

Der **Opel 4/8 PS** von 1909 bekam im Volksmund den Spitznamen **Doktorwagen**, weil er gern von Ärzten oder Rechtsanwälten gekauft wurde, die damit zu ihren Patienten und Klienten fuhren. Wendigkeit, niedriger Unterhalt und der Anschaffungspreis machten Freude.

Autos aus Deutschlands Mitte

Nähmaschinen und Fahrräder – das waren typische Produkte von Firmen, die dann in der Belle Epoque dazu übergingen, Autos zu bauen. Eine dieser Firmen war Opel aus Rüsselsheim. In Dessau hatte der Hofwagenbauer Friedrich Lutzmann 1893 eine motorisierte Kutsche gebaut, die in vielem dem *Benz Victoria* nachempfunden war. Zwei Jahre später hatte er die Anhaltinische Motorwagenfabrik eröffnet und sich dem Bau von Autos verschrieben. Doch ihm fehlte es an Kapital, um weitergehende Pläne zu verwirklichen. So schien es fast schon wie ein Geschenk der Götter, als sich die Söhne des bedeutenden Fabrikanten Adam Opel an ihn wandten. 1899 einigte man sich darauf, dass der Lutzmann-Wagen in Rüsselsheim unter der Marke Opel produziert werden sollte. Lutzmann siedelte als Betriebsleiter mit über, wurde aber dort nicht glücklich. Bereits 1902 wurden Lizenzmodelle von Darracq-Autos gebaut. Allerdings waren auch diese nicht gerade befriedigend, so dass ab 1907 eigene Konstruktionen in Produktion gingen.

Diesen Schriftzug fand man auf der **Kühlerverkleidung** der Opel-Modelle. Neben Kühlerfiguren und Emblemen auf der Motorhaube war das eine beliebte Art, den Verkehrsteilnehmern zu zeigen, welche Marke sie vor sich haben. Hier ist auch das Baujahr mit angegeben.

- **Modelle mit großen Namen** Mit dem 1924 nach der Inflation vorgestellten Modell *Laubfrosch* gelang Opel ein gewaltiger Verkaufserfolg. Das 4 PS starke Auto war das erste Modell, das in Deutschland am Fließband produziert wurde. Mit ihm gelang es den Rüsselsheimern, den deutschen Marktführer Brennabor Ende der 1920er-Jahre zu überflügeln.

  Doch im Jahr 1929 folgte ein tiefer Einschnitt in die Firmengeschichte, denn in diesem Jahr wurde Opel von General Motors übernommen und war damit praktisch keine deutsche Firma mehr. Die gebauten Wagen wurden allerdings speziell für den europäischen Markt produziert. Legendäre Modelle wie der *Kadett*, der *Kapitän* oder der *Admiral* wurden geboren.

- **Die Wagen von der Burg** Eisenach, wo Opel heute den *Corsa* baut, war schon in frühen Jahren ein wichtiger Standort der Automobilindustrie. Die Fahrzeugfabrik Eisenach brachte 1898 einen Motorwagen in Kutschenform heraus, der auf der *Voiturelle* von Decauville basierte. Das Modell bekam den Namen *Wartburg*. In den folgenden Jahren wurde der luftgekühlte Motor des Vorbilds durch ein Aggregat mit Wasserkühlung ersetzt.

  Auch Elektrofahrzeuge wurden in Eisenach gebaut. Dabei handelte es sich um Modelle, die in Lizenz der französischen Firma Kriéger entstanden sind. 1903 wurden die neu herausgekommenen Wagen als *Dixi* verkauft. Auch große Sechszylindermodelle wurden auf den Markt gebracht. Im Jahr 1928 übernahm schließlich BMW das Werk und begann dort mit dem Bau von Kraftwagen.

Das **Typenschild** zeigt, dass der unten abgebildete Wagen der **Fahrzeugfabrik Eisenach** die Fahrgestellnummer 88 trägt. Er hatte 5 PS, gehörte also zur zweiten Generation mit wassergekühltem Motor. Sein Gewicht betrug 315 Kilogramm, zum Vergleich: Der Opel auf der Seite gegenüber wog 525 Kilo.

Der **Wartburg Motorwagen** war ein Lizenznachbau der *Voiturelle* von Decauville. Der Zweizylindermotor war anfangs luftgekühlt. Die Vis-à-vis-Anordnung der Sitze war aus dem Kutschenbau übernommen worden, erwies sich aber schon bald als ungeeignet.

DAS AUTO | *Autos aus dem Land der Erfinder*

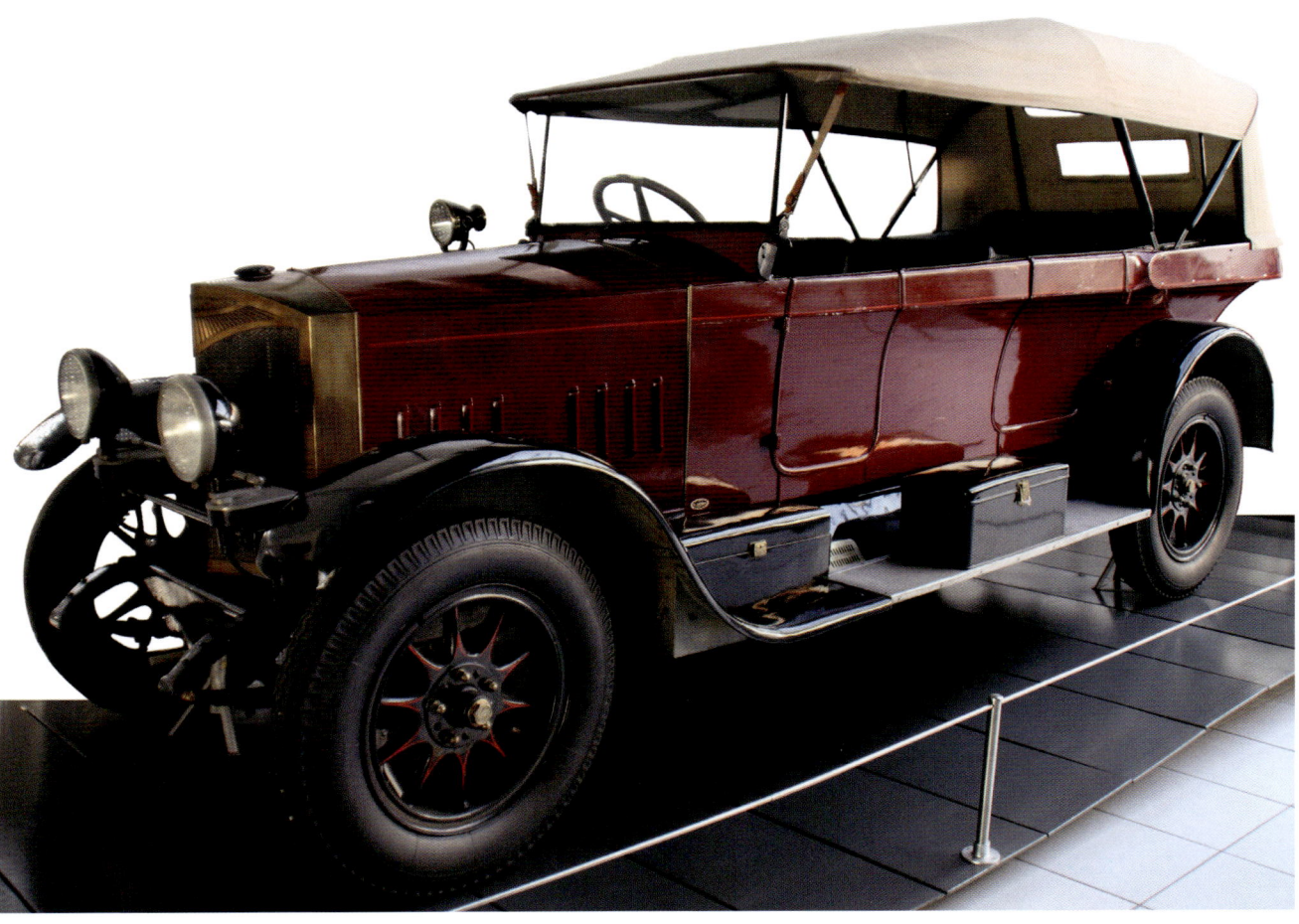

Protos baute nach dem Ersten Weltkrieg nur ein Modell: den **Typ C 10/30 PS**. Der sehr zuverlässige Wagen kam auf eine Stückzahl von mehr als 10 000. Er hatte einen 2,6 Liter großen Reihenvierzylinder mit 30 PS.

Die Preußenautos

In Berlin gehörte die AEG zu den zukunftsträchtigsten und einflussreichsten Unternehmen. Ihr Gründer und Vorstandsvorsitzender Emil Rathenau war Neuerungen gegenüber stets aufgeschlossen. Er merkte natürlich schnell, dass sich mit Automobilen über kurz oder lang gutes Geld verdienen ließ. Deshalb streckte er die Fühler in diese Branche aus. Ähnlich der Handlungsweise bei Opel wollte er nicht langwierig selbst konstruieren lassen, sondern man schaute sich in der Szene nach verwertbaren Entwicklungen um. Rathenau und seine Leute brauchten nicht viel zu reisen, denn sie fanden, was sie brauchten, gleich in ihrer Heimat: Der Berliner Professor Klingenberg hatte einen Wagen entwickelt, der gut genug erschien. Die Neue Automobil-Gesellschaft (NAG) entstand 1901 und fing munter zu bauen an. Vieles erinnerte an die Wagen von Renault.

Doch die Entwicklung im Automobilbau schritt in Windeseile voran. Nur zwei Jahre später wurden neue Modelle vorgestellt. Die stammten von dem überaus begabten Konstrukteur Joseph Vollmer, der bei der Übernahme der Firma Kühlstein zur NAG gekommen war. Die Kohlenschaufel-Motorhaube wich einer tonnenförmigen mit einem kreisrunden Kühler, der zum Markenzeichen der Firma wurde. Auch Lastwagen wurden ins Programm aufgenommen. Die Berliner Autofirma entwickelte sich prächtig. Beim Vertrieb profitierte sie stark von den Kontakten der Mutterfirma AEG. Das Programm erstreckte sich von Kleinwagen über einen breiten Mittelklassebereich bis hin zu echten Luxuswagen. Von letzteren bekam auch der preußische König und deutsche Kaiser ein individuell ausgestattetes Fahrzeug.

Im Ersten Weltkrieg wurde das Pkw-Programm weitgehend eingestellt. Die jetzt patriotisch Nationale Automobil-Gesellschaft getaufte Berliner Wagenschmiede weitete den Lkw-Bereich aus und blieb diesem Segment bis zum Ende in der Weltwirtschaftskrise treu.

Mit Modellen wie diesem **1 Liter Typ C** bot der zeitweilige Marktführer **Brennabor** günstige Mittelklassewagen an. Der Typ C wurde 1931/32 produziert. Sein Vierzylindermotor mit einem Liter Hubraum – daher der Name – leistete 20 PS. »

Brennabor und Protos In der altehrwürdigen Stadt Brandenburg gab es eine Fabrik für Kinderwagen und Fahrräder. Als Mobilitätsspezialisten interessierten das Unternehmen natürlich auch Autos, und so wurde 1908 der erste Brennabor gebaut. Der Firmenname war übrigens der alte Name dieser Stadt. In seinen alten Sparten war das Unternehmen weltweit bekannt und gehörte zu den Größten. Im Autobau wurden die Preußen nach dem Ersten Weltkrieg Branchenführer und ein paar Jahre später nur durch Opel überflügelt. Es gelangen interessante Modelle meist mit Vierzylindermotoren. Das Oberklassemodell *Juwel*, das es mit Sechs- und Achtzylindermotoren gab, kam ungünstigerweise mitten in der Weltwirtschaftskrise heraus, in deren Folge die Kfz-Produktion eingestellt werden musste.

Neben den beiden Größen NAG und Brennabor konnten sich noch andere Hersteller aus dem Kernland Preußens eine Zeitlang behaupten. Dazu gehört auch die Firma Protos aus Berlin – eine Firma, die weltweit bekannt wurde, weil eines ihrer Autos bei der legendären Wettfahrt von New York nach Paris den zweiten Platz erreicht hatte. Neben Modellen mit 4,5-Liter-Motoren wurden auch kompakte Vierzylindermodelle gebaut, hinzu kamen repräsentative Sechszylinder-Wagen. Nach dem Krieg wurde lange nur ein Modell gebaut, der Typ *C 10/30 PS*. 1926 wurde Protos von der NAG übernommen.

Dieser **Brennabor S** von 1922 hatte einen Vierzylindermotor mit 20 PS. Damit erreichte der Wagen 75 Stundenkilometer. Sehr hübsch sind der alte Fahrtrichtungszeiger und die Hupe.

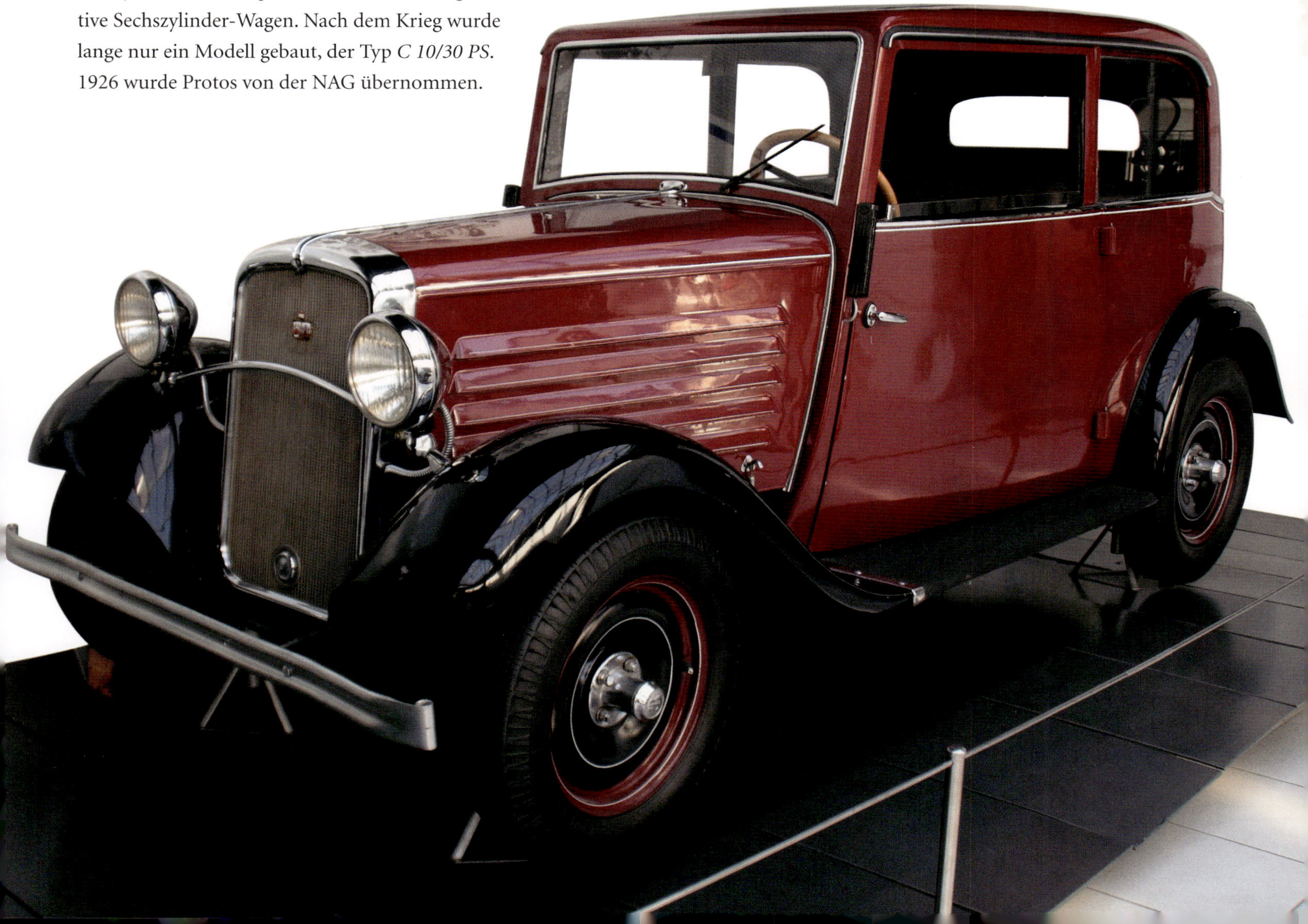

Ein Großer vergangener Zeit: Adler

Heinrich Kleyer gründete in Frankfurt am Main die Adler-Werke, die zunächst Fahrräder bauten, ab 1898 Motorräder und seit 1900 auch Autos. Bis zum Zweiten Weltkrieg war Adler einer der größten deutschen Hersteller von Kraftwagen. Zuvor war die Firma jedoch bereits einer der ältesten Automobilzulieferer der Welt, denn die Räder der ersten Motorwagen des Carl Benz stammten von – Adler.

Das erste selbst gebaute Adler-Auto aus dem Jahr 1900 führte die Kardanwelle in den deutschen Autobau ein. Der Motor stammte auch aus Frankreich, nämlich von de Dion-Bouton. Modelle wie der *Adler 8/16* oder der *24/28 PS*, eine Konstruktion von Edmund Rumpler, machten Adler auch international bekannt. Adler verblockte ab 1905 als erster deutscher Hersteller Motor und Getriebe miteinander. In den 1920er-Jahren ragten die Modelle *Standard* 6 mit 50 PS und *Standard* 8 mit Achtzylindermotor und 70 PS aus der Modellpalette heraus.

Eines der frühen Modelle mit Frontantrieb war der **Trumpf Junior** von **Adler**. Die Technik hatte man sich aus Frankreich eingekauft. Der Lohn waren über 100 000 verkaufte Exemplare zwischen 1934 und 1941. Die Höchstgeschwindigkeit des 25-PS-Wagens lag bei 88 km/h.

Unter dieser Motorhaube steckte der Vierzylinder-Reihenmotor mit 2,8 Litern Hubraum, der den **Adler 8/16** antrieb. Der 8/16 wurde zwischen 1904 und 1907 in Frankfurt am Main gebaut. Noch setzte man Azetylenlampen ein.

Der *Adler Trumpf* mit Frontantrieb aus dem Jahr 1932 war eine Konstruktion des Ingenieurs Gustav Röhr. Röhr hatte bis 1931 in Ober-Ramstadt eine eigene Automobilfabrik besessen, ging aber dann pleite. Seine Wagen waren Achtzylindermodelle mit Plattformrahmen gewesen.

Der *Adler Trumpf* wurde in Frankreich von Rosengart nachgebaut, einem Unternehmen, das auch bereits den Austin Seven in Lizenz produzierte. Ein kleineres Modell war der *Adler Trumpf Junior*. Dieses Fahrzeug wurde ab 1934 über 100 000-mal gebaut.

Die Adler-Modelle errangen viele Rekorde. 1937 wurde unter der Leitung des neuen Chefkonstrukteurs Karl Jenschke ein Stromlinienwagen gebaut, der *Adler 2,5 Liter Autobahn*. Ihn gab es auch in einer Sportversion mit 80 statt 58 PS und einer Spitzengeschwindigkeit von 150 Stundenkilometern. Nach dem Zweiten Weltkrieg nahm Adler die Produktion von Autos nicht mehr auf und wandte sich anderen Bereichen zu.

Eines von mehreren **Firmenlogos**, die **Adler** seinerzeit verwendete, war dieser Adler, der ein Steuerrad in seinen Krallen hält und das von Blitzen, dem Symbol für Energie und Schnelligkeit, umgeben war.

Aaglander

Entschleunigen mit Stil Oldtimer sind normalerweise schon etwas ältere Zeitgenossen. Doch es geht auch anders. Bestes Beispiel ist die Motorkutsche *Aaglander Mylord* der Aagland'schen Kutschhalterei GmbH & Co. KG auf dem fränkischen Schloss Kühlenfels. Sie stammt nicht etwa von 1889, sondern ist 120 Jahre jünger. Seit etwa 2009 baut die Firma Motorkutschen im Retro-Look für selbst organisierte Reisen in romantische Gegenden Deutschlands. Obacht also, wenn man ein vermeintlich altes Gefährt vor sich hat! *Mylord* war ein Kutschentyp aus dem 19. Jahrhundert, den besonders Damen der Gesellschaft sehr schätzten.

 DAS AUTO | *Autos aus dem Land der Erfinder*

Auf dem Weg zur Auto Union

In Sachsen gab es eine blühende Autoindustrie. Einer der Pioniere dort hieß August Horch. Er war einer jener Charaktere, die sich in eine Idee hineinsteigern konnten und nicht locker ließen, bis sie ihre Träume in Realität verwandelt hatten. Als Werksleiter der Firma Benz in Mannheim hatte Horch eigentlich einen Job, um den ihn viele beneideten, doch zahlreiche seiner Geistesblitze durfte er nicht umsetzen. Was lag also näher, als sich selbständig zu machen? Er gründete 1899 in Köln seine eigene Autofirma, fand jedoch erst 1904 in Zwickau eine Heimat. Nicht weit weg in Mittweida hatte er am Technikum studiert. Horch baute neben Mittelklassemodellen 1906 auch bereits einen Wagen mit Sechszylindermotor.

Doch Horch weckte bei den Vorstandskollegen Verärgerung, weil er mit seinen Projekten zu viel Geld verbrannte. Das ging so weit, dass er 1909 aus der Firma austrat. Er hatte bereits neue Pläne. Noch im gleichen Jahr gründete er – wieder in Zwickau – eine neue Firma. Er übersetzte einfach seinen Namen ins Lateinische,

Alpensieger war der Beiname des **Audi Typ C 14/35 PS**, denn er gewann dreimal hintereinander die Österreichische Alpenfahrt. Der Wagen wurde 1912 erstmals gebaut, zuerst mit 35, später dann mit 40 PS.

Audi hatte nur ein einziges Exemplar des **Front 225** als Roadster gebaut. Der Wagen hatte einen Sechszylindermotor mit einer Leistung von 55 PS. Audi verkaufte den Wagen hauptsächlich als Limousine.

und die Audi Automobilwerke waren geboren. Der Sohn seines Freundes Fikentscher hatte diesen Namen vorgeschlagen.

Bei Horch schlug man nun etwas vorsichtigere Töne an. Doch hohe Qualität und technische Meisterleistung blieben auch weiterhin maßgebend. Errungenschaften wie die Fahrzeugelektrik oder moderne Motoren mussten immer die Grundlage seiner Modelle bleiben. Der erste große Erfolg von Audi war der als *Alpensieger* bekannt gewordene Typ *C 14/35 PS*. Wie der Buchstabe „C" verrät, war er das dritte Modell des Unternehmens. Er gewann zwischen 1912 und 1914 dreimal hintereinander die Österreichische Alpenfahrt, eines der anspruchsvollsten Rennen der Welt.

Nach dem Ersten Weltkrieg baute August Horch zumeist Vierzylinder- oder Sechszylinder-Modelle. 1928, direkt vor der Weltwirtschaftskrise, kam sogar noch ein Achtzylinder heraus. Da die Kunden aber nicht zugriffen, blieb Horch nichts

Katalytofen

Heizung zum Mitnehmen Wer heute in seinem Neuwagen mit Klimaautomatik sitzt, kann sich kaum vorstellen, dass die Autofahrer in den ersten 50 Jahren seit Bestehen des Automobils im Winter noch bibbernd im Auto saßen. Die ersten Autoheizungen gab es erst in den 1950er-Jahren. Die erste thermostatgeregelte Heizung bot der Volvo *P 444* im Jahr 1953. Man verwendete deshalb Benzinheizungen, die man in der kalten Jahreszeit mit ins Auto nahm. Am bekanntesten war der Katalytofen von OEM aus Magdeburg. Die Dämpfe waren allerdings nicht ungefährlich.

DAS AUTO | *Autos aus dem Land der Erfinder*

Blick auf das Armaturenbrett eines **Wanderer-Modells**. Wie man am Lenkradknopf erkennt, stammt der Wagen aus der Zeit nach Gründung der Auto Union.

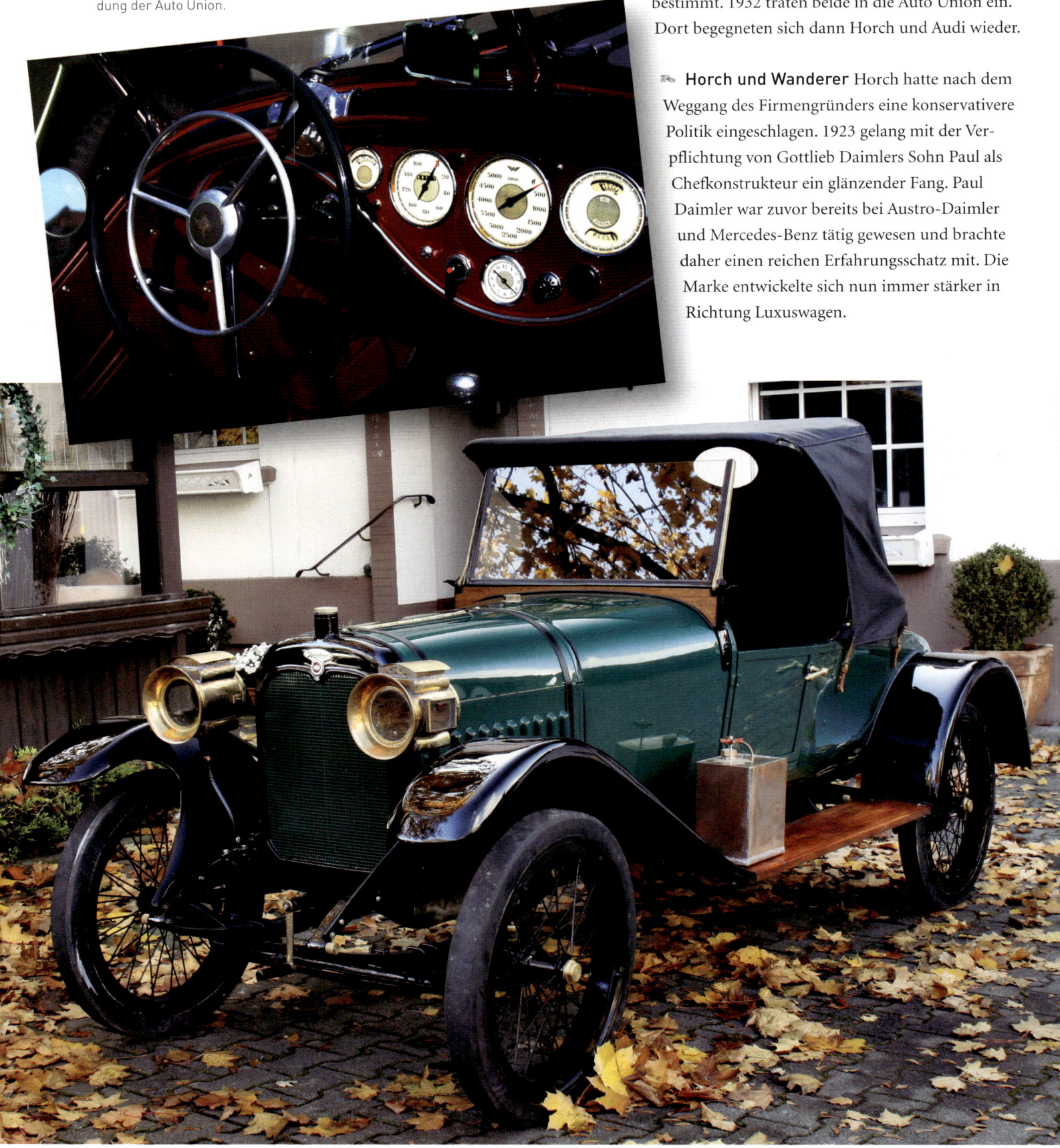

anderes übrig, als Audi an DKW zu verkaufen. Die Marke blieb weiter auf dem Markt bestehen, doch wurde die Programmpolitik nun von DKW-Chef Rasmussen bestimmt. 1932 traten beide in die Auto Union ein. Dort begegneten sich dann Horch und Audi wieder.

Horch und Wanderer Horch hatte nach dem Weggang des Firmengründers eine konservativere Politik eingeschlagen. 1923 gelang mit der Verpflichtung von Gottlieb Daimlers Sohn Paul als Chefkonstrukteur ein glänzender Fang. Paul Daimler war zuvor bereits bei Austro-Daimler und Mercedes-Benz tätig gewesen und brachte daher einen reichen Erfahrungsschatz mit. Die Marke entwickelte sich nun immer stärker in Richtung Luxuswagen.

Der **Horch 930 V** war die verkürzte Version des *Typs 830 V*. Das machte ihn sportlicher. Er hatte einen V8-Motor, einen der ersten in Deutschland. Die Vorgängermodelle hatten noch Reihenmotoren. Der *Horch 930 V* wurde zwischen 1937 und 1940 produziert, ab 1938 mit größerem Motor.

In der Nähe von Chemnitz wurden ab 1905 Autos der Marke Wanderer gebaut. Ursprünglich war die Firma bekannt für ihre Fahrräder. Die ersten Modelle waren Kleinwagen für weniger reiche Leute. Die *Puppchen* fanden in größerer Zahl Kunden. Dann wurden vor allem zuverlässige, wenig auffallende Mittelklassewagen gebaut. Als Wanderer 1932 der Auto Union beitrat, wurde das Chemnitzer Unternehmen für die kleineren Modelle zuständig, die weniger als 2,5 Liter Hubraum hatten.

Deutsche Autos und ihre Hersteller Zu den Pionieren der Automobilindustrie gehörte auch die Bielefelder Firma Dürkopp, die wie viele andere Hersteller noch Fahr- und Motorräder sowie Nähmaschinen produzierte. In der Welt-

« **Wanderer** wurde Anfang des 20. Jahrhunderts mit seinen Kleinwagen bekannt. Später in der Auto Union besetzten die Chemnitzer das Segment der kleineren Modelle. Dieses Exemplar besitzt sogar noch authentische Vollgummireifen.

wirtschaftskrise wurde der Fahrzeugbau dann aber wieder aufgegeben. Interessant ist, dass Dürkopp bereits 1908 mit dem Karosseriebauer Karmann in Osnabrück zusammenarbeitete.

1906 wurden zwei Firmen gegründet, die 1914 fusionieren sollten. In Varel, im damaligen Großherzogtum Oldenburg, entstand die Hansa Automobilgesellschaft. Nicht weit entfernt in Bremen gründete der Norddeutsche Lloyd die Norddeutsche Automobil- und Motoren AG (NAMAG). Die dort gebauten Autos wurden als *Lloyd* bekannt.

Eine ungewöhnliche Idee setzte die Nürnberger Firma Maurer-Union ab 1898 um. Sie hatte für ihre Wagen einen Reibradantrieb konstruiert, der als stufenloses Getriebe funktionierte. Maurer musste nach zehn Jahren aufgeben. Drei Jahre lang baute sogar die Waschmaschinenfirma Miele Autos. Später wurde sie, was heute fast niemand mehr weiß, einer der größten deutschen Hersteller von Motorrädern.

Autobauer in Mittel- und Osteuropa

Ferdinand Porsche und Hans Ledwinka sind zwei Automobilkonstrukteure, die heute einen legendären Ruf genießen. Sie prägten die ersten Jahre im Raum der einstigen Donaumonarchie entscheidend mit. Doch es gab noch sehr viel mehr Firmen, beispielsweise die alten Waffenschmieden Steyr und Škoda, die zu Wagenschmieden wurden.

Der k. u. k. Hofkutschenlieferant Lohner wusste, dass die Automobile bald schon seine Produkte ablösen würden. Er packte daher den Stier bei den Hörnern und stellte einen jungen Mann aus Böhmen ein, dem er die neue Abteilung als Chef anvertraute. Bereits 1900 führte dieser (aus heutiger Sicht betrachtet natürlich alles andere als) kühne Schritt zu einem greifbaren Ergebnis: Das Elektromobil System Lohner-Porsche konnte auf der Pariser Weltausstellung bewundert werden. Das Fahrzeug hatte vorn zwei Radnabenmotoren. Die Batterien, mit denen das elektrische System versorgt wurde, lud der eingebaute Verbrennungsmotor auf. Solche Fahrzeuge, die man heute als Hybridautos bezeichnen würde, wurden in der Wende zum 20. Jahrhundert als

Der rot-weiß-rote Knickkühler eines Wagens von **Steyr**. Die österreichische Firma baute zwischen den Kriegen vor allem Wagen der Ober- und oberen Mittelklasse.

Gräf & Stift

Bekannt durch Sarajewo In Österreich zählte die Firma Gräf & Stift zu den Pionieren im Automobilbau. Bereits 1895 waren – noch als Gräf – die ersten Modelle entstanden, u. a. das erste Auto der Welt mit Frontantrieb. Vor 1914 entstanden vor allem luxuriöse Wagen, die im Geld- und Geburtsadel verkauft wurden. Der abgebildete Wagen gehörte dem Grafen Harrach. In ihm saß in Sarajewo der österreichische Thronfolger Franz Ferdinand, als ihn die tödlichen Schüsse trafen, die den Ersten Weltkrieg auslösten. Später wurden Pkw in Lizenz gebaut, vor allem aber Nutzfahrzeuge.

Mixte bezeichnet – einen Begriff, den man wohl kaum erklären muss. Porsche wechselte bereits 1905 zum Konkurrenten Austro-Daimler nach Wiener Neustadt.

Austro-Daimler war eine Tochter der Untertürkheimer Firma Daimler, der Sohn des Firmengründers Paul arbeitete dort, wechselte aber in die Zentrale zurück. Ferdinand Porsche übernahm seinen Posten und konstruierte eigene Autotypen, meist Sechszylindermodelle sehr hoher Qualität.

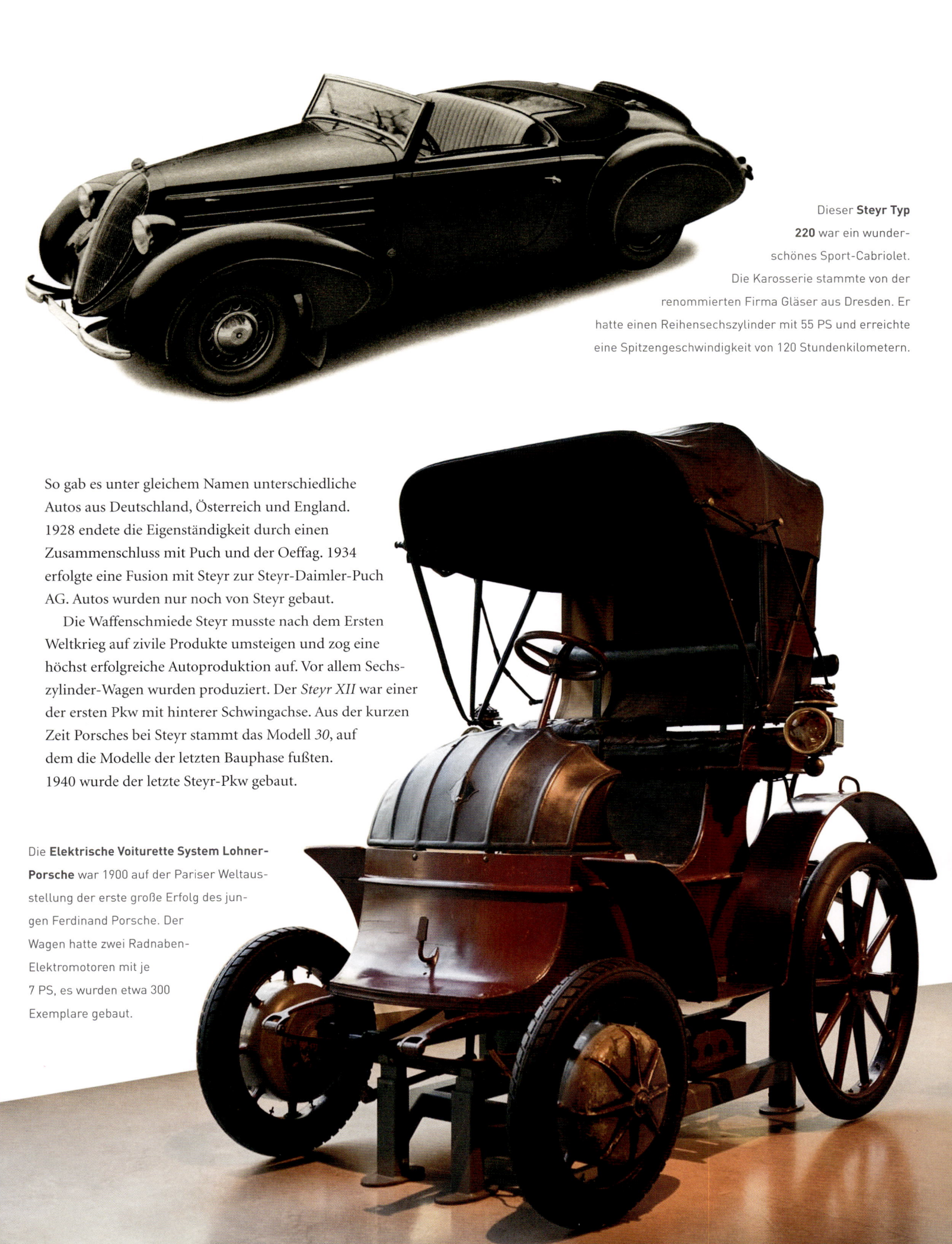

Dieser **Steyr Typ 220** war ein wunderschönes Sport-Cabriolet. Die Karosserie stammte von der renommierten Firma Gläser aus Dresden. Er hatte einen Reihensechszylinder mit 55 PS und erreichte eine Spitzengeschwindigkeit von 120 Stundenkilometern.

So gab es unter gleichem Namen unterschiedliche Autos aus Deutschland, Österreich und England. 1928 endete die Eigenständigkeit durch einen Zusammenschluss mit Puch und der Oeffag. 1934 erfolgte eine Fusion mit Steyr zur Steyr-Daimler-Puch AG. Autos wurden nur noch von Steyr gebaut.

Die Waffenschmiede Steyr musste nach dem Ersten Weltkrieg auf zivile Produkte umsteigen und zog eine höchst erfolgreiche Autoproduktion auf. Vor allem Sechszylinder-Wagen wurden produziert. Der *Steyr XII* war einer der ersten Pkw mit hinterer Schwingachse. Aus der kurzen Zeit Porsches bei Steyr stammt das Modell *30*, auf dem die Modelle der letzten Bauphase fußten. 1940 wurde der letzte Steyr-Pkw gebaut.

Die **Elektrische Voiturette System Lohner-Porsche** war 1900 auf der Pariser Weltausstellung der erste große Erfolg des jungen Ferdinand Porsche. Der Wagen hatte zwei Radnaben-Elektromotoren mit je 7 PS, es wurden etwa 300 Exemplare gebaut.

 DAS AUTO | Autobauer in Mittel- und Osteuropa

Im Herzen Europas baut man Autos

Die Nesselsdorfer Wagenbau-Fabriksgesellschaft verdankte ihren guten Namen den Konstruktionen des jungen Hans Ledwinka, der neben Ferdinand Porsche als der zweite Auto-Genius aus Böhmen gilt. 1897 wurde der *Präsident* herausgebracht, der noch als klassischer Kutschenwagen aufgebaut war. 1905 führte Ledwinka den hemisphärischen Brennraum in den Motorbau ein. Im Jahr 1917 wechselte er zu Steyr, wo er am Aufbau einer eigenen Kfz-Abteilung maßgeblichen Anteil hatte. Doch bereits drei Jahre später kehrte er zu seinem alten Arbeitgeber zurück, der inzwischen unter dem Namen Tatra firmierte.

Zu seinen bedeutendsten Innovationen gehörte der Zentralrohr-Rahmen. Kernstück war ein stabiles, mittiges Rohr, an das Vorder- und Hinterachse sowie der Motor angebaut wurden. Die Hinterachse bestand dabei aus zwei beweglichen Halbachsen. Darauf wurde dann die Karosserie aufgebaut. Heute spielt dieses Konstruktionsprinzip vor allem bei kleineren Fahrzeugserien eine wichtige Rolle, für die der Aufbau einer selbsttragenden Karosserie zu kostspielig wäre. Damals war der Zentralrohrrahmen den teureren und schwereren Leiterrahmen vor allem bei kleineren Fahrzeugen deutlich überlegen. Andere Konstruktionen Ledwinkas waren ein luftgekühlter Motor, Fahrzeuge mit Stromlinienkarosserie oder ein Kleinwagen mit Heckmotor, der zum Vorläufer des Volkswagens wurde.

Tschechische Autobaukunst Der Vorläufer der Autosparte von Škoda war die in Prag ansässige Firma Laurin & Klement, die ab 1907 mit ihren ersten Autos in den Markt eintrat. Auch Omnibusse und Motorräder wurden gebaut. Im Jahr 1925 wurde Laurin & Klement von Škoda übernommen. Zwei Jahre später trugen die gebauten Autos den Namen des neuen Eigners.

Auch in Ungarn wurden Autos konstruiert. János Csonka baute bereits 1896 sein erstes Gefährt. Bis zum Ausbruch des Ersten Weltkriegs folgten noch ungefähr 150 weitere. Ab 1902 baute auch die Firma Ganz aus Budapest kleine Modelle.

Die **Nesselsdorfer Wagenbau-Fabriksgesellschaft** stellte 1902 ihr zweites Modell vor, das den Namen **B** trug. Es hatte einen 3,2 Liter großen luftgekühlten Boxermotor.

Die Schweiz konnte in den ersten Jahren ebenfalls mit einigen Herstellern in ihren Reihen aufwarten. Dazu gehörte die Firma Berna, die schon 1904 Pkw baute, 1911 aber in den Nutzfahrzeugsektor wechselte. Die Waffenfabrik Martini aus Frauenfeld baute schon 1897 erste Automobile auf Grundlage eines Benz-Modells. Vielleicht am bekanntesten ist Saurer aus Arbon. Pkw wurden dort allerdings nur bis 1917 gebaut. Es folgte eine überaus erfolgreiche Zeit als Nutzfahrzeugbauer.

Der **Tatra 11** war das erste Auto mit Zentralrohrrahmen. Die geniale Konstruktion von Hans Ledwinka mit Zweizylinder-Boxermotor wurde ab 1923 gebaut.

Dieser Rennwagen **Typ 300** der tschechischen Firma **Laurin & Klement** aus dem Jahr 1920 hatte einen 5,7 Liter großen Vierzylindermotor. Die Leistung lag bei 70 PS.

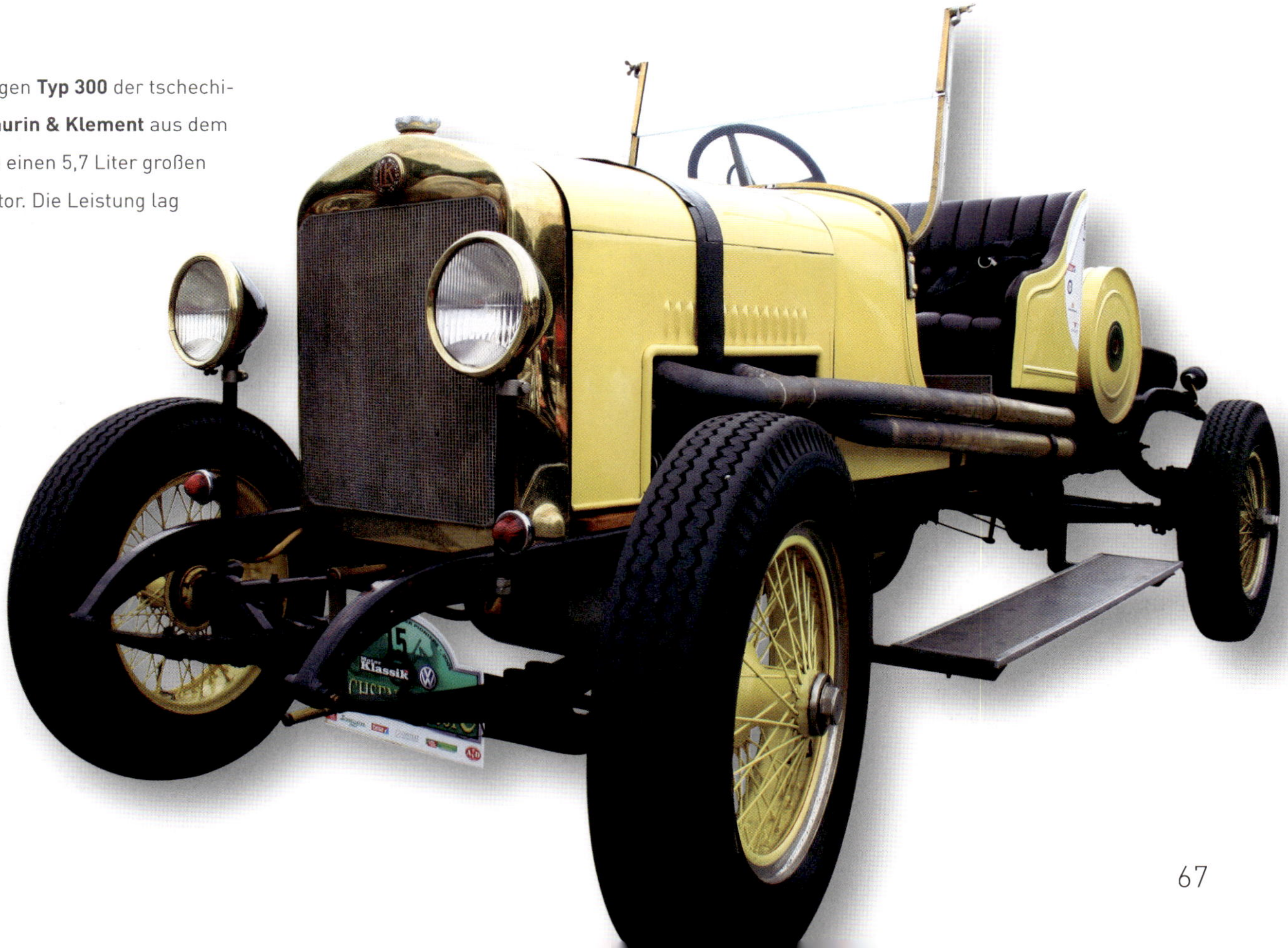

Die ersten Automobile in Japan

Die Industrialisierung setzte in Asien im Vergleich zu Europa und Nordamerika verhältnismäßig spät ein. Eine Ausnahme bildete Japan, das bereits um 1870 mit einer gezielten Industrialisierungspolitik begann. Der Automobilbau spielte jedoch lange Zeit kaum eine Rolle, obwohl es auch im Land der aufgehenden Sonne an Pionieren keinen Mangel gab.

Angesichts der Tatsache, dass Japan heute eine führende Rolle im Autobau spielt, ist es umso erstaunlicher, dass das ostasiatische Inselreich anfangs nur einen recht zögerlichen Einstieg in das neue Geschäftsfeld fand. Es waren vor dem Zweiten Weltkrieg vor allem wirtschaftliche Umstände, eine zurückhaltende Einstellung in der Bevölkerung sowie ab den 1930er-Jahren die militärische Aufrüstung, die ein Aufblühen des Automobilbaus zunächst verhinderten. Japan reihte sich deswegen erst spät in die Riege der Autonationen ein.

Das **Modell AA** war der erste in Serie gebaute Wagen von **Toyota**. Die Karosserie basierte im Großen und Ganzen auf der Limousinenausführung des *Chrysler Airflow*. Bis 1943 wurden über 1400 Exemplare des *AA* hergestellt.

Innen war der **Toyota AA** komfortabel eingerichtet. Die Frontscheibe bestand aus einem Teil, während sie beim *Chrysler Airflow* noch zweiteilig war. Eine Cabriolet-Ausführung des Modells mit einem Stoffklappdach hieß *AB*.

Die frühesten Wagen in Japan waren Importe. Dieser **Panhard & Levassor A1** von 1898 war das erste Auto im Land.

Die ersten Pioniere Ein wichtiges Jahr in der japanischen Automobilgeschichte stellt 1914 dar. Damals präsentierten die von dem Automobilpionier Masujiro Hashimoto gegründeten Kwaishinsha Automobilwerke, das spätere Datsun, einen kleinen Personenkraftwagen mit der Bezeichnung *Dat*. Der Modellname setzte sich aus den ersten Buchstaben der Nachnamen der wichtigsten Unterstützer Hashimotos zusammen – Kenjiro Den, Rokuro Aoyama und Meitaro Takeuchi. Wegen des fehlenden Marktes waren es aber dann vor allem Lastwagen, die das Unternehmen produzierte.

1918 brachte die Firma Mitsubishi, die sich damals hauptsächlich mit Schiffsbau und anderen Bereichen der Schwerindustrie beschäftigte, das Modell *A* auf den Markt. Allerdings handelte es sich dabei um keine Eigenentwicklung, sondern um ein Modell, das auf dem *Tipo 3* von Fiat basierte. Als Zielgruppe wurden weniger die Durchschnittsbürger gesehen, sondern vielmehr Regierungsmitglieder, höhere Beamte und leitende Angestellte. Aber selbst für diesen Personenkreis kam ein Fahrzeug wie das Modell *A* noch zu früh. Dies war der Grund, warum auf der Mitsubishi-Schiffswerft in Kobe nur 22 Exemplare des Modell *A* gebaut wurden.

Bescheidene Anfänge eines Riesen Das Unternehmensziel von Toyota war ursprünglich die Produktion von Webmaschinen. Erst 1935 wurde der erste Prototyp eines Toyota-Modells vorgestellt, der *Toyota A1*, und im folgenden Jahr kam das ersten Serienmodell, der *Toyota AA*, auf den Markt. Die Produktionszahlen blieben jedoch relativ gering. 1937 erreichte Toyota den Höhepunkt der Personenwagenproduktion mit 577 hergestellten Exemplaren. Richtig aufblühen sollte die japanische Autobranche erst nach dem Zweiten Weltkrieg.

Vom **Mitsubishi PX33** entstanden ab 1933 vier Prototypen. Das Projekt war von der japanischen Regierung für militärische Zwecke in Auftrag gegeben worden.

Preiswert und kompakt
Kleinwagen erobern die Straße

Ein neues Konzept wird geboren

Anfangs aus der Not entstanden – man wollte mit einem möglichst niedrigen Preis aufwarten können –, wurden die kleinen Automobile immer ausgefeilter. Während der Fahrer bei den frühen Modellen oft noch auf jeglichen Komfort verzichten musste, gelang es den Autobauern im Lauf der Zeit, immer mehr technische Finesse in die Fahrzeuge zu stecken.

Viel Platz bot die **Coupé-Ausführung** des **Model T** nicht. Aber viele Menschen waren froh darüber, dass es die preiswerten Modelle von **Ford** gab.

Henry Ford löste mit seinem Modell T eine Revolution aus. Nach seinen eigenen Worten wollte er ein Auto für die breite Masse bauen. Es sollte ausreichend Platz für die ganze Familie bieten, dabei aber klein genug sein, dass eine Einzelperson es sich leisten und unterhalten konnte. Außerdem sollte es mit den besten Materialien gebaut, von den fähigsten Männern, die zu finden waren, montiert und nach dem einfachsten Design konstruiert sein. Schließlich wollte Ford auch noch den Preis so weit senken, dass sich jeder, der ein gutes Gehalt bekam, es sich leisten konnte.

Der Umstand, dass das Auto kein Luxusgut mehr war, sondern zur Motorisierung einer breiten Bevölkerungsschicht beitrug, hatte Auswirkungen, die weit über die Automobilbranche hinausgingen. Die Bevölkerung wurde wesentlich mobiler. Wer einen fahrbaren Untersatz besaß, hatte nun beispielsweise die Möglichkeit, statt in der Großstadt zu wohnen, in einen der wachsenden Vororte zu ziehen und zur Arbeit zu pendeln.

Das Modell T wird international Das Modell T veränderte die amerikanische Gesellschaft ein für allemal. Aber es waren nicht nur die Vereinigten Staaten, in denen das Fahrzeug von den Fließbändern rollte: Für den Bau des Autos wurden Ford-Werke auch im irischen Cork, im englischen

Das **Model T** bedeutete Mobilität für Millionen, die nun in die Vorstädte ziehen und täglich an den Arbeitsplatz pendeln konnten.

Manchester, in Kopenhagen sowie in Brasilien, Argentinien, Australien und in der kanadischen Provinz Ontario eröffnet.

Das Modell T wurde bis 1927 produziert. In technischer Hinsicht fanden während dieser Zeit keine großen Änderungen statt. Äußerlich bekam das Fahrzeug im Lauf der Zeit etwas elegantere Formen. Auch in Bezug auf die Ausstattung trug man den steigenden Ansprüchen Rechnung.

Eine breite Auswahl Das Modell T gab es außerdem mit verschiedenen Karosserien, nämlich als Tourenwagen, Roadster, Coupé, Limousine und sogenanntes Town Car. Als Modell TT bot Ford eine Lkw-Version an. Schließlich wurde das Modell T von manchen Landwirten auch noch als preiswerte Alternative zu den Traktoren gesehen und mit im Handel erhältlichen Umrüstsätzen für landwirtschaftliche Arbeiten umgebaut.

Die Marke **Ford** stand weder für Luxus noch für Sportlichkeit, sondern für die Einfachheit der unteren Mittelklasse. Dafür stand auch das Schwarz, das aus ganz praktischen Gesichtspunkten als Standardfarbe für die Ford-Automobile gewählt worden war, nämlich um die Produktionskosten zu verringern.

Autos vom Fließband

Produzieren im Zeittakt Die Massenproduktion von Autos zu den Kosten, die eine weite Verfügbarkeit der Produkte ermöglichten, wäre ohne die effiziente Fließbandfertigung nicht möglich gewesen. Henry Ford war jedoch nicht der Erste gewesen, der auf die Idee gekommen war, die Produktivität durch die Einführung einer Art Produktionsstraße zu steigern. Ransom Olds, der Begründer der Automarke Oldsmobile, hatte bereits 1902 den Einfall gehabt, die sich in Fertigung befindenden Autos auf Holzgestelle zu setzen und sie zu den Fertigungsstationen ziehen zu lassen. Ford optimierte das Verfahren durch die Verwendung des Fließbands.

 PREISWERT UND KOMPAKT | *Ein neues Konzept wird geboren*

Peugeot als eine der ältesten Autofirmen der Welt hatte sich schon früh mit der Produktion von Kleinwagen für jedermann befasst. Legendär wurde die Serie mit der „0" im Namen, hier ein **Peugeot 201**.

Von kleinen Löwen und Enten

Die Firma mit dem Löwen im Logo hatte sich schon in ihren Anfängen mit dem Bau von Kleinwagen befasst. Die ersten Modelle gehörten alle in diese Kategorie. Mit dem Typ *69* Bébé war dann ein weiterer Schritt in diese Richtung unternommen worden. Doch obwohl er sieben Jahre lang gebaut wurde, konnten lediglich 400 Exemplare abgesetzt werden. Beim Nachfolgemodell sollte sich das aber ändern.

Ettore Bugatti bot Peugeot die Konstruktionspläne eines Kleinwagens an, der ursprünglich bei der deutschen Firma Wanderer gebaut werden sollte. Die Franzosen erkannten das Potential dieses Entwurfs und machten ihn zum neuen *Bébé*. Weil er in den Werken des ehemaligen Lion-Peugeot in Beaulieu montiert wurde, wurde er noch als Lion-Peugeot verkauft, obwohl beide Firmen schon vereinigt worden waren. Dieses Modell, das zwischen 1913 und 1916 im Programm war, wurde zu einem echten Bestseller: Über 3000 Exemplare wurden an den Mann gebracht. Der kompakte 0,8-Liter-Vierzylindermotor bot 10 PS Leistung, das genügte immerhin, um das anspruchsvolle Mont-Ventoux-Rennen zu gewinnen.

Kriegsbedingt kam es nun zu einer Unterbrechung der Produktion, doch bei Peugeot nutzte man die Zeit, um zu einem Paukenschlag auszuholen. 1921 überraschte die Firma die Fachwelt mit einem Kleinwagen, der eine ganz ungewöhnliche Form hatte. Er war sehr schmal gebaut worden, um ein Differential zu sparen. Aus diesem Grund saß der Beifahrer hinter dem Wagenlenker. Der Typ *161* der Firma bekam den hübschen Beinamen *Quadrillette*. Das 10 PS starke Gefährt wurde bis 1923 mit großem Erfolg gebaut. In dieser kurzen Zeitspanne erreichte der Wagen über 3500 Kunden.

Danach folgte der Typ *172*, der ebenfalls als *Quadrillette* bezeichnet wurde. Dieses Fahrzeug wurde in den verschiedensten Varianten mit einer Motorleistung zwischen 11 und 14 PS gebaut. Man konnte ihn unter anderem auch als Lieferwagen, Cabriolet oder Innenlenker kaufen. Fast 58 000 Exemplare wurden gebaut.

Flotte Flitzer mit der Null Mit dem Peugeot *201* begann für das Unternehmen eine neue Ära. Dieses Modell wurde 1929 als erstes französisches Auto in Großserie produziert und war auch der erste Wagen in der Grande Nation mit

Der **Typ 69 „Bébé"** aus dem Jahr 1905 war eine wichtige Entwicklungsstufe in der Geschichte von Peugeot. Das wendige kleine Fahrzeug hatte 6,75 PS und fuhr bis zu 30 Stundenkilometer schnell.

Elektro

Unter Strom durch die Stadt Von 1940 bis 1944 stand Frankreich unter deutscher Besatzung. Das bedeutete auch, dass das Land von deren Benzinzuteilungen abhing. Peugeot versuchte, mit dem Modell *VLV* Abhilfe zu schaffen. Die Abkürzung VLV bedeutet *Voiture Légère de Ville* – leichtes Stadtauto. Das Fahrzeug wurde elektrisch betrieben und hatte eine Reichweite von immerhin 80 Kilometern. Die Höchstgeschwindigkeit von etwa 30 Stundenkilometern war allerdings weniger berauschend. Der *VLV* wog 350 Kilogramm, 160 davon entfielen auf die Batterien. Mit einem Ladegerät konnten sie an einer normalen Steckdose aufgeladen werden. Um das Gefährt billiger zu machen, wurden die beiden angetriebenen Hinterräder so eng beieinander angebracht, dass man sich ein Differential sparen konnte. Zwei Leute konnten im Fahrzeug Platz nehmen, gebaut wurden zwischen Juni 1941 und Februar 1945 immerhin 377 Stück.

Armand Peugeot wusste, dass man ohne die richtige Werbung nicht weit kommt. In den 1920er-Jahren versuchte er es erfolgreich mit Humor: „Ein aktiver Mann zählt für zehn, wenn er eine Quadrillette von Peugeot hat."

vorderer Einzelradaufhängung. Während zur gleichen Zeit andere Firmen mit Acht- oder Zwölfzylindermodellen aufwarteten und in der Wirtschaftskrise untergingen, hatte man bei Peugeot genau den richtigen Weg eingeschlagen. Der *Peugeot 201* verkaufte sich bestens. In den acht Jahren Bauzeit bis 1937 wurden 142 309 Exemplare ausgeliefert. Verglichen mit dem Modell *T* war das natürlich wenig, aber nach europäischen Maßstäben war das ein exorbitantes Ergebnis.

Während man bei der ersten **Quadrillette Type 161** von 1921 noch hintereinander sitzen musste, bot der **Typ 172** ab 1922 Platz für zwei nebeneinander Sitzende. Der Lohn waren hohe Verkaufszahlen.

 PREISWERT UND KOMPAKT | *Ein neues Konzept wird geboren*

In dieser Fassung verwendete Peugeot sein **Wahrzeichen**, den Löwen, zwischen 1961 und 1971. Im Lauf der Jahre gab es viele Varianten.

Der *Peugeot 201* trug maßgeblich dazu bei, Peugeot als einen der wichtigen Autobauer zu etablieren. Zugleich wurde damit eine neue Modellfamilie gestartet, die noch heute mit den *Peugeot 206* und *207* verkauft wird. Interessant ist in diesem Zusammenhang, dass vom Ende des Kriegs bis 1955 nur jeweils ein einziges Modell gebaut wurde: der *Peugeot 202* und als Nachfolger der *203*. Mit dem *201* begann auch eine Tradition, die bis heute beibehalten wurde: Die Modellbezeichnung war nun dreistellig, in der Mitte immer eine Null, vorne eine Größeneinschätzung und hinten die Baugeneration.

Die „kleinen Löwen" 1972 öffnete sich Peugeot auch der kleinsten Klasse der Automobile. Das neue Modell bekam gleich die Bezeichnung *104* – die Modelle *101*, *102* und *103* hat es nie gegeben. Da die „4" aber gerade bei allen anderen Klassen aktuell war, wurde sie auch bei diesem Kleinwagen verwendet. Der *Peugeot 104* bekam einen neu entwickelten Motor in Aluminiumbauweise, das Design stammte von Pininfarina. Kleinere Kinderkrankheiten des „Petit Lion", des „kleinen Löwen", waren bald ausgemerzt, sodass schließlich über 1,6 Millionen gebaut werden konnten. Eine Variante war der *104 C* mit kürzerem Radstand.

Bemerkenswert sind die großen Sporterfolge, die Modelle von Peugeot seit den frühen Wettbewerben zu verzeichnen hatten. So gewann beispielsweise ein *201* die Rallye Monte Carlo, bei der Rallye Paris-Dakar oder Langstreckenrennen wie der Indy 500 trugen sich immer wieder Peugeots in die Siegerlisten ein.

Kleeblätter und kleine Zitronen 1922 stellte André Citroën seine zweite Konstruktion vor. Der Typ C sollte ein Einstiegsmodell sein, das mit seinen 11 PS und einem 0,8-Liter-Vierzylindermotor 60 Stundenkilometer erreichte. Weil die Farbe der ersten ausgelieferten Modelle Gelb war, musste sich das Modell den Beinamen *Petit citron* gefallen

Der **Peugeot 201** von 1929 war das erste in Großserie gebaute Auto Frankreichs. Mit ihm führten die Franzosen auch die Null in der Mitte der Typenbezeichnung ein – und haben sich das patentieren lassen.

1972 stellte **Peugeot** den **104** vor, einen Supermini-Kleinwagen, der mit einem Ein-Liter-Motor ausgestattet war. Das machte den Zwerg zu einem echten Konkurrenten des Mini oder des Fiat 500.

Funktional und dennoch hübsch: das Armaturenbrett des **Peugeot 201**, hier ein Modell Baujahr 1932. Der 23 PS starke Wagen hatte ein Dreigang-Getriebe, im höchsten Gang erreichte er 80 Stundenkilomter. »

lassen. Der *Citroën C* oder *5 CV* beziehungsweise *5 HP* wurde auch als Dreisitzer gebaut. Diese Variante bekam im Volksmund den Namen *Trèfle*, denn das Kleeblatt hat ja zumeist drei Blätter. In Deutschland machte sich ein „Raubkopierer" ans Werk: Opel baute ein sehr ähnliches Modell, das als *Laubfrosch* berühmt wurde. Einen Prozess in Deutschland verlor Citroën, weil der Kühler ja anders aussehe. Das Modell hielt sich in drei Generationen bis 1926 am Markt.

Zitronengelb präsentierte sich der **Citroën C** oder **5 CV**, der ab 1922 verkauft wurde. Deshalb erhielt er auch den Beinamen „Kleine Zitrone". Sein kompakter Vierzylindermotor leistete 11 PS.

- **Citroën, der Entenhändler** Danach dauerte es lange, bis sich das Unternehmen wieder einmal mit einem Kleinwagen befasste. Die größeren Modelle, die in den 1920er-Jahren gebaut wurden, brachten das Unternehmen während der Weltwirtschaftskrise in arge Bedrängnis. 1935 kaufte die als Reifenhersteller und Herausgeber eines Gourmetführers bekannte Firma Michelin die Wagenschmiede. Jetzt sollte auch der „kleine Mann" zu einem Citroën kommen und das Projekt *TPV* wurde ins Leben gerufen – die Abkürzung TPV stand für *toute petite voiture* („ganz kleines Auto"). Vor allem die

PREISWERT UND KOMPAKT | *Ein neues Konzept wird geboren*

Diese Abbildung zeigt einen **Prototyp des 2 CV**, wie er 1939 entwickelt worden war. Das Vehikel hatte nur einen Scheinwerfer. Wichtige Konstruktionsmerkmale wie das Textildach oder die Wellblechhaube waren schon vorhanden. Auch das Design glich schon stark der späteren „Ente".

« Das ursprünglich für die **ländliche Bevölkerung** gedachte Auto war auch in den Städten sehr beliebt, denn die Kosten waren gering und man hatte in dem kleinen Wagen recht viel Platz.

ärmere Landbevölkerung sollte diesen Wagen kaufen. Deshalb musste er fast schon geländegängig sein und so gut gefedert, dass – wie es im Lastenheft sinngemäß heißt – eine ungeübte Fahrerin ihre Eier heil zum Markt bringt.

1939 wurden die ersten Prototypen gebaut, doch dann kam der Zweite Weltkrieg und die Pläne mussten zunächst gestoppt werden. So konnte erst 1948 das Serienmodell präsentiert werden. Im Vergleich zum Prototyp hatte sich einiges geändert. So war der Motor nun luftgekühlt und leistete 9 PS – am Ende der langen Bauzeit 1990 sollten es schließ-

Hoffmann 2 CV

Die falsche Ente aus Bayern Chic, so ein Enten-Cabrio, aber alles andere als ein Oldtimer! 1988 entwickelte Wolfgang Hoffmann aus Hohenfurch in Oberbayern einen Bausatz, mit dem man eine herkömmliche Ente rupfen konnte, um fortan im Freien zu fahren. Es gibt auch Umbausätze für einen Pick-up, eine Limousine oder einen Break. Für die vielen Fans des alten Blechfederviehs ist das ein Zuckerl, das auch dem vorbeistreifenden Autofuchs das Wasser im Mund zusammenlaufen lässt.

Das auffallendste Merkmal des ab 1961 produzierten **Ami 6** war die sehr unkonventionell geformte Heckpartie. Man erkennt aber auch gestalterische Anklänge an die DS. »

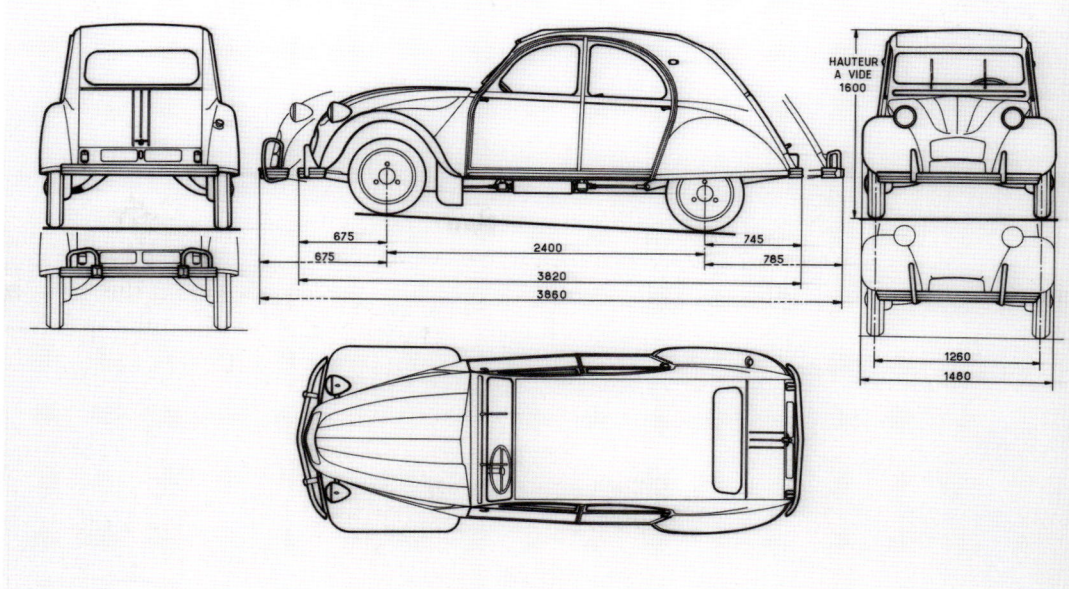

Abmessungen und Form des **2 CV** in einer Strichzeichnung. Der Radstand des Modells betrug 2400 Millimeter.

lich 29 PS sein. Das Design war wesentlich ansprechender, zu den technischen Besonderheiten gehörten Einzelradaufhängung, ein Kastenrahmenchassis und eine aufgebaute Karosserie, zum Anlassen wurde eine Kurbel benötigt. Das Auto war zwar fast nicht umzuwerfen, doch schon auf einer normalen Landstraße konnte eine Fahrt recht schauklig werden. Der Wagen bekam die Bezeichnung *2 CV*.

Viele Modelle aus Frankreich tragen eine Ziffer und das Kürzel „CV" im Namen. Diese beiden Buchstaben bedeuten *cheval vapeur* und meinen die französischen Steuer-PS. 1 CV entsprach nach Berechnung durch eine komplizierte Formel 261,8 Kubikzentimetern. Je höher die Ziffer, desto größer der Hubraum und somit desto höher die Steuer. In Deutschland gab es zwischen 1907 und 1928 eine vergleichbare Abgabeverordnung. So entsprach ein Steuer-PS bei Zweitaktern 175,5 Kubik, beim Viertakter ebenfalls 261,8 Kubikzentimetern.

Der *2 CV* (*deux chevaux*, liebevoll *deudeuche* genannt) wurde zum Liebling der Franzosen und gehörte bald zum Land wie Baguette und Rotwein. Über 3,8 Millionen Exemplare wurden gebaut, dazu über 1,2 Millionen Lieferwagenvarianten. Natürlich gab es in der langen Bauzeit auch einige Veränderungen, doch im Prinzip blieb das Modell gleich. So verschwand 1960 die Motorhaube aus Wellblech. Die Motorleistung wurde mehrfach erhöht, ein größerer Motor wurde eingesetzt. 1971 wich die vordere Sitzbank zwei einzelnen Sitzen, eine Sahara-Version bekam zwei Motoren jeweils für Vorder- und Hinterräder, das Modell *Charleston* von 1981 brachte es auf 29 PS und sogar 115 Stundenkilometer. Die ältesten Enten waren nur 65 Stundenkilometer schnell über die Landstraßen gewatschelt.

Das Auto, dein Freund 1961 nahm Citroën ein neues Modell ins Programm auf, das die klaffende Lücke zwischen der Ente und dem Modell *DS* füllen sollte.

Das zwischen Kleinwagen und unterer Mittelklasse positionierte Gefährt fiel zunächst durch sein recht ungewöhnliches Design auf. Das Heckfenster wurde unten nach innen gezogen. Der Name des Wagens war *Ami 6*. Ami heißt Freund. L'Ami 6 wird „Lamissis" ausgesprochen, womit der englische, aber in Frankreich durchaus bekannte Begriff für die Ehefrau anklang – eine gute Stufe tiefer also als die Göttin. Der Wagen selbst baute auf dem *2 CV* auf und hatte den stärksten Entenmotor, bekam allerdings ein sehr viel komfortableres Fahrwerk und eine bessere Innenausstattung. Den *Ami 6* gab es auch als Kombi und ab 1969 in der verstärkten Nachfolgerversion *Ami 8*.

PREISWERT UND KOMPAKT | *Ein neues Konzept wird geboren*

Mit dem **Renault 5** wurde ab 1972 ein Kleinwagen angeboten, der sehr viel Platz auf engstem Raum bot. Ein Kassenschlager! Im Iran wird er noch heute montiert.

Klein und chic à la française

Abgesehen von seinen Anfängen glänzte Renault eher bei den Mittel- und Oberklassewagen. Doch mit der Verstaatlichung des Unternehmens nach dem Zweiten Weltkrieg änderte sich das. 1947 wurde der *4 CV* vorgestellt, der von seinen Zeitgenossen wegen der Lackierung schnell den Spitznamen *Crèmeschnittchen* verpasst bekam. Über 1,5 Millionen Exemplare sollten bis 1961 gebaut werden. Das Design lehnte sich an amerikanische Vorbilder an. Das Standardmodell hatte 17 PS, es gab jedoch auch sportliche Varianten mit 42 PS.

Zu seinen technischen Finessen gehörte die Einzelradaufhängung aller vier Räder, dazu Hydraulikbremsen. Die Karosserie war in selbsttragender Bauweise ausgeführt. Ähnlich wie der *Volkswagen* hatte der *4 CV* einen Heckmotor, der allerdings wassergekühlt war.

Als Nachfolger dieses Modells wurde 1961 der *Renault 4* präsentiert. Dieser Wagen, der 1992 zum letzten Mal gebaut wurde, fand mehr als 8,1 Millionen Käufer. Der besondere Vorteil des *Renault 4* war die Kombi-Bauweise, die eine perfekte Möglichkeit der Zuladung bot. Noch dazu erwies er sich als sehr robust und vertrug auch eine reduzierte Wartung – weshalb er oft von Handwerkern gekauft wurde. Dieses Modell fand auch international großen Anklang. So verwundert es nicht, dass er nicht nur in Frankreich, sondern auch in anderen Ländern hergestellt wurde, u. a. in Slowenien, Marokko und Kolumbien. In Italien baute Alfa Romeo den *R 4* in Lizenz nach.

Das „**Crèmeschnittchen**" **4 CV** feierte 1947 Premiere. Sein Vierzylindermotor hatte gerade mal 760 Kubik, doch mit 110 Stundenkilometern war er recht flott unterwegs.

Renaults Gegenstück zur „Ente" war der **R 4**, der ab 1961 gebaut wurde. Das Raumwunder war bei französischen Handwerkern sehr begehrt. Doch auch die schicke Pariserin liebte ihn. Der *Renault 4* wurde in mehreren Ländern, auch in Jugoslawien, montiert.

Zu den **technischen Besonderheiten** des **R 4** gehörten Einzelradaufhängung, ein sparsamer Vierzylindermotor mit 747 bis 1108 Kubik oder eine herausnehmbare Rücksitzbank. Die Zulademöglichkeiten waren damals für ein Auto dieser Klasse konkurrenzlos. Zudem war der R 4 günstig im Unterhalt.

Der *Renault 4* wurde in mehreren Generationen hergestellt, die sich vergleichsweise wenig voneinander unterschieden. Der Vierzylindermotor leistete ursprünglich 24 PS, im Lauf der Typengeschichte stieg dieser Wert auf 34 PS. Mit dem *R 4* baute Renault anders als bei den früheren Modellen einen Wagen mit Frontantrieb. Für kurze Zeit gab es eine einfachere und billigere Variante, den *Renault 3*.

1972 startete mit dem *Renault 5* ein weiterer Kleinwagen aus Billancourt. Er war noch kompakter und hatte anfangs nur drei Türen. Das Design mit Schrägheck war zur Zeit seiner Entstehung ultramodern. Auch der *R 5* erwies sich als wichtiger Bestandteil des Programms, erst 1995 wurde seine Produktion eingestellt. Im Iran wird er in Lizenz sogar heute noch gebaut! Auch als sportliche Version machte das Fahrzeug Schlagzeilen. Es gab zudem eine eigene Rennserie, in der sich nur

 PREISWERT UND KOMPAKT | *Ein neues Konzept wird geboren*

R 5-Fahrer tummelten. Renault ist dem Kleinwagensegment bis heute treu geblieben.

Vom Lizenznehmer zum Jugendhit Die Fiat hatte ein findiges System entwickelt, wie sie ihre Autos in anderen Ländern verkaufen konnte. So bauten beispielsweise NSU in Deutschland und Puch in Österreich Fiat-Modelle, aber auch in Polen, Spanien und anderen Ländern gab es Lizenznehmer, die Fiat-Wagen montierten. In Frankreich war es Teodoro Pigozzi, der 1934 in der Nähe von Paris die Société Industrielle de Mécanique et Carrosserie Automobile, abgekürzt „Simca" gründete, um Fiat-Modelle für den französischen Markt zu bauen. In den 1950er-Jahren wurden dort jedoch eigene Modelle entwickelt. In dieser Zeit kaufte Simca auch die französische Ford-Filiale auf. In den 1960er-Jahren kam es dann zu einer engen Zusammenarbeit mit Chrysler. Die Amerikaner engagierten sich verstärkt im europäischen Markt. Auch in Spanien begann die Chrysler-Produktion.

1970 übernahm Chrysler Simca, doch schon bald geriet der US-Konzern ins Schlingern und musste bereits acht Jahre später die französische und britische Autosparte an Peugeot abgeben. Der Neuordnung fiel der Name Simca zum Opfer. Dafür wurde Talbot wiederbelebt.

Ein interessanter Kleinwagen von Simca war beispielsweise der *Simca 1000* aus dem Jahr 1972, der konstruktiv auf dem *Fiat 850* aufbaute. Das kompakte, eckige Gefährt mit den angedeuteten Heckflossen wurde fast zwei Millionen Mal gebaut. Ein Kultobjekt der jungen Franzosen war die Rallye-Variante des Fahrzeugs, die einen 86 PS starken Vierzylindermotor besaß. Dieser Wagen fuhr sogar in Rennen gegen den *Porsche 911*! Sein Nachfolger war der *Simca 1100*, mit dem Simca zum Frontantrieb überging. Eine besondere Spezialität dieses Modells war das Schrägheck mit der klug konstruierten Heckklappe. Viel Stauraum auf engstem Platz, das war ein wirklich zukunftsweisendes Konzept. Nach der Übernahme durch Peugeot wurde dieses Modell in *Talbot 1100* umbenannt.

Den Erfolg des *1100* verdankt Simca vor allem der neuen Konstruktion des Kompaktwagens. Die GLS-Ausstattung des **Simca 1100** hatte einen 60-PS-Motor und fuhr bis zu 150 Stundenkilometer schnell.

Nach der Übernahme von Chrysler-Simca durch Peugeot wurden die Simca-Modelle umfirmiert. Der **Talbot 1100** von 1980 entsprach bis auf wenige Retuschen dem unten abgebildeten Modell. Big Point dieses Typs war die gelungene Heckklappe.

Samba

Auferstehung einer Marke Peugeot hatte mit der Übernahme von Chrysler-Simca auch die Rechte an der Marke Talbot erworben. Da dieser Name immer noch einen guten Ruf hatte, wurde aus den Simca-Modellen kurzerhand ein Talbot. Eine Neuentwicklung war der *Samba* von 1982. Noch im selben Jahr wurde auch eine Cabrio-Variante aus dem Designerstudio von Pininfarina vorgestellt. Der *Samba* basierte auf einem Peugeot-Modell: dem *Peugeot 104*. Allerdings hatte man einige Veränderungen vorgenommen. Der *Samba* hatte einen Vierzylindermotor mit 1360 Kubik Hubraum und fuhr bis zu 170 Kilometer in der Stunde.

PREISWERT UND KOMPAKT | Die Kleinsten aus dem Schoß Europas

Die Kleinsten aus dem Schoß Europas

 Deutschland hatte zwar den Volkswagen, doch das Spektrum interessanter Kleinwagenentwürfe ist sehr viel größer und reicht viele Jahre weiter zurück. Besonders die Kleinstwagen der Wirtschaftswunderzeit gelten heute als legendäre Schöpfungen. Oder wie wäre es mit etwas Kommissbrot?

Die deutschen Kleinwagen

Die Hanomag in Hannover-Linden hatte seit fast 100 Jahren vor allem durch den Bau von Dampflokomotiven einen guten Namen. Nach der Jahrhundertwende kamen dann Motorpflüge nach Wendeler und Dohrn sowie Dampflastwagen hinzu. In der Weimarer Republik lief aber das Geschäft mit Dampflokomotiven immer schlechter, und das Unternehmen suchte neue Geschäftsfelder. So gelang es, einen eigenen Dieselmotor zu bauen, der bei erstklassigen Traktoren und Zugmaschinen eingesetzt wurde, sodass sich die Hannoveraner unter die Großen dieser Branche einreihen konnten. Besondere Bedeutung erlangte schnell auch eine weitere neue Sparte: Ab etwa Mitte der 1920er-Jahre wurden Personenkraftwagen gebaut.

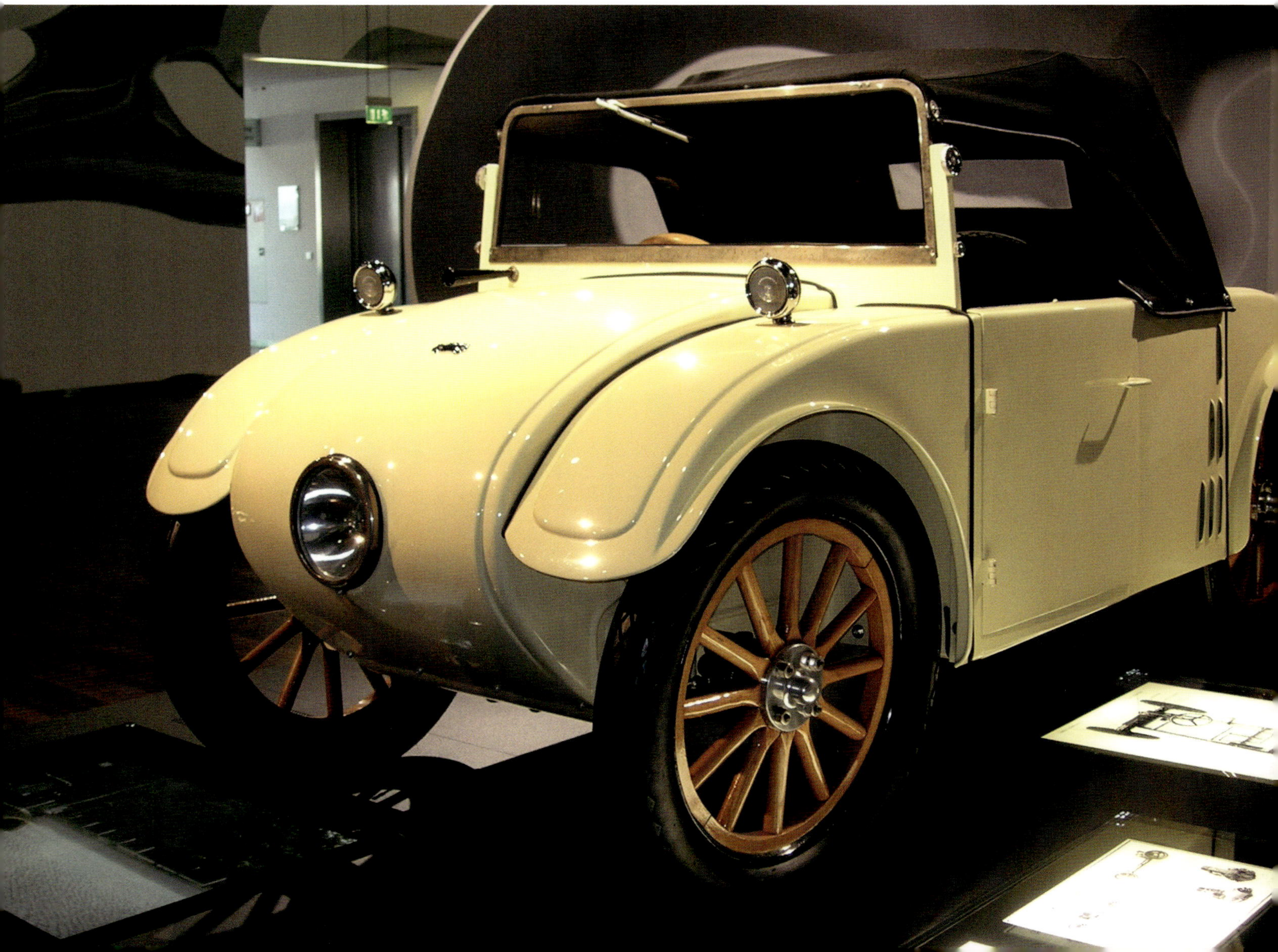

Etwas seltsam sieht der **Einzelscheinwerfer** aus. Da der Wagen aber nicht sehr breit war, reichte er aus. Erst später wurden zwei Scheinwerfer gesetzlich vorgeschrieben.

1924 ging ein Raunen durch die Szene. Aus der Fabrik der großen Lokomotiven schlüpfte ein Zwerg: der Typ *P 2/10 PS*. Der Wagen hatte einen Einzylindermotor, der nicht – wie inzwischen allgemein üblich – vorn, sondern im Heck eingebaut war. Dadurch wurden Bauteile und Gewicht eingespart (Ferdinand Porsche folgte später bei seinem Volkswagen diesem Vorbild). Da der *2/10 PS* nur etwa einen Meter breit war, konnte das teure Differential ebenfalls eingespart werden. Außerdem besaß der *2/10 PS* nur einen einzigen Scheinwerfer. Der Zweisitzer konnte als Cabriolet, Limousine und sogar als Landaulet ausgeliefert werden. Mit einem Preis von 2300 Mark lag er weit unter dem der Konkurrenz. Er war zudem das erste deutsche Auto mit Pontonkarosserie und das erste, das am Fließband montiert wurde.

Neider und Spötter bezeichneten den ersten deutschen Kleinwagen wegen seines Aussehens und seines kargen Designs als *Kommissbrot*. Doch das hielt über

« Der **Hanomag 2/10 PS**, der zwischen 1925 und 1928 verkauft wurde, war das erste Auto in Pontonbauweise und außerdem das erste, das in Deutschland am Fließband produziert wurde. Preislich lag dieses Modell weit unter der Konkurrenz.

Dieses Firmenlogo verwendete die **Hanomag** für den Automobilbereich, allerdings wurden später auch Kühlerfiguren eingesetzt, die das Sachsenross darstellten. Dieses Tier mit langer Tradition ist heute im Wappen von Niedersachsen wiederzufinden.

PREISWERT UND KOMPAKT | *Die Kleinsten aus dem Schoß Europas*

« Dieses Bild zeigt, dass es auch rote Laubfrösche gibt, zumindest in der Autoindustrie. **Opel** gelang mit diesem Modell der Sprung ganz nach oben in der Verkaufsstatistik. Der richtige Name für dieses Modell lautete **4 PS**, wobei die Steuer-PS gemeint waren.

Bei diesem Exemplar handelt es sich um einen **3/15 PS DA 3 Wartburg Sport**, den **BMW** 1930 baute. Es stellte die Rennversion des Standardmodells dar, die besonders leicht gebaut war und bis zu 90 Stundenkilometer erreichte.

15 000 Kunden nicht vom Kauf des Wagens ab. Bei der Hanomag entstanden bis zur kriegsbedingten Aufgabe der Produktion später vor allem Mittelklassewagen, außerdem war zeitgleich mit Mercedes-Benz der erste Diesel-Pkw vorgestellt worden. Nach dem Krieg gelang es aber nicht mehr, die Pkw-Fertigung fortzuführen. Das Modell *Partner* von 1951 blieb im Entwicklungsstadium stecken. Weit besser klappte es dagegen mit Nutzfahrzeugen.

Doktorwagen und Laubfrösche Es gab eine Berufsgruppe, die in den frühen Jahren des Autobaus besonders begehrt war. Diese Leute waren nicht arm und schätzten die Vorteile der neuen Mobilität sehr hoch. Gemeint sind die Landärzte, die häufig lange Wege zu ihren Patienten zurücklegen mussten. Oftmals ging es dabei um Leben und Tod, sodass ein schnelles Eintreffen besonders wichtig war. Opel hatte 1909 mit seinem Modell *4/8 PS* einen Wagen geschaffen, der bei dieser Klientel sehr gut ankam. Der wendige offene Zweisitzer hatte eine Motorleistung von 8 PS und konnte bis zu 60 Stundenkilometer erreichen. Auch Anwälte und andere besser betuchte Berufsgruppen begeisterten sich für dieses Fahrzeug. Später sollten andere Anbieter folgen, doch waren es nun geschlossene Coupés.

Opel hatte immer auch die Mittelschicht im Blick, die sich teure Autos nicht leisten konnte. 1924 wurde ein 12 PS starker Kleinwagen vorgestellt, der eigentlich kaum etwas anderes war als eine Kopie des Citroën C. Sein Preis wurde nur noch vom Hanomag *Kommissbrot* unterboten, doch dieser bot bedeutend weniger Komfort. Dank der riesigen Nachfrage wurde Opel zum größten deutschen Autobauer. Bis 1931 wurden fast 120 000 *Laubfrösche* verkauft. Und woher kam die Bezeichnung? Das Modell gab es zu Beginn nur in einer auffälligen grünen Lackierung!

Eisenach und die Anfänge von BMW

Die Fahrzeugfabrik Eisenach, die 1898 mit einem Nachbau der Decauville-*Voiturelle* bekannt geworden war, änderte 1903 ihre Markenbezeichnung von Wartburg zu Dixi. 1927 erwarb man die Lizenz zum Nachbau des in Großbritannien sehr erfolgreichen Austin *Seven*, der zunächst nur kopiert, also als Rechtslenker gebaut wurde. Doch schnell wurde er zum Linkslenker umkonstruiert. Getauft wurde das Modell auf den Namen *Dixi 3/15*. Ein Jahr später wurde Dixi an BMW verkauft. Die Bayern führten den Austin-Nachbau fort, verbesserten das Modell aber. Eine sportliche Variante war der BMW *3/15 DA 3 Wartburg*, der die ersten Rennwageneinsätze der Firma absolvierte. 1932 gab BMW die Lizenz an Austin zurück und entwickelte das eigene Nachfolgemodell *3/20*, das also bei drei Steuer-PS 20 PS Leistung brachte. Beide Modelle gab es als Cabriolet oder zweitürige Limousine.

Kompakt, preiswert und doch irgendwie begeisternd war der **Dixi 3/15**. Es gab ihn in den verschiedensten Versionen. Das lag auch daran, dass die Karosserie nicht fabrikmäßig einheitlich gefertigt, sondern bei eigenen Firmen aufgebaut wurde.

87

PREISWERT UND KOMPAKT | Die Kleinsten aus dem Schoß Europas

Der Mythos Volkswagen

Viele glauben, die Idee zum Volkswagen stamme von Adolf Hitler. Doch das ist ein Märchen, genauso wie die Behauptung, der Einfall Autobahnen zu bauen, sei von ihm. Bereits in den 1920er-Jahren wurden Kleinwagen konstruiert. Bei Hans Ledwinka und anderen hatte es weitere recht konkrete Gedanken dazu gegeben. Doch erst Ferdinand Porsche gelang es, die neuen Machthaber ab 1933 dazu zu bringen, die Konzeption eines massenhaft zu bauenden Kleinwagens umzusetzen – zumindest damit zu beginnen.

Die Idee soll Realität werden Porsches Pläne sahen einen Wagen mit luftgekühltem Boxermotor im Heck vor, bei dem die Hinterräder angetrieben werden. Die zweitürige Karosserie wurde auf einem Plattformrahmen aufgebaut. Neben der Entwicklung und den Tests von Prototypen, die beim Nachbarn Mercedes-Benz angefertigt wurden, kümmerte sich Porsche auch um den Aufbau einer neuen Fabrik, in der der Volkswagen später gebaut werden sollte. Bei Fallersleben entstand auf der grünen Wiese das Volkswagen-Werk. Die

Ein Blick ins Heck, wo der luftgekühlte Boxermotor des **Volkswagen** eingebaut war. Viel Platz gab es dort nicht.

Lage in der Mitte Deutschlands und am Mittellandkanal war geografisch günstig. Im Jahr 1938 war das Fahrzeug serienreif und wurde als KdF-Wagen angepriesen (KdF, „Kraft durch Freude", war die Freizeitorganisation der Nationalsozialisten). Doch das Volk konnte den Wagen nicht mehr erwerben. Stattdessen wurden auf der Plattform des Fahrzeugs militärische Produkte gebaut, die unter dem Namen Kübelwagen bekannt wurden.

Nach dem Krieg ließ sich die britische Besatzungsmacht in dem nun Wolfsburg genannten Ort auf dem Volkswagen basierende Fahrzeuge bauen, die als Kommandeurswagen verwendet wurden. Dann schlug die Stunde des Volkswagens. Als die Produktion 2003 in Mexiko, wo er ab 1978 nur noch montiert wurde, schließlich beendet wurde, waren

Parade einiger **Käfer-Generationen**. Links in Schwarz zwei Prototypen von 1938 (Brezelkäfer und Autenrieth-Cabrio), in Goldlackierung der einmillionste Volkswagen („Ovali"), zuletzt zwei neuere Modelle von 1965 (VW 1300) und 1976 (aus Emden).

„**Brezelkäfer**" wurde die erste Version des **VW** genannt, die zwischen 1945 und 1953 vom Band lief. Im Krieg hatte sich das Fahrzeug bereits bewährt. Jetzt sollten alle Bürger ein solches Auto kaufen können.

insgesamt 21,5 Millionen Fahrzeuge hergestellt worden. Damit war der *VW Käfer* vor dem Ford Model T das meistgebaute Auto der Welt.

🜲 **Siegeszug des Käfers** Der *Volkswagen* – seinen Beinamen *Käfer* erhielt er erst später über den Umweg aus Amerika – wurde in vielen Modellgenerationen weiter entwickelt. Am Beginn stand der *Brezelkäfer*, heute so genannt wegen seines kleinen, zweigeteilten Heckfensters. Er wurde von 1945 bis 1953 gebaut und verkaufte sich 425 156-mal. Die Wolfsburger gaben ihn in den zwei 25 PS starken Varianten *Standard* und *Export* heraus, wobei der ab 1949 gebaute *Export* die hochwertigere Version war und ab 1952 ein teilsynchronisiertes Getriebe spendiert bekam. Etwa 700 Exemplare des *Volkswagens* bekamen bei der Wuppertaler Karosseriefirma Hebmüller zwischen 1949 und 1953 einen Cabrio-Aufbau. Das zweisitzige Fahrzeug konnte mit 25 oder 30 PS gekauft werden.

1953 folgte eine grundlegende Überarbeitung des Entwurfs. Das Ergebnis war der *Volkswagen 1200*, heute gern als *Ovali* bezeichnet. Eines dieser Exemplare war der Einmillionste gebaute Volkswagen. Er wurde goldlackiert und steht

Herbie

Das menschliche Auto Walt Disney ist ja dafür bekannt, dass er und seine Produktionsfirma gern deutsches bzw. österreichisches Kulturgut in Zeichentrickfilmen neu erstehen ließen. Schneewittchen gehörte dazu, aber auch Aschenputtel, der Zauberlehrling oder Bambi. 1968, da war Disney bereits zwei Jahre tot, brachten die Disney-Studios den Film *The Love Bug* heraus. Die Hauptfigur des munteren Streifens war *Herbie*, ein intelligenter Volkswagen. Da *bug* auf Deutsch Käfer heißt und der Film unter dem Titel *Ein toller Käfer* in die deutschen Kinos kam, hatte das Auto gleich seinen neuen Spitznamen weg. Der Film-Herbie war übrigens ein Export-Modell Baujahr 1963 mit Faltdach.

Am 5. August 1955 konnten die Wolfsburger Autobauer ein besonderes Jubiläum feiern. **Der einmillionste Volkswagen Typ 1** – für uns: Käfer – war eben fertig gestellt worden. Es handelte sich um einen **VW 1200 Export** mit 30 PS. Die Chromteile waren mit Glasteilchen besetzt, die munter funkelten, wenn Licht darauf fiel.

PREISWERT UND KOMPAKT | *Die Kleinsten aus dem Schoß Europas*

DAF

Die 1928 durch Hub van Doorne im niederländischen Eindhoven gegründete Firma stellte zunächst Anhänger und dann Lkw her. 1958 begann man mit dem Bau von Kleinwagen. Erstes Modell war der *DAF 600*. Auffallend an diesem Fahrzeug war das Variomatic-Getriebe, das ein stufenloses Wendegetriebe war. Dadurch konnte der DAF rückwärts gleich schnell fahren wie nach vorn. Es folgten mehrere Modelle. 1971 wurde der abgebildete *DAF 66* vorgestellt, der nach der Übernahme durch Volvo ab 1975 unter dem Namen *Volvo 66* noch fünf Jahre weitergebaut wurde. Auch der *DAF 66* hatte ein Variomatic-Getriebe. Der Motor stammte von Renault, das Design von Giovanni Michelotti, der auch den *Triumph Spitfire* oder die Modelle *700* und *2002* von BMW entworfen hatte.

Der **NSU 1200 TT** war ein sportlich orientiertes Fahrzeug, das aus dem Prinz entstanden war. TT stand für „Tourist Trophy", das berühmte Rennen auf der Isle of Man. Dieses Auto war in den 1960er-Jahren ein Wagen mit Kultcharakter.

heute im Wolfsburger Automuseum. Der *Ovali* erhielt einen um 5 PS stärkeren Motor. Die Export-Version bekam hydraulische Bremsen spendiert, während der Käufer des Standard kein Schwächling sein durfte, denn er hatte lediglich Seilzugbremsen.

1957 wurde der *VW 1200* stark überarbeitet, behielt aber seinen Namen. Das Heckfenster war nun groß ausgeschnitten, auch die Windschutzscheibe wurde vergrößert. Der Export erhielt ab 1960 einen auf 34 PS gebrachten Motor, verbesserte Bremsen und ein Vollsynchrongetriebe mit komfortabler Schaltung. Die Vorderachse wurde durch einen Stabilisator verstärkt. Der *VW 1200* wurde bis 1973 gebaut, aber bereits ab 1965 hatte er im *VW 1300* einen größeren Bruder und ein Jahr darauf kam der *VW 1500* heraus. Wie schon beim *1200*er stand die Zahl aufgerundet für den Hubraum. So lag die PS-Leistung dieser beiden Modelle des intern als Typ 3 bezeichneten Volkswagens bei 40 und 44. Mit diesen Modellen begegnete VW der wachsenden Konkurrenz, die oftmals technisch überlegene Fahrzeuge anbot. Der Käfer begann – wie der *2 CV* in

Die Auto Union stellte 1959 mit dem **DKW Junior** einen kompetenten Gegenspieler für den VW Käfer vor. Wie üblich verwendete DKW einen Dreizylinder-Zweitaktmotor, hier mit 34 PS.

Frankreich – zu einem weiterhin existierenden Anachronismus zu werden. Wir werden später noch von ihm hören …

- **Autos vom Zweiradweltmeister** In Neckarsulm, wo heute ein Audi-Werk steht, gab es eine Fabrik, in der Strickmaschinen, Fahrräder und motorisierte Zweiräder gebaut wurden. 1906 kamen auch Autos hinzu. Doch die waren im Programm zunächst eher eine Nebensache, denn die Zweiräder dominierten deutlich. Lange war das Unternehmen in dieser Sparte der größte Produzent der Welt.

  NSU baute in Heilbronn seit 1929 in Lizenz Automobile von Fiat. Doch 1959 trat die Firma wieder als eigenständiger Produzent auf. Mit dem *Prinz* war eine viel versprechende Konstruktion gelungen, der der begabte Designer Claus Luthe noch einige Höhepunkte des deutschen Autobaus folgen ließ. Die Lizenzautos nach Turiner Vorbild wurden deshalb nunmehr als NSU-Fiat verkauft. Der *Prinz* und später der *Sportprinz* brachten NSU einen sehr guten Ruf ein. Automobilgeschichte schrieb die Firma jedoch mit zwei Mitte der 1960er-Jahre herausgebrachten Modellen: Der *Spider* war das erste Auto mit dem bei NSU entwickelten Wankelmotor, der *Ro 80* mit dem gleichen Motor setzte in der oberen Mittelklasse neue Maßstäbe auch in puncto Aerodynamik. Im Jahr der Übernahme durch VW gelang noch die Präsentation des *K 70*, der nicht nur die Richtung bei der wiedererstandenen Marke Audi vorgab, sondern auch beim Mutterkonzern VW zu einer grundlegenden Änderung der Modellphilosophie führte.

- **Die Zweitaktspezialisten** Ursprüngliches Ziel der Firma Dampf-Kraft-Wagen (DKW) im sächsischen Zschopau war der Bau eines Dampfwagens nach dem Vorbild amerikanischer Modelle. Doch kam es nicht zur Umsetzung des Projekts. Stattdessen wurden zunächst andere Produkte hergestellt, bis man 1928 einen erneuten Anlauf unternahm.

  DKW setzte ganz auf den Zweitaktmotor und baute verschiedene Kleinwagen. Bereits 1931 wurde ein Modell mit Frontantrieb vorgestellt, damals eine eher ungewöhnliche Bauart. 1932 trat DKW der Auto Union bei.

  Nach dem Zweiten Weltkrieg wurden die Werksanlagen von den neuen Machthabern übernommen, die Firma selbst zog sich zusammen mit den anderen Mitgliedern der Auto Union in den Westen zurück und fand in Ingolstadt und Düsseldorf neue Standorte.

Goggomobil, Isetta und das Kleinstwagenwunder

🚗 Hans Glas machte mit seinen Landmaschinen in der Wirtschaftswunderzeit gute Gewinne. Doch der Mann aus dem bayerischen Dingolfing hatte ehrgeizige Pläne. Mit Motorrollern und dem *Goggomobil* wollte er das Bedürfnis der weniger betuchten Bevölkerung nach Mobilität befriedigen. Das gelang, denn mit über 280 000 Exemplaren seit 1954 produzierte er einen der weitaus erfolgreichsten Kleinwagen der Wirtschaftswunderzeit.

🚗 **Goggo trifft den Nerv der Zeit** Das *Goggomobil* hatte einen Zweitaktmotor mit zwei Zylindern. Es war mit einem Hubraum von 250 Kubik-, aber auch in Versionen mit 300 und 400 Kubikzentimetern erhältlich. Neben der klassischen Limousine wurden später ein Coupé und ein Kleinlieferwagen hergestellt. Die Höchstgeschwindigkeit lag bei 85 Stundenkilometern. 1967 übernahm BMW die Pkw-Sparte und führte zunächst Teile des Programms weiter. Dingolfing ist heute einer der wichtigsten Produktionsorte der Münchner.

🚗 **Gutbrod, der kleine Pionier** Die Firma Gutbrod aus Plochingen in Württemberg hatte bereits in den 1920er-Jahren Motorräder hergestellt, in den 1930er-Jahren kamen dann auch noch Autos hinzu. Nach dem Zweiten Weltkrieg begann man wieder mit dem Bau von Pkw und reihte Traktoren ins Programm ein. Die Autos trugen wie vor dem Krieg den Namen *Superior*. Angetrieben wurden sie von einem Zweitaktmotor. Ein Meilenstein war die direkte Kraftstoffeinspritzung, die es für Benziner sonst nur noch beim *Goliath* gab.

🚗 **Die Zwerge von Kleinschnittger** 1950 trat die Arnsberger Firma Kleinschnittger mit einem Modell an, das mit einem 125 Kubikzentimeter großen Zweitakt-Motor von Ilo ausgestattet war. Um die Kosten zu senken, wurde auf den Einbau von Türen verzichtet, das offene Gefährt wurde wie ein Rennwagen bestiegen. Auch einen Rückwärtsgang gab es nicht. Der 5,5 PS starke *F 125* wurde bis 1957 gebaut. Sein Gewicht betrug gerade mal 170 Kilogramm.

🚗 **Ein Spatz auf der Straße** In Nürnberg entwickelten die Victoria-Werke nach Plänen von Hans Ledwinka ein kleines Spielzeug auf vier Rädern, das den Namen *Spatz* bekam. Die Karosserie war aus Kunstharz und auf Türen verzichtete man – der kleine Roadster bekam aber ein Verdeck. Allerdings wurde der 0,2-Liter-Motor von diesem Fahrzeug

Das **Goggomobil** aus Dingolfing war einer der beliebtesten Kleinwagen der Wirtschaftswunderzeit. Das **Coupé TS 250** kam 1957, zwei Jahre nach Einführung des Basismodells, auf den Markt.

1950 stellte der Motorradbauer **Gutbrod** seinen **Superior 600** vor. Die Zahl steht für die Hubraumgröße. Der Zweitakt-Zweizylinder leistete 20 PS. Bis zu 100 Stundenkilometer konnte man mit diesem nur 690 Kilogramm schweren Wagen erreichen.

überfordert. Und so war nach zwei Jahren Bauzeit auch schon wieder Schluss mit dem *Spatz*.

Auch in Frankreich gab es Hersteller von Kleinstwagen wie der *Isetta* oder dem *Goggomobil*. Sehr bekannt wurde Rovin aus der Gegend von Paris. Dort wurden nach dem Zweiten Weltkrieg Zweisitzer gebaut, die eine Karosserie aus Kunststoff hatten.

🐦 **Jagdflieger auf der Straße** Messerschmitt ist ein Name, den man zuallererst mit dem Jagdflugzeug *Me 109* oder mit dem ersten in Serie gebauten Düsenjäger *Me 262* verbindet. Doch nach dem Zweiten Weltkrieg waren Rüstungsprodukte nicht mehr gefragt. Was also tun?

1948 versuchte der Rosenheimer Fritz Fend, ebenfalls ein Luftfahrtingenieur, mit einem Kleinstwagenmodell über die Runden zu kommen, das als *Fend-Flitzer* bekannt wurde. Das wäre doch das richtige Produkt für die Messerschmitt-

Der **Spatz** von **Victoria** war eher ein Fehlschlag. Zwar war die Kunstharzkarosserie hübsch, es wurde bei der Produktion gespart, so gab es keine Türen, aber das 10-PS-Motörchen mit 191 Kubik war zu schwach.

 PREISWERT UND KOMPAKT | *Die Kleinsten aus dem Schoß Europas*

Kleinschnittger stellte zwischen 1950 und 1957 den **F 125** her, einen Miniroadster mit einem – fast hätte man gesagt – Rasenmähermotor von nur 123 Kubikzentimetern. Immerhin war der Verbrauch von 2,5 Litern auf 100 Kilometer moderat. Das Gefährt wog gerade mal 150 Kilogramm.

Werke in Regensburg! Und tatsächlich wurde dort ab 1953 eine verbesserte Version des Flitzers hergestellt und als *Messerschmitt Kabinenroller* in die Welt geschickt.

Vieles an diesem Fahrzeug erinnert an ein Flugzeug. Sei es die Kuppel über dem Cockpit, die seitlich hochgeklappt werden konnte, sei es das Steuerhorn, das ein Lenkrad ersetzte oder seien es die wie Stummelflügel wirkenden Kotflügel. Das Vehikel, das im Volksmund gerne als *Schneewittchensarg* belächelt wurde, hatte vorn zwei Räder, hinten aber nur eines. Neben der ursprünglichen Version als Einsitzer-Coupé wurden im Lauf der Produktionszeit auch Zweisitzer in Tandemanordnung und offene Cabrios gebaut. Später gab es auch Vierradversionen. Der eingebaute Motor war ein Zweitakter von Fichtel & Sachs. Wer sich's traute, konnte im *Kabinenroller* mit bis zu 90 Kilometern in der Stunde über die Straßen fliegen. 1964 endete die Ära des *Kabinenrollers*. Die Zeit der Miniautos war erst mal vorbei.

Die rollende Kabine Ernst Heinkel stammte aus Württemberg. Seine Flugzeugfabrik hatte er allerdings in Warnemünde errichten lassen. Nach Kriegsende musste Heinkel, dessen Anlagen in der sowjetischen Besatzungszone lagen, in den Westen fliehen. Glücklicherweise blieb ihm ein Zweigwerk in Stuttgart, das er zur neuen Firmenzentrale ausbaute. Zu Beginn wurden Motoren produziert, auch solche, die man in Autos einbauen konnte. Doch 1955 stellte er ein Fahrzeug vor, mit dem er in den damals sehr lukrativen Markt der Kleinstwagen eintrat. Nur etwa drei Jahre lang baute Heinkel die kleinen Flitzer mit dem spektakulären Fronteinstieg. Dann gab er die Fertigung an die britische Firma Trojan nach Irland ab, die noch bis 1965 das Heinkel-Vehikel baute, allerdings unter dem Namen *Trojan*.

Heinkels rollendes Flugzeugcockpit mit dem Namen **Kabine 153** wurde 1956/57 gebaut. Es hatte sogar einen Viertaktmotor, der allerdings auch nur 174 Kubik groß war.

Wie bei der Isetta öffnete man die Tür zum Wagen an der Front. Aus Sparsamkeitsgründen war hinten nur ein einzelnes Rad angebracht. In Irland wurde der dort als **Trojan** bezeichnete Wagen noch bis 1965 gefertigt.

- **Das Sperrholzauto** Borgward produzierte bereits vor dem Zweiten Weltkrieg Dreiradwagen namens *Goliath*, die entweder als Lieferwagen oder als Pkw aufgebaut waren. Die Herstellung lief nach dem Krieg wieder an. Doch bald kam bei der Bremer Firma ein anderes Modell heraus, das die Markenbezeichnung *Lloyd* trug. Der *LP 300* von 1950 war um einiges preiswerter als der Volkswagen, was vor allem an der Herstellungsweise lag: Die Karosserie wurde aus Holz aufgebaut, das dann mit Kunstleder überzogen wurde. Dieser *Leukoplastbomber* wurde 1952 durch den noch einfacheren *LP 250* und das stärkere Modell *LP 400* abgelöst. Bei diesem bestand ein Großteil der Karosserieelemente aus Stahlblech. Dank des enorm günstigen Preises entwickelte sich der Lloyd zu einem echten Arbeiterauto, während den VW eher Beamte und Angehörige der Mittelschicht kauften.

- **Die Kleine von Iso** In Turin baute der Italiener Renzo Rivolta Motoren und Kühlschränke der Marke Iso. 1953 hatte er ein dreirädriges Kleinfahrzeug konstruiert, in das man von vorne einsteigen musste. Der im Heck eingebaute Einzylindermotor stammte von einem Motorrad. Diese clevere Konstruktion weckte das Interesse der aufstrebenden deutschen Marke BMW, die sich nach einem geeigneten Kleinwagen umsah, um von dem Hype in diesen Jahren profi-

Dieser Blick in einen **Messerschmitt Kabinenroller** zeigt ein Steuerhorn wie aus dem Flugzeugbau oder dem Zweiradbereich und kein Lenkrad.

PREISWERT UND KOMPAKT | *Die Kleinsten aus dem Schoß Europas*

Der „Leukoplastbomber" **Lloyd 300 LP** brachte den Volksmund zu dieser kleinen „Weisheit": „Wer den Tod nicht scheut, fährt Lloyd." In der Tat war jeder Unfall mit diesem Holz-Kunstleder-Gefährt äußerst gefährlich. Das „LP" im Namen bedeutete Limousine.

tieren zu können. Es wurde ein Lizenzvertrag mit Rivolta geschlossen, woraufhin die Bayern die Fertigung der *Isetta* übernahmen.

Bis 1962 stellte BMW über 161 000 Motorcoupés her. Damit wurde die *Isetta* nach dem *Goggomobil* zum zweiterfolgreichsten Kleinstwagen ihrer Zeit. Im Vergleich zum Original nahm BMW allerdings einige Veränderungen vor. So stammte der Motor aus der Produktion des hauseigenen Motorrads *R 25*, der einen Hubraum von 245 Kubikzentimetern hatte – folgerichtig nannte man das Fahrzeug *Isetta 250*. 1956 wurde eine stärkere Variante mit 298 Kubikzentimetern vorgestellt, die den Namen *Isetta 300* bekam. Um die Standfestigkeit des Minimobils zu erhöhen, wurden statt des hinteren Einzelrads Zwillingsräder verwendet. Erhältlich war die *Isetta* in der Version *Standard* und unter der damals für die hochwertige Variante üblichen Bezeichnung *Export*. Diese unterschied sich vor allem dadurch, dass sie aufschiebbare Seitenfenster besaß. Die Höchstgeschwindigkeit der *Isetta* lag bei 95 Stundenkilometern. Der Kraftstoffverbrauch lag bei konsumentenfreundlichen 3,3 Litern.

Neben diesen Marken ist noch das *Fuldamobil* zu nennen, das in den 1950er-Jahren gebaut wurde und drei Räder sowie einen luftgekühlten Kompaktmotor hatte. Ab 1956 stellte zudem Maico Kleinwagen mit Zweitaktmotoren aus dem Hause Heinkel her.

Der Motor der **Isetta** war ein Einzylinder mit 245 oder 298 Kubikzentimetern Hubraum. Er wurde aus der Motorradproduktion von BMW übernommen. Die Leichtgewichte konnten auf bis zu 95 Stundenkilometer beschleunigt werden. »

Schriftzug und Logo von BMW auf einer **Isetta 250**, die das kleinere der beiden Modelle war. Die Isetta hatte italienische Wurzeln, wurde aber erst in Deutschland richtig beliebt. BMW verdiente mit ihr viel Geld, denn über 161 000 Stück wurden gebaut.

PREISWERT UND KOMPAKT | *Die Kleinsten aus dem Schoß Europas*

Mobil im Ostblock

In den Automobilwerken Zwickau (AWZ) auf dem ehemaligen Audi-Gelände wurde ab 1955 der *P70* mit Frontantrieb gebaut. Vorbild war der *Lloyd* von Borgward. Die Karosserie auf dem Stahlrahmen bestand aus Holz und Duroplast, einem Kunststoff. Der Zweizylinder-Zweitaktmotor brachte eine Leistung von 22 PS.

Der Wagen bekam 1957 mit dem Modell *Trabant 500* einen Nachfolger, wurde aber noch bis 1959 weitergebaut. Dieses Nachfolgemodell wurde noch bis 1991 gefertigt und hatte in den Jahren dazwischen nur wenige Änderungen erfahren. Auch die ehemaligen Horch-Werke produzierten dieses Modell mit, beide Standorte wurden als VEB Sachsenring Automobilwerke Zwickau zusammengeschlossen.

1963 wurde ein größerer Motor eingesetzt, wodurch die Leistung von 18 auf 23 PS stieg. In dieser Ausstattungsvariante hieß das Modell *Trabant 600*, ab 1964 *Trabant 601*. Wichtigste Merkmale des sogenannten *Trabi* waren sein luftgekühlter Zweizylinder-Zweitakter, den ein Axialgebläse auf Temperatur hielt, und die Karosserie aus baumwollverstärkter Phenoplaste. Spötter sprachen deshalb auch gern von der *Rennpappe*. Über drei Millionen Trabants wurden gebaut, doch reichte diese Stückzahl für den großen Bedarf in der ehemaligen DDR nie aus. Die Wartezeiten auf ein bestelltes Modell waren daher immens. Die Glücklichen,

Polski Fiat

Die Turiner in Polen aktiv Schon Ende der 1920er-Jahre ließ die Fiat in Polen Autos montieren. Der *Polski-Fiat* war überaus beliebt, denn die Fahrzeuge waren kompakt und nicht so teuer. Ende der 1960er-Jahre kam es zu einer erneuten Lizenzfertigung. Die Modelle *Fiat 1300*, *126* und *132* wurden bei FSO zusammengebaut. Das Werk FSM konnte sogar übernommen werden und auch dort wurde der *126* hergestellt. Polen entwickelte sich zu einem wichtigen Standbein der italienischen Marke.

die endlich einen Trabant bekamen, mussten sich mit einem unkomfortablen, aber immerhin zähen Auto abfinden.

Nach der deutschen Wiedervereinigung wurde der stinkende Zweitaktmotor durch einen moderneren, wassergekühlten Viertaktmotor ersetzt, der aus dem VW *Polo* stammte. Ein Jahr später war auch für diesen als *Trabant 1.1*

Der **Trabant 601** war zu Beginn durchaus ein recht modernes Auto. Doch wenn ein Modell viele Jahre nicht weiterentwickelt wird, dann wird es irgendwann zum Fossil. In den späten 1980er-Jahren waren die Qualitätsunterschiede bei den Autos von Ost und West so eklatant, dass sich Westbürger im Osten wie in eine andere Zeit versetzt fühlten.

bezeichneten Typ Schluss. Nach der Wiedervereinigung schauten die meisten, dass sie ihren Trabant gegen ein Westauto eintauschten. Heute jedoch sind die kleinen Zweitakter zu echten Kultobjekten geworden.

Auch in Polen wurden Autos produziert. Dort kam es zunächst zum Nachbau sowjetischer Baumuster, die in größeren Mengen gefertigt wurden. 1957 stellte die wichtigste polnische Produktionsstätte, die Fabryka Samochodów Osobowych (FSO) in Warschau, eine Konstruktion vor, mit der man die Kleinwagen-Nachfrage decken wollte: den *Syrena*. Äußerlich erinnerte er an den *P70* aus der DDR. Insgesamt wurden weit über eine halbe Million Exemplare hergestellt. Die Leistung des *Syrena* lag bei 27 PS, auch er hatte einen Zweitaktmotor.

Der **P70** war ein Zwischenmodell, das den Übergang vom DKW-Nachbau *F 8* zum Trabant einleitete. Hier zu sehen in einer Ausstattung als Coupé, war der 22 PS starke Kleinwagen auch als Limousine und Kombi zu haben. Etwa 40 000 Exemplare wurden gebaut.

Dieses Modell ist ein **Trabant P50** in einer Zweifarblackierung, der zwischen 1957 und 1962 gebaut wurde. Es handelt sich dabei um das erste Modell, das den Namen Trabant führte. Sein Zweitakt-Motor war nur 0,5 Liter groß.

PREISWERT UND KOMPAKT | Klein, aber fein aus aller Welt

Klein, aber fein aus aller Welt

Klein- und Kleinstwagen wurden meist aus ganz praktischen Gründen gekauft: Sie beanspruchten wenig Platz, waren relativ preisgünstig und verbrauchten vergleichsweise wenig Kraftstoff. Manche der kleinen Modelle erzielten darüber hinaus aber durchaus einen Kultstatus, wie etwa der Mini, mit dem sich sogar die britische Königin und der Beatle Ringo Starr sehen ließen.

Ein Mini für die Queen

Die in Longbridge, einem Teil von Birmingham, ansässige Austin Motor Company hatte vor dem Zweiten Weltkrieg mit dem *Austin Seven* die britische Automobilbranche entscheidend beeinflusst und vielen Angehörigen der Mittelschicht den Kauf eines Autos ermöglicht. Der Kleinwagen war für Austin ein großer kommerzieller Erfolg und ermöglichte es dem Unternehmen, sogar während der schwierigen Zeit der Weltwirtschaftskrise profitabel zu arbeiten. Schwerer

Mit dem **Anglia** bescherte **Ford** den Briten einen preisgünstigen Kleinwagen. Das Auto hatte es nicht nur seinem Namen zu verdanken, dass es als typisch britisch galt, sondern auch dem Verkaufserfolg. »

« Der **Mini** entwickelte sich fast zu einem britischen Wahrzeichen wie der Big Ben. Ein kleines Auto wie den Mini zu fahren, galt nicht mehr als Zeichen knapper Kasse, sondern war chic und zeugte von Umweltbewusstsein. Mit zum Imagewandel trugen sicherlich auch die VIPs bei, die sich mit dem Auto sehen ließen.

gestaltete sich jedoch die Zeit nach dem Zweiten Weltkrieg, was schließlich dazu führte, dass Austin 1952 mit der Nuffield Organisation, zu der die Automarken Morris, MG, Wolseley und Riley gehörten, zur British Motor Corporation (BMC) fusionierte.

- **Eine Krise als Geburtshelfer** Anlässlich der Suez-Krise 1956 wurden die europäischen Konsumenten daran erinnert, wie sehr man von Ölimporten abhängig war, und plötzlich waren wieder kleine, benzinsparende Autos gefragt. Bei BMC besann man sich auf die glorreiche Vergangenheit mit dem *Austin Seven*. 1959 brachte BMC unter den beiden Marken Austin und Morris einen neuen Kleinwagen auf den Markt. Die Austin-Ausführung hieß ursprünglich in Anspielen auf den früheren Bestseller *Austin Seven*. Die Morris-Version wurde dagegen als *Mini Minor* vermarktet. Dies war wiederum eine Anspielung auf den *Minor*, ein anderes sehr erfolgreiches Modell der Marke Morris. Als der Morris-Mini bessere Verkaufserfolge erzielte als die Austin-Variante, wurde aus dem *Seven* der *Austin Mini*.

- **Klein aber chic** Mit einer besonderen technischen Ausstattung konnte der *Mini* nicht aufwarten. Der 848 Kubikzentimeter große Motor leistete 34 PS. Unter günstigen Umständen konnte man mit dem nur 620 Kilogramm wiegenden Gefährt eine Höchstgeschwindigkeit von 115 Stundenkilometern erreichen. Obwohl für das Äußere ein berühmter Designer verantwortlich war, wurde der *Mini* nicht von jedem als Augenweide gesehen. Doch dies tat der Beliebtheit des kleinen Autos keinen Abbruch. Es wurde nicht nur unter Personen mit einem schmalen Geldbeutel beliebt, sondern auch besser betuchte Kreise nahmen darin Platz. Selbst die Queen, die durchaus noblere Marken gewohnt war, stieg manchmal auf einen Mini um.

 PREISWERT UND KOMPAKT | *Klein, aber fein aus aller Welt*

Eine stärkere Ausführung war der *Mini Cooper*, dessen Motor mit einem größeren Hubraum 55 PS leistete. Die Höchstgeschwindigkeit betrug 138 Stundenkilometer. Für besonders sportlich eingestellte Liebhaber von Kleinstwagen entwickelte die Cooper Car Company den *Mini Cooper S*, dessen 1,1 Liter großer Motor mit 70 PS aufwarten konnte. Der kleine Flitzer war auf der Straße bis zu 148 Stundenkilometer schnell. Allerdings kostete er auch fast doppelt so viel wie ein normaler *Mini*.

Ein Amerikaner in England Henry Ford hatte bereits 1931 in dem bei London gelegenen Dagenham ein Werk errichten lassen. Ab 1938 diente diese Fabrik dem Bau eines Modells, das die äußerst prosaische Bezeichnung *7Y* erhielt. Der Kleinwagen richtete sich mit seiner einfachen technischen Ausstattung vor allem an eine weniger zahlungskräftige Klientel. Immerhin wurden während der ungefähr einjährigen Bauzeit rund 65 000 Exemplare verkauft.

1939 bekam das Modell ein Facelift verpasst, und weil sich Großbritannien ab September des Jahres im Krieg befand, gab man ihm auch gleich einen Namen, mit dem man der patriotischen Stimmung und den Erfordernissen der Zeit Rechnung trug, nämlich *Anglia*. Der *Anglia* besaß einen etwas längeren Radstand als der Vorgänger, war aber in Hinsicht auf den Motor nicht besser bestückt. Die schwierigen Umstände, die der Krieg mit sich brachte, verhinderten einen großen Verkaufserfolg des Modells. Bis 1948 verließen ungefähr 55 800 Exemplare das Werk.

1949 kam eine neue Version des *Anglia* auf den Markt. Die spartanische Ausstattung ermöglichte einen äußerst günstigen Kaufpreis, der schließlich die Produktionszahlen doch nach oben schnellen ließ. Bis 1953 wurden von dieser Ausführung fast 109 000 Exemplare hergestellt.

Der *Anglia* entwickelte sich zu einer Art „Volksauto" und wurde bis 1967 produziert. Die Zahl der gebauten Exemplare wird mit insgesamt 1 594 486 angegeben. Der Nachfolger des *Anglia* war der *Ford Escort*.

MG Midget

Der MG-Zwerg Wie der Name schon andeutet, handelte es sich auch beim *Midget* (Zwerg) um einen Kleinwagen. Das Unternehmen MG (Morris Garages) hatte bereits seit 1928 einigen seiner Modelle diesen Beinamen gegeben. Ein neuer *Midget* war der zweisitzige Sportwagen, der 1961 auf den Markt kam. Zu dieser Zeit war MG eine Marke der British Motor Corporation. Bis Ende 1979 wurden knapp über 226 000 Exemplare des Roadsters hergestellt. Im Lauf der Zeit bekam er einen stärkeren Motor. Der Hubraum vergrößerte sich von den anfänglichen 0,9 Litern auf 1,5 Liter bei der letzten Version.

Der kleine Morris Wie einige andere Automobilbauer begann auch William Morris, der spätere Lord Nuffield, zunächst als Fahrradhersteller. Sein Einstieg in die Autobranche erfolgte 1910 mit der Gründung der Morris Motor Company. Er begann mit der Produktion eines kleinen, zweisitzigen Autos mit der Bezeichnung *Oxford* und dem Beinamen *Bullnose*, in Anlehnung an den Produktionsort und das Aussehen. In den folgenden Jahren stieß Morris mit seinen Modellen in den gehobeneren Markt vor, und 1924 konnte er mit einem Marktanteil von 51 Prozent Ford als größten Automobilhersteller im Vereinigten Königreich überholen.

Der Erfolg des *Austin Seven* zeigte, dass in Großbritannien ein großer Markt für Kleinwagen vorhanden war. Morris reagierte darauf 1928 mit der Einführung des *Minor*, der von einem 847 Kubikzentimeter großen Motor angetrieben wurde. In einer zweisitzigen Version war der Kleinwagen bereits für 100 Pfund zu bekommen.

Der *Minor* wurde 1934 vom *Morris Eight* abgelöst. Aber 1948 wurde ein neues Modell mit der Bezeichnung *Minor* von der Nuffield Organisation, zu der mittlerweile die Marke Morris gehörte, auf den Markt gebracht. Der neue *Minor* war von dem bekannten Automobildesigner Alec Issigonis, der später auch beim Design des *Mini* maßgebend sein sollte, gestaltet worden. Das Ziel war es, bei dem Modell ein gewisses Maß an Komfort mit einem möglichst niedrigen Preis zu verbinden, um der britischen Arbeiterklasse ein erschwingliches Auto anbieten zu können. Bis 1971 wurden über 1,3 Millionen Exemplare des kleinen Morris verkauft.

Der **Morris Minor** war zunächst für eine Zielgruppe bestimmt, die keine hohen Ansprüche an Leistung und Komfort stellte. Heute hat der kleine Klassiker eine große Fan-Gemeinde.

« Der **Minor** war ein ab 1948 produzierter, sehr erfolgreicher Kleinwagen der Marke **Morris**. Dieses Bild zeigt die Ausführung als Van, die es ab 1952 gab. Eine andere für Transportaufgaben bestimmte Version war der Pickup.

 PREISWERT UND KOMPAKT | *Klein, aber fein aus aller Welt*

1933 bekam die Fiat-Entwicklungsabteilung den Auftrag, ein kleines, sparsames und erschwingliches Automobil zu entwickeln. Als Ergebnis erblickte drei Jahre später der **Fiat 500 (Topolino)** das Licht der Welt.

Eine Maus im Hause Fiat

Topolino (Mäuschen) war der Kosename des *Fiat 500*, der eines der kleinsten Autos der Welt war, als er 1937 in Turin vom Stapel lief. Das kleine flinke Gefährt sollte zwar nicht durch seine Leistung oder seine Ausstattung beeindrucken, es wurde aber bald zu einem Symbol für Italien und die italienische Lebensart.

Für den Antrieb des Mäuschens war ein 569 Kubikzentimeter kleiner Vierzylindermotor zuständig, der 13 PS leistete. Mit diesem Antrieb konnte auf der Straße eine Geschwindigkeit von bis 85 Stundenkilometern erreicht werden. Die Vorteile des *Fiat 500* waren jedoch vor allem sein kleiner Preis und die geringen Ausmaße, die ein leichtes Navigieren in den engen italienischen Innenstädten erlaubten. In den 1940er-Jahren brachte Fiat Ausführungen des *Topolino* als viersitzigen Kombi und als kleinen Lieferwagen auf den Markt. Die Beliebtheit des *Topolino* zeigte sich auch darin, dass bis 1955 ungefähr 520 000 Exemplare verkauft werden konnten.

Ein neuer 500 Ein Nachfolger des *Topolino* war der *Fiat 500*, der 1957 auf den Markt gebracht wurde und den man zur Unterscheidung von seinem Vorgänger auch *Nuova 500* nannte. In der ersten Ausführung war der

Fiat hatte Erfahrung im Bau von Kleinwagen. Als Nachfolger des Topolino kam 1957 der *Nuova 500* auf den Markt. Diesen ersetzte 1972 der **Fiat 126**, den dieses Bild zeigt. »

Eine geringe Größe kann durchaus Vorteile haben. Das zeigt dieser **Fiat 500**, der auch in engen Straßen parken kann, ohne den Verkehr zu behindern. Mit einem Dachträger lässt sich der Kleinwagen sogar für Transportaufgaben einsetzen.

Nuova 500 mit einem nur 479 Kubikzentimeter großen Zweizylindermotor, der 13,5 PS leistete, ausgestattet. Eine 1958 erschienene Sport-Version brachte es auf eine Maximalleistung von 25 PS.

Die Ausstattung des *Nuova 500* war ebenfalls auf das Nötigste beschränkt. Wer eine Heizung in dem Wagen haben wollte, musste dafür einen Aufpreis bezahlen. Auch die Scheiben der Türen ließen sich nicht herunterkurbeln. Die erste Version des Modells war jedoch standardmäßig mit einem Faltdach ausgestattet, was an warmen Tagen ausreichend Frischluftzufuhr ermöglichte. Wem dies zu viel an frischer Luft war, konnte die kleinen seitlichen Fenster ausstellen. Trotz des geringen Komforts erfreute sich der *Nuova 500* großer Beliebtheit. Bis 1977 wurden über 3 700 000 Exemplare des *Nuova 500* verkauft.

Als **Antrieb** des **Fiat 500** diente ein luftgekühlter Heckmotor mit zwei Zylindern. Ab 1960 umfasste der Hubraum der Normalversion 0,5 Liter.

PREISWERT UND KOMPAKT | *Klein, aber fein aus aller Welt*

Der Seat 600

Ein kleiner Italiener im spanischen Gewand Fiat hatte sich nicht nur in Italien zum Marktführer aufgeschwungen, die Autos aus Turin wurden auch in großen Stückzahlen exportiert. In einigen Ländern wurden Fiat-Modelle auch auf Lizenz unter einem anderen Markennamen gefertigt. Ein Beispiel für diesen Fall ist der *Fiat 600*, der etwas stärker ausgestattete Nachfolger des *Topolino*, der in Spanien als *Seat 600* auf den Markt gebracht wurde. Das sich damals noch in staatlicher Hand befindliche Unternehmen baute vor allem Lizenzausgaben von Fiat für den spanischen Markt, wo SEAT vor der Konkurrenz durch hohe Importzölle geschützt war. Bis 1973 wurden annähernd 800 000 Exemplare des *Seat 600* hergestellt.

Bootsstege sind normalerweise für Autos nicht geeignet. Der **Fiat 500** wog zunächst nur 470 Kilogramm. Später wurde er zwar schwerer, brachte aber in der letzten, von 1972 bis 1975 produzierten Version, immer noch nur 525 Kilogramm auf die Waage.

An eine Klimaanlage war beim **Fiat 500** noch nicht zu denken. An heißen Tagen konnte man aber das Faltdach zurückklappen. Für die kalte Jahreszeit konnte man sich eine Heizung einbauen lassen. »

108

PREISWERT UND KOMPAKT | *Klein, aber fein aus aller Welt*

Kompakt aus Japan

Wie bereits an anderer Stelle erwähnt, blieb in Japan vor dem Zweiten Weltkrieg der Automobilbau für den zivilen Bereich hinter der Entwicklung in Nordamerika und Europa zurück. Zu den ersten Unternehmen, die sich in der Autobranche etablierten, gehörte die Firma Toyo Kogyo, die sich später in Mazda umbenannte. Der in der Nähe von Hiroshima beheimatete Hersteller von Werkzeugmaschinen führte 1931 ein dreirädriges Gefährt ein, den *Mazda-Go*, (auch *Mazdago* geschrieben), dessen Vorderteil aus einem Motorrad und dessen Hinterteil aus einem Pritschenwagen bestand. Mit dem Namen *Mazda* sollte an den Unternehmensgründer Jujiro Matsuda erinnert werden. Damit war auch der Markenname geboren.

Beim *Mazda-Go* saß der Fahrer noch im Freien. Mit dem *Mazda T2000* wurde dann jedoch eine Ausführung mit Fahrerkabine eingeführt. Dieses Fahrzeug glich schon eher einem kleinen Lastwagen. Der *T2000* fand oft eine Aufgabe als Lieferwagen, der seine Stärke in engen Straßen oder Hinterhöfen zeigen konnte. Es gab auch eine Ausführung mit einer verlängerten Ladepritsche.

Der erste richtige Personenwagen aus dem Hause Mazda war der 1960 eingeführte *R360*. Dabei handelte es sich um ein sogenanntes „Kei Car", auch „K-Car" oder auf Japanisch

Für japanische Verhältnisse war der **Mazda R360** konzipiert. Der Kleinwagen wog nur 380 Kilogramm und war damit noch leichter als der *Fiat 500*. Trotzdem konnten bis zu vier Personen darin Platz finden.

„keijidosha" geschrieben, was soviel wie „leichtes Auto" bedeutet. Diese Fahrzeuge wurden steuerlich bevorzugt, durften aber nicht länger als 339 und nicht breiter als 147,5 Zentimeter sein. Der Hubraum durfte die 660-Kubikzentimeter-Grenze nicht überschreiten. Beim *Mazda R360* besaß der Motor eine Hubraumgröße von 356 Kubikzentimetern und erbrachte eine Leistung von 16 PS.

Toyota unter den Kleinwagenherstellern Toyota begann nach dem Zweiten Weltkrieg ebenfalls mit der Produktion mehrerer Klein- und Kompaktwagen, aber auch mit größeren Modellen. 1961 kam der *Toyota Publica* auf den Markt. Der Name war vom englischen „Public Car", was man als

Der **Mazda-Go** war ein dreirädriges Fahrzeug, das vor allem als kleiner Transporter vorgesehen war. Das Vorderteil hatte man von einem Motorrad übernommen. Das Modell wird manchmal auch als „Autorikscha" bezeichnet. Für einen Familienausflug war es aber weniger geeignet.

Der **Mazda T2000** war eine Weiterentwicklung des Mazda-Go. Die Ladefläche war größer und der Fahrer saß in einer Kabine. Es gab auch eine Ausführung, bei der die Ladefläche mit einer Plane geschlossen werden konnte.

„Volksauto" wiedergeben könnte, abgeleitet. Mit diesem Modell sollten die Vorgaben des „Nationalen Automobilkonzepts", das vom Ministerium für Internationalen Handel und Industrie aufgestellt worden war, umgesetzt werden. Der *Publica* bekam einen Zweizylinder-Boxermotor mit 679 Kubikzentimetern Hubraum, der 28 PS leistete. Das Modell wurde in mehreren Karosserieversionen angeboten und wurde bis 1978 gebaut. Sein Nachfolger hieß *Starlet*.

In Europa wesentlich bekannter als der *Publica* ist der 1966 eingeführte *Corolla*. Der Kompaktwagen war in der ersten Ausführung mit einem 1,1 Liter großen Vierzylindermotor ausgestattet. Die Leistung lag zu Beginn bei 60 PS. 1969 erweiterte man die Hubraumgröße auf 1,2 Liter und konnte nun mit 65 PS unter der Haube fahren.

Der *Corolla* entwickelte sich zu einem der bekanntesten und erfolgreichsten Kompaktautos japanischer Herkunft.

Die Erfolgsgeschichte des **Toyota Corolla** begann 1966. Das Modell war anfangs als zweitürige Limousine verfügbar. Kurz darauf kamen auch eine viertürige Version und ein dreitüriger Kombi auf den Markt.

106

Standesgemäß unterwegs

Die Mittel- und Oberklasse

 STANDESGEMÄSS UNTERWEGS | Die Grande Nation im Autobau

Die Grande Nation im Autobau

 Statussymbol? Ja, sicher auch… wichtiger ist es jedoch, einen zuverlässigen fahrbaren Untersatz zu haben. Das darf dann aber bei den meisten keine Klapperkiste sein – und die nötige Technik? Ja, unbedingt! Das sind die Pole, zwischen denen die Hersteller ihre Autos bauen. Das Ergebnis ist bunt wie die Welt.

Viele technische Neuerungen im Autobau kamen aus Frankreich, sei es die Kardanwelle, hydraulische Stoßdämpfer, hydraulische Bremsen oder die hydropneumatische Federung. Immer wieder kam es zu ungewöhnlichen Designs. Doch so bunt wie zu Anfang des 20. Jahrhunderts war es nie wieder. Viele Firmen mussten aufgeben oder wurden von den Großen übernommen.

Vom Traction Avant zur Göttin

Erst 1919 gründete André Citroën seine eigene Firma. Da war er im Vergleich zu vielen anderen bedeutenden Herstellern in Frankreich verhältnismäßig spät dran. Zuvor war er für die Firma Mors tätig gewesen, die sich besonders in der Frühzeit des Autobaus durch einige großartige Sport-

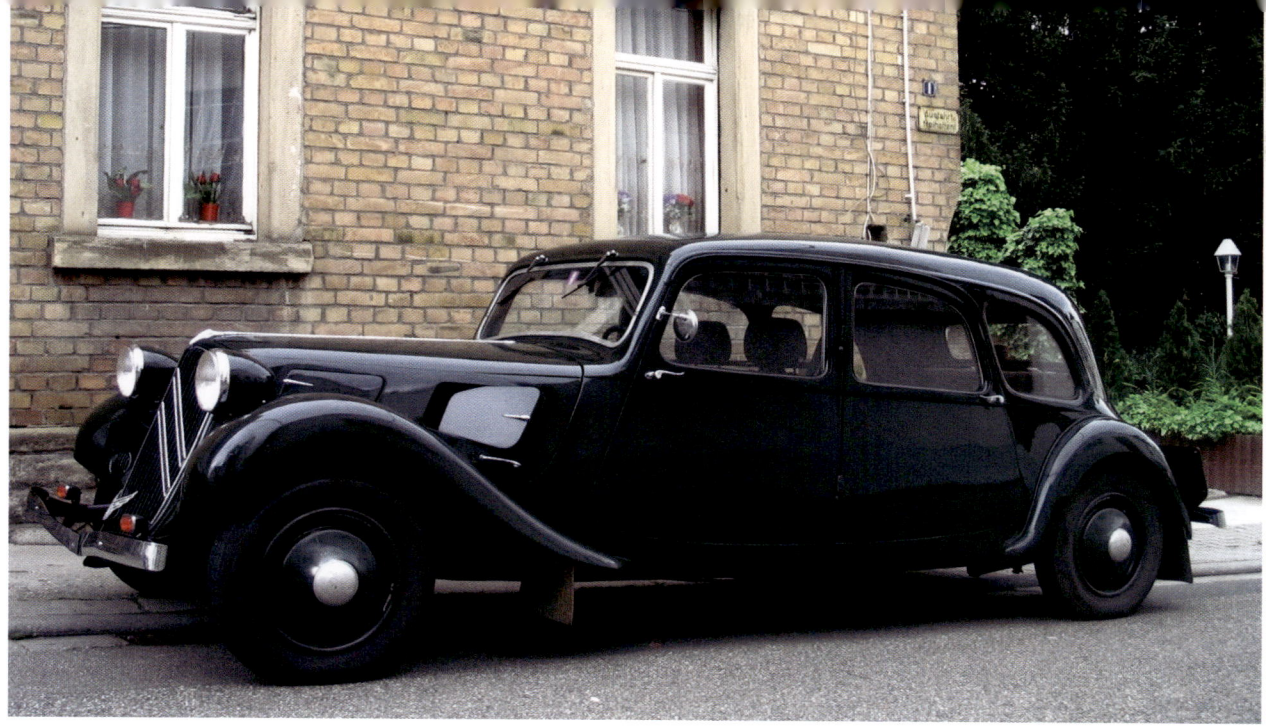

Ein **Traction Avant 11 CV** aus der Zeit vor dem Zweiten Weltkrieg. Der Volksmund gab ihm den wenig schmeichelhaften Beinamen „Gangsterlimousine".

erfolge und Rekorde ausgezeichnet hatte. Citroën wurde zum ersten europäischen Autobauer, der ein Fließband einsetzte. Es begann mit kleineren Modellen, das bekannteste war der *5 CV*, den Opel mit seinem Laubfrosch abkupferte. Die Autos waren konventionell gebaut, ohne Anspruch auf besondere Klasse zu erheben. Aber die Kunden fanden dennoch Gefallen an ihnen und das war das Wichtigste.

Doch 1934 schreckte die Konkurrenz hoch. André Citroën hatte mit André Lefèbvre und Flaminio Bertoni zwei geniale Köpfe in sein Unternehmen geholt, die später mit dem *2 CV* und der *DS 19* den Olymp des Autobaus ersteigen sollten. Doch bereits ihr erstes gemeinsames Projekt war fast ein genauso starkes Meisterstück. Der *Traction Avant* aus dem Jahr 1934 zeichnete sich, wie der Name sagt, durch einen Frontantrieb aus. Der Frontantrieb war nun durchaus keine neue Erfindung. Gräf in Österreich hatte ihn bereits Ende des 19. Jahrhunderts erstmals verwendet. In Deutschland hatten DKW, Audi, NAG, Stoewer sowie Adler bereits Modelle mit Frontantrieb eingeführt und auch in den USA gab es Vertreter. Doch für Frankreich war der Frontantrieb eben etwas ganz Neues. Der *Traction Avant* war eine Baureihe mit den Modellen *7 CV* und *11 CV* mit Vierzylindermotoren. Hinzu kam ein Sechszylindermodell mit

Hervorragendes Fahrverhalten auch auf schlechter Fahrbahn und große Zuverlässigkeit waren die Markenzeichen dieser Wagen, die bis 1957 produziert wurden. »

« Mit den Modellen der Reihe **Traction Avant** führte **Citroën** 1934 den Frontantrieb in den französischen Autobau ein. Der wirtschaftliche Erfolg kam aber für den Firmengründer André Citroën leider zu spät.

 STANDESGEMÄSS UNTERWEGS | *Die Grande Nation im Autobau*

>> Wegen ihrer ungewöhnlichen Form, aber vor allem dank der vielen technischen Finessen, die in ihr stecken, gehört die **DS** von **Citroën** zu den Meilensteinen in der Entwicklungsgeschichte des Automobils.

der Bezeichnung *15 CV*. Ein *22 CV* mit Achtzylindermotor wurde aber lediglich in einigen Einzelexemplaren verwirklicht.

Viele technische Finessen Eine wichtige Neuerung war die selbsttragende Ganzstahlkarosserie, die der Amerikaner Budd hatte patentieren lassen. Der Wagen zeichnete sich durch einen niedrigen Schwerpunkt aus. Das Zusammenspiel der verschiedenen konstruktiven Elemente sorgte für herausragende Fahreigenschaften und eine ausgezeichnete Straßenlage, selbst dann, wenn es glatt war oder Schnee lag. Es wird behauptet, dass diese Vorteile auch gern von Bankräubern und anderen unangenehmen Zeitgenossen bei ihren „Arbeitseinsätzen" genutzt wurden. Da noch dazu die Wagen meist schwarz lackiert waren, hatten sie bald den Spitznamen „Gangsterlimousine" weg.

Für André Citroën erwies sich der *Traction Avant* aber leider als Tragödie. Mit dem Bau einer neuen Werksanlage und den Investitionen hatte er sich übernommen und musste Konkurs anmelden, noch bevor sich die neuen Modelle auf dem Markt durchsetzen konnten. Er starb kurz darauf, wie es heißt an gebrochenem Herzen. Neuer Besitzer wurde die Firma Michelin. Sie baute den *Traction Avant* weiter und konnte die Lorbeeren ernten. Nach dem Krieg wurde die Produktion fortgesetzt. Das letzte Exemplar verließ 1957 das Werksgelände. Da regierte bei Citroën schon längst die „Göttin".

Das beste und schönste Auto der Welt Bertoni und Lefèbvre schickten sich nach der „Ente" zu einem weiteren Geniestreich an, mit dem sie alles bisher Dagewesene toppen sollten. 1955 wurde das Modell *DS 19* präsentiert – oder sollte man besser sagen: zelebriert? In Frankreich liebt man Wortspiele. Das war schon beim *Traction Avant* so, wo man „La Traction" mit „L'attraction" gleichsetzte. Jetzt war

1967 erhielt die **DS** neue Scheinwerfer. Das Fernlicht passte sich gegen Aufpreis an die Fahrtrichtung an und leuchtete dann die Straße aus und nicht das Feld. >>

es sogar „Déesse" – denn *DS* ausgesprochen heißt so: „Göttin". Die Innovationen, die dieses Fahrzeug bot, waren überwältigend. Das fing schon bei der ersten elektrischen Scheibenwaschanlage im Autobau an. Die *DS 19* hatte eine hydropneumatische Federung. An den Rädern befanden sich Hochdruckkugeln, in denen eine Hydraulikflüssigkeit und Stickstoff alle Stöße dämpften. Diese Funktionen wurden von einer Zentralhydraulik gesteuert, die auch bei Getriebe, Lenkung und Bremsen arbeitete und zusätzlich für den Niveauausgleich sorgte. Dabei handelte es sich um eine Fixierung der konstanten Fahrzeughöhe, unabhängig davon, ob das Fahrzeug leer oder mit Passagieren und Gepäck prall gefüllt war. Ein Regelventil sorgte hierfür. Diese vielseitige Hydraulik war damals im Fahrzeugbau noch echtes Neuland, das andere Hersteller in der Folge nur zögerlich betraten. Auch das Fahrzeugdesign war ungewöhnlich. Das Lenkrad hatte nur eine Speiche. Die Blinker waren am Dach angebracht, die Karosserie war aerodynamisch gehalten.

Mit dem Modell *ID 19* folgte 1957 eine technisch einfacher gehaltene und somit preiswertere Variante der *DS*. Es sollte den Wegfall der Baureihe *Traction Avant* kompensieren. 1967 wurde das Nachfolgemodell *DS 20* vorgestellt, das nun breite Doppelscheinwerfer bekam. Der Motor war etwas vergrößert worden. Das kann man auch an der Num-

 STANDESGEMÄSS UNTERWEGS | *Die Grande Nation im Autobau*

mer hinter dem Kürzel DS erkennen, denn sie gibt den Hubraum in 100 Kubikzentimetern an. So war die stärkere Version, die 1965 herauskam, folgerichtig die *DS 21*. Sie wurde 1972 durch die *DS 23* ersetzt. Zwei Jahre später stand der Nachfolger für die *DS* in Form des Modells *CX* bereit. Doch der Ruhm der „Göttin" bleibt. Vor einiger Zeit ist sie sogar zum schönsten Auto des 20. Jahrhunderts gekürt worden. Allerdings muss man in diesem Zusammenhang auch anmerken, dass es viele gibt, die das gar nicht verstehen.

Die alte Garde wankt Panhard & Levassor war eine der ältesten Automobilfirmen der Welt. Im Lauf der Jahre orientierte sich das Unternehmen vom Bau reiner Gebrauchswagen immer mehr in Richtung Luxus und Sport. Der *Panoramique* mit seiner großen Panoramawindschutzscheibe war ein hervorragendes Beispiel dafür. Auch wichtige Ideen kamen von den Franzosen, etwa der Panhardstab, ein Querstabilisator, der für ein besseres Spurhalten beim Kurvenfahren sorgte. Nach ihren großen sportlichen Erfolgen und einer Zeit hoher Innovationskraft stand der Zweite Weltkrieg wie eine Zäsur in der Firmenchronik.

Auffallend ist die Liebe der Designer von **Panhard & Levassor** zum Detail. Das zeigt schon das liebevoll gestaltete und hübsch verzierte Lenkrad.

Nach 1945 – die Firma nannte sich jetzt nur noch Panhard – wurden zwar weiterhin sportliche Wagen mit Frontantrieb gebaut, doch orientierte sich das Programm nun in Richtung Klein- und Mittelklasse. Kurz nach dem Krieg sorgte der *Dyna X* für Aufsehen. Das Konzept war einfach: luftgekühlter Zweizylinder-Boxermotor wie beim *Volkswagen*, aber als Frontmotor, Frontantrieb – der *Traction Avant* von Citroën hatte hier Maßstäbe gesetzt – und eine möglichst leichte Karosserie, was durch die Verwendung von Aluminium erreicht wurde. Doch das Konzept ging

Der **Panhard & Levassor 6 DS RL N Spécial** mit der Chassis-Bezeichnung **X74** war eines der luxuriösen Modelle der Firma aus der Vorkriegszeit. Es wurde zwischen 1933 und 1937 in 27 Exemplaren gebaut. Als Antrieb war ein ventilloser Sechszylinder-Schiebermotor System Knight eingebaut.

Der **Dyna Z** von **Panhard** wurde 1953 eingeführt. Die aerodynamisch wirkende Karosserie war in den ersten Baujahren noch aus Aluminium. Später wurde mehr Stahlblech benutzt.

nicht auf, die Kunden blieben aus, während die großen drei Citroën, Peugeot und Renault bestens verkauften. Der *Dyna* wurde 1953 durch ein Modell mit Pontonkarosserie, integrierten Scheinwerfern und einer flachen Motorhaube ersetzt. Der neue *Dyna* bekam das Kürzel Z. Doch das Traditionsunternehmen konnte auch dieses Modell nicht mehr retten. Es musste jemand anders sein: Citroën beteiligte sich ab 1955 an Panhard.

Vier Jahre später wurde dann der *PL 17* geboren, der allerdings den Motor des Vorgängers hatte. Lediglich Details und die Form der Karosserie hatten sich verändert. Das Design war sehr hübsch, ein wenig Stromlinie. Nicht umsonst klang in *PL* auch das französische *belle* (gesprochen Bell) an, was „Die Schöne" heißt. Eigentlich erinnerten die beiden Buchstaben aber an die Firmengründer Panhard und Levassor. 1965 übernahm Citroën die Firma komplett – und zwei Jahre später rollte der letzte Panhard vom Band. Ein Traditionsunternehmen war erloschen.

Der einzelne Nebelscheinwerfer an der Frontseite ist sehr auffallend. Die Karosserie des **Panhard Dyna Z** hatte einen cw-Wert von nur 0,26. Ein *Audi A4* von 2007 wartet mit 0,27 auf.

 STANDESGEMÄSS UNTERWEGS | *Die Grande Nation im Autobau*

Nullen und Sterne

Peugeot hatte ein vielfältiges Programm angeboten, in dem vom Kleinwagen bis zur Oberklasse alle Wünsche befriedigt werden konnten. Nach Einführung der Serie mit der Null in der Mitte waren die alten Modelle ausgelaufen. 1934 sollte mit dieser neuen Serie auch die Mittel- und Oberklasse bestückt werden. Die dafür vorgesehenen Typen waren der *Peugeot 401* mit Vierzylindermotor und der *601*, der einen Sechszylindermotor trug. Beide Typen waren mit verschiedenen Karosserien erhältlich. Damals sensationell war das elektrisch versenkbare Dach des Cabriolets. Der *601* wurde nur eineinhalb Jahre lang gebaut. Der Verkauf blieb hinter den Erwartungen zurück. Bis 1975, also 40 Jahre lang, war die Oberklasse bei Peugeot danach verwaist.

Im Oldtimerparadies Kuba ist auch **Peugeot** vertreten. Im Laufe der Jahre hat dieses Modell des **Peugeot 404** allerdings einige Reparaturen erfahren. Der *404* ist in Afrika äußerst beliebt, vor allem auch als Diesel, und wurde in Kenia bis 1989 produziert.

Die 400er im Aufwind Besser lief der Mittelklassewagen mit der 4 im Namen. Von ihm gab es 1935 eine überarbeitete Version als Nachfolger, den *402*. Er ist an seinen hinter dem Kühlergrill in die Karosserie integrierten Scheinwerfern gut zu erkennen. Der *Peugeot 402* bot weitere interessante Neuerungen. Er war das erste Personenauto in Frankreich, das in einer Version mit Dieselmotor herauskam – etwas, das Mercedes-Benz und Hanomag in Deutschland vorgemacht hatten. Peugeot entwickelte sich zusammen mit Mercedes-Benz zum wichtigsten Verfechter dieser Motorisierung. 1942 gelangte das letzte Exemplar in den Markt. Dann machten die Kriegsereignisse einen Weiterbau unmöglich. Es sollte bis 1955 dauern, dass wieder ein Mittelklassewagen aus Sochaux ins Programm aufgenommen wurde.

Nach dem Zweiten Weltkrieg wurde zunächst nur ein einziges Modell gebaut: wieder der *Peugeot 202*, ab 1948 der *203*. Dieses konventionell gebaute Auto blieb bis 1960 lieferbar. 1955 gesellte sich der *Peugeot 403* hinzu. Er baute auf der Plattform des *203* auf, hatte aber neben dem stärkeren Motor auch eine deutlich bessere Ausstattung. Anders als

Ein tulpengelber **Peugeot 504 Cabrio** mit seiner klassischen Pininfarina-Karosserie gehört zu den größten Raritäten unter den Oldtimern. Peugeots wurden meistens geschlossen gekauft.

Der **Peugeot 601 Roadster** war 1934 ein Schmuckstück mit 60-PS-Motor und Schwiegermuttersitz. Der *601* war bis in die 1970er-Jahre das letzte Oberklassefahrzeug von Peugeot.

der *203* hatte er eine Karosserie in Pontonform – gestaltet vom Altmeister Pininfarina. Neben dem Vierzylinder-Basismodell gab es auch eine Dieselvariante und später eine abgespeckte Version, mit der der Wegfall des *Peugeot 203* kompensiert wurde. Obwohl 1960 mit dem *Peugeot 404* ein Nachfolger bereit stand, ließ das Unternehmen aus Sochaux den *403* noch bis Oktober 1966 bauen – erstmals übersprang ein Peugeot die Grenze von einer Million. Von 1956 bis 1961 gab es eine Cabrioversion, von der allerdings nur wenige Stücke gebaut wurden.

Der *Peugeot 404* wurde zu einem wichtigen Standbein des Unternehmens. Fast 2,8 Millionen Exemplare dieses Wagens wurden gebaut. Sehr beliebt war er – besonders in der Diesel-Version –

STANDESGEMÄSS UNTERWEGS | Die Grande Nation im Autobau

Wenn man die Betriebsanleitung nicht gelesen hatte, war das Reserverad der **Renault Dauphine** nur schwer zu finden – es war unter dem Kofferraum hinter dem Nummernschild in einem besonderen Fach verstaut. Da sich der Motor im Heck befand, war frontseitig ausreichend Platz vorhanden.

1965 wagte sich Renault noch weiter in die Mittelklasse und führte den *R 16* ein. Ein Jahr später war er bereits zum „Auto des Jahres" gekürt worden, was auch auch an seiner durchdachten Innenausstattung lag. Die umklappbaren Sitze und die große Hintertür konnten für großen Stauraum sorgen. Je nach Modellvariante mit ihren Vierzylindermotoren waren 140 bis 165 PS drin. Eine Stufe niedriger ging es 1965 mit dem *R 12* weiter. Von ihm gab es zwei Varianten mit 1,2 oder 1,3 Litern Hubraum.

als Taxi. 1976 erfolgte dann die Fusion mit Citroën zu Peugeot-Citroën S.A. (PSA). Bereits zwei Jahre zuvor hatte Peugeot die Mehrheit der Citroën-Aktien übernommen. Jetzt gab es nur noch zwei große Automobilproduzenten in Frankreich.

Renault – Neuanfang als Staatsbetrieb Renault hatte in den 1920er- und 1930er-Jahren vor allem mit Modellen der gehobenen Klassen geglänzt. Die Sechszylinder der *Stella*-Serie werden uns später noch begegnen. Modelle mit Namen wie *Celtaquatre*, *Monaquatre* oder *Juvaquatre* wurden mit Vierzylindermotor gebaut. Hier hatte Louis Renault noch das Sagen. Doch dessen Jonglieren mit den deutschen Besatzern, um die Firma am Laufen zu halten, machte ihn bei den Landsleuten verdächtig. Er wurde schließlich verhaftet und starb unter nicht völlig geklärten Umständen im Gefängnis. Der französische Staat übernahm den Konzern. Zunächst wurde der *Juvaquatre* weitergebaut, dann an den neuen *4 CV* angepasst. In der Mittelklasse wurde 1951 die *Frégate* eingeführt, ein Vierzylindermodell mit 115 oder 140 PS.

In der Kompaktklasse wurde 1956 ein hübsches und mit über zwei Millionen gebauten Exemplaren auch sehr erfolgreiches Auto angeboten: die *Dauphine*. Sie hatte einen kompakten Vierzylindermotor im Heck, der die Hinterräder antrieb. Mit diesem Modell wurden auch viele erfolgreiche Rennen gefahren. Bis 1968 hielt sich dieses Fahrzeug im Programm – obwohl sie gegen Stars wie den *R 4* und den *Renault 8* antreten musste, wurde die *Dauphine* also zwölf Jahre lang verkauft.

Hier sieht man schön die „Kiemen" – Lufteinlassschlitze zur Kühlung des Heckmotors. Die **Dauphine** war ein pfiffiges und hübsches, kompaktes Auto, das besonders die Damen ansprach.

Mit dem **Renault 14** drangen die Franzosen 1976 in das Segment ein, das in Deutschland der neue *VW Golf* besetzte. Mit diesem Baujahr gehört der *R 14* schon zu den Youngtimern.

Viel Stauraum bot der 1965 vorgestellte *Renault 16* seinen Kunden. Dieser **Renault 16 TS** wurde 1968 eingeführt. Er hatte einen stärkeren Motor und bot eine höherwertige Ausstattung.

 STANDESGEMÄSS UNTERWEGS | Die Grande Nation im Autobau

Große Namen früherer Marken

Über Simca wurde bereits im vorherigen Kapitel berichtet. Talbot, 1903 als Vertriebsfirma für Clément-Modelle in Großbritannien gegründet, stellte bereits drei Jahre später eigene Modelle her. Talbot und die „Mutter" Clément waren in den Besitz von Darracq übergegangen. Die Franzosen verbanden sich 1920 mit Sunbeam zur Gruppe Sunbeam-Talbot-Darracq (STD), um sich auf dem Markt besser positionieren zu können. 1935 kamen sie dann in die Hand der britischen Rootes-Gruppe. Jetzt bekamen die Modelle den Namen *Sunbeam-Talbot*, den sie bis 1954 behielten. Danach hießen sie nur noch *Sunbeam*. Doch 1933 wurde in der STD-Gruppe die Marke Talbot eingestellt.

In Frankreich aber machte Antonio Lago weiter. Ab 1933 wurden die dort gebauten Talbot-Modelle als *Talbot-Lago* verkauft. Meist waren das Sportwagen oder Rennboliden. 1959 ging diese Fabrik an Simca über. Der Name Talbot verschwand nun vom Markt. Simca hatte sich vor allem mit sportlich konnotierten Fahrzeugen der Kompakt- und Mittelklasse einen Namen gemacht. 1970 kam der *Simca 1610* heraus, der in England *Chrysler 160* hieß. Er war ein Wagen

Mit dem **Rancho** schufen **Matra** und **Talbot** ein völlig neues Fahrzeug, das vielleicht als Vorläufer der heutigen SUVs gelten kann. Das Freizeitmobil verbreitete ein abenteuerliches Flair, ohne jedoch wirklich geländetauglich zu sein.

Der **Simca 1307** war ein klassisches Auto der unteren Mittelklasse, das sich recht gut verkaufte. In Großbritannien wurde er als **Chrysler Alpine** vermarktet. »

Der **Simca 1610** oder in Großbritannien **Chrysler 160** erinnerte an den *Ford Capri* oder den *Taunus* der 1970er-Jahre. Motoren gab es mit zwischen 80 und 165 PS.

der oberen Mittelklasse mit Anklängen an die amerikanischen Pony Cars. Zwei interessante Neuerscheinungen waren der *Simca 1307* und der *Simca 1308*. In England wurden beide als *Chrysler Alpine* verkauft. Sie hatten Vierzylindermotoren mit 1,3 beziehungsweise 1,4 Litern Hubraum, Frontantrieb und verkauften sich in fünf Jahren fast 780 000-mal.

Wiederauferstehung und neue Akzente 1979 sortierte Peugeot die Neuerwerbung von Chrysler-Simca neu. Das Ergebnis war, dass der Name Simca verschwand, stattdessen wurde Talbot wieder eingeführt. Dieser Name ersetzte Simca auf den noch weiter gebauten Modellen. So wurde die überarbeitete Version des *Simca 1308* als *Talbot Solara* vermarktet. Doch auch neue Typen sollten das Signet Talbot erhalten, und zwar die Modelle, die in Kooperation mit dem französischen Rüstungsunternehmen Matra entstanden waren. Neben den sportlichen Modellen *Bagheera* und *Murena* wurde mit dem *Rancho* eine Art Geländewagen gebaut, der einen Hauch von Abenteuer auf die Straßen und Wege brachte. 1986 stellte Peugeot die Marke *Talbot* wieder ein.

Viele französische Autos aus den 1950er- bis 1970er-Jahren sind inzwischen nicht mehr vorhanden. Das hat vor allem zwei Gründe: Die Verarbeitungsqualität erfüllte nicht immer hohe Ansprüche, und vor allem erwies sich der Rost als tödlicher Feind vieler Karosserien. Doch das war ja kein ausschließlich französisches Problem.

STANDESGEMÄSS UNTERWEGS | Gütesiegel „Made in Germany"

Gütesiegel „Made in Germany"

Flüchtlinge aus Sachsen und Thüringen, Aufsteiger und die alten Meister der 1920er- und 1930er-Jahre rappelten sich nach dem Krieg auf und beglückten die fleißig wirtschaftswundernden Deutschen mit feinen Fahrzeugen von hoher technischer Qualität. Das blieb im Ausland nicht unbemerkt, und Deutschland entwickelte sich zu einer der führenden Autobaunationen der Welt.

Von der Auto Union zu Audi-NSU

Es war ein Däne, der mit nicht einmal 30 Jahren in Zschopau eine Fabrik gründete, aus der in den 1920er-Jahren der größte Motorradproduzent der Welt wurde: Jörg Skafte Rasmussen. 1914 wollte er einen Dampfwagen herstellen, kam damit aber nicht über das Prototypenstadium hinaus. Immerhin brachte dieser Versuch der Firma ihren Namen: DKW, Dampf-Kraft-Wagen. Wesentlich mehr Erfolg hatte Rasmussen mit seinen Motorrädern, die ihn in den 1920er-Jahren zum Weltmarktführer machten.

Ab 1928 wurden endlich auch Autos produziert. Als einer der wenigen Hersteller setzte die Firma ganz auf Zweitaktmotoren, mit denen man bei den Motorrädern die besten Erfahrungen gemacht hatte. Eine wichtige Voraussetzung war das von Schnürle bei DKW entwickelte Verfahren der Umkehrspülung. Als zukunftsweisende Entwicklung gilt das Modell *F 1* von 1931, bei dem DKW erstmals ein Auto mit Frontantrieb baute.

1932 schloss sich DKW mit Audi, Horch und Wanderer zur Auto Union zusammen – ein Bündnis, mit dem Synergieeffekte erzielt werden konnten. Auf dem Markt trat jedes Unternehmen weiter selbständig auf, nur das gemeinsame Logo war auf den Autos zu sehen: die vier ineinander verschränkten Ringe, die man heute von Audi kennt. In der Auto Union wurde sogar schon vor dem Zweiten Weltkrieg damit experimentiert, Karosserien aus Kunststoff zu verwenden.

Von DKW zu Audi Nach dem Zweiten Weltkrieg flüchtete DKW mit der Auto Union in den Westen. In Ingolstadt und Düsseldorf wurden neue Fertigungsstätten errichtet. Den alten Maschinenpark nutzten die Machthaber in der Sowjetzone zum Aufbau einer eigenen Fahrzeugindustrie. Dabei

Der Roadster des **DKW**, der **F 12**, wurde 1964 gebaut. Er hatte mit 45 PS etwas mehr Leistung als das Standardmodell und erreichte maximal 128 Stundenkilometer.

DKW gab seinem 1953 eingeführten **F91** den Namen **Sonderklasse**. Die Karosserie des Cabrios wurde bei Karmann in Osnabrück gefertigt. In seinen Fahrleistungen war der 34 PS starke Wagen eher gemütlich orientiert.

bediente man sich auch großzügig bei Plänen der DKW. Dies ist übrigens der Hauptgrund, weshalb die DDR-Autos Zweitakter waren. Die DKW blieb auch im Westen diesem Motor treu. 1950 wurde mit dem *F 89 Meisterklasse* das erste Nachkriegsmodell gebaut. Es war zugleich der letzte Zweizylinder, fortan gab es nur noch Wagen mit Dreizylindermotor. Ein zeitgemäßes Auto gelang mit dem *F91*, der den Namen Sonderklasse bekam. Ihm folgte der *DKW 3=6*. Dieser seltsame Name hatte einen werblichen Hintergrund. DKW versprach mit diesem Modell, dass die Laufruhe seines Dreizylindermotors der eines Sechszylinders entspräche.

1964 wurde das erste Modell mit einem Hubraum über einem Liter präsentiert: der *F102*. Es war zugleich das letzte Modell von DKW. Auch dieses Fahrzeug war bereits unter Mithilfe von Mercedes-Benz entstanden, denn die Stuttgarter hatten DKW 1958 gekauft. 1964 wurde DKW samt Auto Union aber an Volkswagen weitergegeben. Die Wolfsburger retuschierten den *F102* ein wenig und setzten einen Viertaktmotor ein. Der werksintern als *F103* bezeichnete Wagen erhielt zunächst nur die Bezeichnung *Audi* – der erste *Audi* der Nachkriegszeit war entstanden. Er hatte einen Vierzylindermotor, der 72 PS leistete. Aus diesem Modell wurden durch unterschiedliche Motorisierungen zwei Varianten entwickelt, die die ungefähre PS-Leistung in den Namen

Der **3=6** präsentierte sich in der DKW-Kundenzeitschrift von 1957 an der Seite von Schauspielerin Romy Schneider. Zu diesem Zeitpunkt war er bereits zwei Jahre auf dem Markt. »

127

 STANDESGEMÄSS UNTERWEGS | Gütesiegel „Made in Germany"

DKW do Brasil

Deutsche Kraft-Wagen am Zuckerhut Die brasilianische Firma VEMAG wurde 1945 gegründet, um Studebaker-Autos zu montieren. Später folgten dann Lkw von Scania und Traktoren von Ferguson. Ab 1956 wurde die Sonderklasse montiert, später auch der Große *DKW 3=6*, der als Limousine den Namen *Belcar* erhielt, während der Kombi *Vemaguet* hieß. 1962 wurde auf dem Chassis von DKW eine von Fissore in Italien gestaltete Karosserie aufgebaut. 1966 übernahm Volkswagen das Werk und baute dort unter anderem den VW Kombi.

Gruppenbild mit NSU: Legenden der **Auto Union** beim Fotoshooting: Hinten links der **Horch 830 BL** (1938); davor der **DKW 3=6 (F91)** von 1953; in der Mitte der **NSU Prinz 30** (1959); rechts hinten der **Wanderer W25K** (1937) und vorne rechts der **Audi Front 225** (1936).

1972 stellte **Audi** den **Audi 80 GL** vor. Es handelte sich dabei um eine luxuriösere Version des gleichzeitig gebauten *Audi 80*. Die Motorleistung war auch etwas höher und lag bei 85 PS.

bekamen. Das erste war der *Audi 80* mit 80 PS, der 1966 aufgelegt wurde. Ihm folge 1968 der *Audi 60* mit 55 PS. Im gleichen Jahr wurde mit dem *Audi 100* ein größeres Modell entwickelt.

NSU und die Ideen NSU war bis 1957 im Autobereich lediglich als Montagebetrieb für Fiat aufgetreten. Doch dann machte man wieder Ernst und stellte mit dem *NSU Prinz* ein eigenes Modell vor. Es folgte eine Reihe von Typen, die mit dem *Wankel Spider* einen technischen Höhepunkt erreichten, denn dieser Wagen war der weltweit erste mit einem von Fritz Wankel bei NSU entwickelten Kreiskolbenmotor. 1967 wurde dieser Motor in die Mittelklasse eingeführt, das Auto hieß *Ro 80*. Doch das war nicht die einzige Neuheit. Neben dem Zweischeiben-Wankelmotor und seiner hervorragenden Laufruhe fiel vor allem die keilförmige Karosserie auf. Sie inspirierte noch Jahre später die Automobildesigner. Sie sorgte für einen hervorragenden cw-Wert und in den Innenraum drangen kaum Außengeräusche. Ein weiteres Mittelklassemodell lag in der Schublade von NSU, der *K 70*. Doch dieses Fahrzeug wurde erst nach der Übernahme von NSU durch Volkswagen ab 1970 produziert.

Apropos, wer hier VW vermisst, der kann nach hinten blättern und wird sich über das letzte Kapitel freuen.

Die aerodynamisch günstige Keilform und sein Wankelmotor machten den **Ro 80** von **NSU** zu einer Speerspitze des technischen Fortschritts. «

STANDESGEMÄSS UNTERWEGS | *Gütesiegel „Made in Germany"*

Borgwards Isabella war eine echte Schönheit, die auch technisch zu überzeugen wusste. Das zwischen 1954 und 1961 gebaute Modell wurde zum größten Erfolg der Bremer Firma. «

Übersichtlich und modern präsentierte sich das Interieur der **Isabella**. Ein Blickfang ist allein das zweispeichige Lenkrad.

Aufsteiger im Wirtschaftswunder

Bereits 1929 hatte Carl F. W. Borgward aus der Konkursmasse der NAMAG die Pkw-Sparte der Hansa-Lloyd übernommen. Die Wagen im Programm des neuen Eigners trugen den Namen *Hansa*. Nach dem Zweiten Weltkrieg sortierte Borgward seine Modelle neu. Die großen bekamen den Namen *Borgward*, die kleinen hießen *Lloyd* und die untere Mittelklasse besetzten Wagen mit dem Namen *Hansa*. Der *Hansa 1500* von 1949 schlug gleich ein wie eine Bombe. Er war – abgesehen vom Hanomag 2/10 PS – das erste deutsche Auto mit Pontonkarosserie und das erste der Welt mit elektrischem Blinker. Ab dem zweiten Baujahr gab es erstmals in Deutschland ein Automatikgetriebe. Neben der Version mit 1,5-Liter-Motor kam eine mit 1,8 Litern heraus, der *Hansa 1800*. Für die Oberklasse stellte Borgward 1952 den *Hansa 2400* bereit, der einen Sechszylindermotor bekam.

Ein wahrer Klassiker gelang Borgward mit der *Isabella*. Das 1954 eingeführte Modell bildete für viele den Traum eines Gewinners im Wirtschaftswunder. Besonders das Cabrio war sehr attraktiv. 1961 spielte sich vor den Augen eines Millionenpublikums das Drama um die Rettung des in die Krise geratenen Konzerns ab. Die Politik wollte nicht helfen, und einer der damals größten Autobauer Deutschlands ging pleite.

Der Fluch des Kleinen Die Autofirma von Hans Glas ist vor allem für ihre *Goggomobil*-Modelle bekannt. Doch der Ehrgeiz des Niederbayern ging dahin, auch in die Mittelklasse vorzustoßen. Mit dem Modell *Isar* wurde dafür 1958 ein erster Schritt getan. 1962 bis 1965 brachte Glas die Modelle *1004*, *1204* und *1304* heraus, die es als Limousine, Coupé und Cabriolet gab. Kurz darauf folgten die TS-Versionen mit höherer Motorleistung.

Eine Sensation war der 1963 vorgestellte *Glas 1300 GT*, ein schnittiger Sportwagen, dessen Design auf die Kappe von Pietro Frua geht. Aus seinem 1,3-Liter-Motor holte der *1300 GT* 75, später 85 PS. Gleichzeitig präsentierte Glas mit dem *1700* einen schicken Wagen der oberen Mittelklasse. Doch das leise Lächeln über Goggomobile schwebte über allen diesen Autos. Im Jahr 1966 kam sogar noch ein Wagen

Isard

Von der Isar an den Rio de la Plata Glas vergab 1959 an die in Argentinien ansässige Firma Isard Argentina S. A. Baulizenzen seiner Autos. Neben den kleineren Goggomobilen *T 300* und *T 400* wurden ab 1961 der Typ *Isar T 700* als *T 700 Royal Isard* und ab 1964 der Mittelklassewagen *Glas 1204* montiert. Die Produktionskosten, verbunden mit der problematischen Lieferung von Teilen aus Deutschland bereiteten den Argentiniern aber schon bald große Probleme. Da Kooperationen mit anderen Herstellern scheiterten, wurde die Fabrik bereits 1965 wieder geschlossen. Doch noch heute kann man in Argentinien Fahrzeuge mit einem „G" auf der Motorhaube entdecken.

mit V8-Motor heraus, der von den Leuten *Glaserati* getauft wurde, eigentlich aber *Glas V8 2600* hieß. Doch die Investitionskosten für solche Modelle waren letztlich zu hoch, so dass Glas von BMW übernommen wurde.

Bayerische Motoren-Werke bauen in München Autos

Im Jahr 1952 startete BMW mit dem *BMW 501* die Nachkriegsproduktion. Vor dem Krieg waren die Autos in Eisenach hergestellt worden, die Karosserien wurden zumeist in Berlin aufgebaut. So war der *501* das erste in München gebaute Auto. Er sah zwar sehr konservativ aus, hatte aber eine wichtige technische Neuerung: einen Vollschutzrahmen. Damit war ein besonders stabiler Fahrzeugrahmen gemeint, der bei Unfällen dafür sorgte, dass die Insassen nicht erdrückt wurden. Doch mit den luxuriösen Wagen ließ sich kein Geld verdienen. Das kam hingegen mit der *Isetta* herein.

1959 wurde der *BMW 700* eingeführt, der wie der *Volkswagen* einen luftgekühlten Zweizylinder-Boxermotor im Heck hatte, jedoch deutlich mehr Komfort bot. Die Verarbeitungsqualität war hervorragend, was BMW bis heute auszeichnet. Das flotte Design stammte aus Italien, die Ganzstahlkarosserie war selbsttragend.

1962 erfolgte mit der sogenannten „Neuen Klasse" ein Sprung in die Mittelklasse. Erstes Modell war der *BMW 1500*, der bereits 1964 vom *BMW 1600* abgelöst wurde. 1963 folgte

Glas, der Vater des *Goggomobils* und ein V8-Motor? Das war 1966 keine Utopie mehr. Spötter nannten das Auto „Glaserati", doch irgendwie schwingt bei diesem Namen auch Bewunderung mit.

STANDESGEMÄSS UNTERWEGS | *Gütesiegel „Made in Germany"*

Der **BMW 700** war ähnlich wie der *DKW Junior* oder der *Renault Dauphine* angetreten, um dem *Käfer* Paroli zu bieten. Er wurde zwischen 1959 und 1965 gebaut.

Der **BMW 502**, ein *501* mit stärkerem Motor, wirkte äußerlich etwas „gesetzt", doch hinter der Lackierung befand sich moderne Technik, zum Beispiel der stabile Fahrzeugrahmen. »

der *BMW 1800*, 1966 wurde der *1600* eingestellt, dafür ging der *BMW 2000* an den Start. Dessen Version *2000tii* war er erste BMW mit Einspritzmotor. Auf dieser Reihe baute die berühmte 02-Reihe auf.

Ende 1966 übernahm BMW die Hans Glas GmbH in Dingolfing. Die Glas-Modelle wurden weitergebaut, wodurch BMW eine komplette Produktlinie „erbte". Auch der *Glas 2600* beziehungsweise die verstärkte Version *3000* wurde fortgesetzt als *BMW 3000 V8*. 1969 wurde die Glas-Palette eingestellt. Kleinwagen wurden bei BMW nicht mehr gebaut.

EMW

Sozialistische Sportflitzer Nach dem Zweiten Weltkrieg lag die Produktionsstätte für Pkw der Firma BMW in der sowjetischen Besatzungszone. Dort wurden wieder die Modelle *321* und *327* gebaut. Die Münchner Zentrale wollte aber ebenfalls wieder Autos produzieren. So kam es zu Verhandlungen, deren Ergebnis ein neuer Markenname für die Ostautos war: EMW (Eisenacher Motorwerke). Bis 1956 wurden weitere Modelle gebaut, die auf eigenen Konstruktionen basierten. Doch dann kam der Umstieg auf das neue *Wartburg*-Modell, das nun ausschließlich gebaut wurde – weshalb man den den Firmennamen EMW aufgab.

Zu Füßen von Alpspitze und Zugspitze parkt dieser **BMW 700**. Jenseits der Alpen lebte der Designer des Wagens: Giovanni Michelotti, der auch die modische Heckflosse nicht vergaß. »

Das Logo von **BMW** symbolisiert einen Flugzeugpropeller und verweist auf die Anfänge des Unternehmens in der Luftfahrtindustrie. Erstes Produkt der Firma waren nämlich Flugzeugmotoren.

STANDESGEMÄSS UNTERWEGS | Gütesiegel „Made in Germany"

Die Altmeister

Nach der Vereinigung mit Benz blieb der Mercedes-Stern das Wahrzeichen der nun gebauten Autos. Bei dieser Fusion hatten sich zwei zusammengefunden, die in einem gehobenen bis oberen Segment produzierten. Außerdem bauten sie Sport- und Rennwagen. Nur wenige der alten Modelle wurden nach 1926 noch weiter gebaut. Stattdessen kam es zu sensationellen Neuentwicklungen im Luxus- und Sportbereich und zu Wagen für eine großbürgerliche Klientel, die sich ein konservativ wirkendes Statussymbol vor ihr Einfamilienhaus stellen wollten. So war es kein Wunder, dass die Autos mit dem Stern unter den ersten waren, die in den 1930er-Jahren zur Sicherheit vor Dieben ein Lenkradschloss bekamen.

1931 wurde der *Mercedes-Benz 170* eingeführt, die 170 stand für den Hubraum von 1,7 Litern – wie diese Zahlen sich auch sonst auf den Hubraum bezogen. Das Antriebsaggregat war jedoch ein Sechszylindermotor. Der Motor war also ziemlich kompakt. Ab 1936 bekam dieses Modell einen Vierzylindermotor. Zwei Jahre später trat der *Mercedes 290* an, außerdem die Modelle *200* und *230*. Alle hatten sie einen Sechszylindermotor. 1937 wurde der *Mercedes 290* durch den Typ *320* ersetzt, der sich hauptsächlich durch den besseren Motor unterschied. Mit derartigen Modellen, die nur in den seltensten Fällen mehr als 10 000 Exemplare erlebten, sollte es in den ersten Nachkriegsjahren noch weitergehen. Doch dann begann eine neue Zeitrechnung.

Ponton, Heckflosse und die Masse Nach dem Ende des Zweiten Weltkriegs bot Mercedes-Benz zunächst den Vierzylinder-Typ *170* wieder an, der in verschiedenen Versionen zu haben war. Doch dann folgte ein Paukenschlag. Der *Mercedes-Benz 180* von 1953 war eine komplette Neuentwicklung. Erstmals wurde eine selbsttragende Karosserie gebaut, noch dazu verschwanden die wuchtigen Kotflügel. Die konservative Automobilschmiede war in die Moderne eingetreten und bot einen Wagen in glatter Pontonbauweise an. Erstmals wurde nun ein Mercedes in Großserie gefertigt. Die vielen Gewinner des Wirtschaftswunders wollten befriedigt werden und sollten ihren Mercedes-Benz bekommen.

Drei Coupé-Generationen von **Mercedes-Benz** geben sich hier ein Stelldichein: **320 n Kombinations-Coupé** (Baureihe 142, 1937 bis 1942), **300 Sc Coupé** (Baureihe 188, 1955 bis 1958) und **280 SE 3,5 Coupé** (Baureihe 108, 1971 bis 1972).

Fast drei Millionen Exemplare des /8 („Strich-8") wurden weltweit verkauft. So verwundert es nicht, dass sich auch in der Oase Siwa ein Modell dieses Typs fand.

Gleichzeitig wurden aber auch noch die *300 S* gebaut, die noch in der althergebrachten Weise karossiert waren. Doch bald war mit solchen Autos Schluss. Der Ingenieur Béla Barényi hatte bereits 1952 ein Patent auf seine Entwicklung der Knautschzonen im Fahrzeugbau erworben. Mit dem Typ *111* konnte er diese Idee erstmals in die Tat umsetzen. Doch der Chefdesigner der Stuttgarter spendierte noch eine weitere Neuheit: Mit dem *Mercedes-Benz 220 Sb/SEb* hielt ein in der

Der erste Diesel-Pkw

Ein sparsames Auto Mercedes-Benz und Hanomag stellten 1935 auf der gleichen Messe die beiden ersten Serien-Pkw mit Dieselantrieb vor. Die Stuttgarter hatten den *D 200* mit einem Vierzylinder-Dieselmotor umgerüstet, der nach dem Vorkammersystem arbeitete. Dieser Wagen war wegen seiner niedrigen Verbrauchskosten bei Taxiunternehmern äußerst beliebt. Mercedes-Benz wurde in den kommenden Jahren geradezu *der* Taxibauer in Deutschland schlechthin. Der *Mercedes-Benz 260 D* mit der Werksbezeichnung *W 138* hatte 45 PS und war bis zu 90 Stundenkilometer schnell.

Der **Strich-8** war in Deutschland besonders bei begüterten Landwirten äußerst beliebt. Er wurde von 1967 bis 1976 produziert.

„Große Heckflosse" war der Spitzname des **Mercedes-Benz 220 SEb**. Doch das lag nicht etwa an den amerikanischen Ausmaßen der hinteren Seiten, sondern daran, dass dieses schicke Gefährt mehr Hubraum hatte als die „kleine Heckflosse" Baureihe *W 110*. »

 STANDESGEMÄSS UNTERWEGS | *Gütesiegel „Made in Germany"*

Der **Mercedes-Benz 180** (W 120) „Ponton", hier ein Exemplar aus dem Jahr 1958, war das erste Modell der Stuttgarter mit einer glatten Karosserie ohne herausragende Kotflügel oder Trittbretter.

Stoewer

Nicht nur für pommersche Gutsherrn In Stettin baute seit 1898 die Nähmaschinen- und Fahrradfabrik Stoewer Autos. Bereits 1906 entstanden die ersten Wagen mit Sechszylindermotor. Die Firma wurde durch ihre hochwertigen, in Kleinserie hergestellten Autos bekannt, die sich sehr repräsentativ gaben. Die Achtzylindermodelle der späten 1920er-Jahre zeigen schon durch ihre Namen, wohin die Reise ging: *Gigant*, *Repräsentant*, *Marschall*. In der Weltwirtschaftskrise begann die Produktion kleinerer Mittelklassewagen. In den späten 1930er-Jahren gelangen dann mit dem V8-Modell *Greif* und den 1937 vorgestellten Typen *Sedina* (Vierzylinder) und *Arkona* (Sechszylinder) hübsche, technisch konventionelle Wagen. Im Zweiten Weltkrieg wurde die Firma vernichtet.

US-amerikanischen Autoindustrie ins Maßlose getriebenes Detail Einzug ins Programm der Stuttgarter: die Heckflosse. Im Vergleich zu den Straßenkreuzern der USA war die bei diesem Wagen zwar eher mickrig, doch in Europa erregte sie dennoch großes Aufsehen. Diese Reihe hielt sich von 1961 bis 1971 im Programm. Ab 1965 gab es eine stärkere Variante mit 2,5-Liter-Motor, die sich schon in der Spitzenklasse bewegte.

Strich-8 und neue Zielgruppen 1967 wurde eine neue Baureihe vorgestellt, die aus den Werksnummern *W 114*, *W 115* und *C 114* bestand. Weil die ersten Exemplare der Baureihe Anfang 1968 zur Auslieferung kamen, erhielten diese Modelle das Kürzel /8, gesprochen „Strich acht". Man erkennt sie sofort an den stehenden, langen Scheinwerfern. Mercedes bot Typen mit Vier-, Fünf- und Sechszylindermotoren an. Man konnte einen Benziner oder einen Dieselmotor haben. Die *Strich-8* begründeten den großen Ruf von Mercedes-Benz als Dieselwagenproduzent und waren gleichzeitig das Auto, mit dem sich gern Großbauern schmückten. Sie sollten eine wichtige Gruppe im Kundenstamm werden.

Diese Wagen wurden bis 1976 gebaut und dann durch die Baureihe *W 123* ersetzt, die man an den viereckigen liegenden Scheinwerfern erkennt. Vom *Strich-8* wurden fast drei Millionen Stück gebaut. Verkauft wurde er weltweit, sodass in vielen Regionen der Erde Kunden den Markennamen Mercedes-Benz hautnah erleben konnten.

Opel: Längere Zeit Marktführer Auch nach der Übernahme von Opel durch General Motors baute das Rüsselsheimer Unternehmen eigene Modelle für den europäischen Markt. Legendär waren die Modelle der 1930er-Jahre: Der *Olympia* in selbsttragender Bauweise mit Ganzstahlkarosserie wurde in Großserie produziert. Der *Kadett* war das Einstiegsmodell mit einem 1,1-Liter-Motor. Der *Kapitän* galt als repräsentatives und dennoch vergleichs-

Der **Opel Kadett A** wurde zwischen 1962 und 1965 im neuen Werk in Bochum gebaut. Bereits 1936 hatte es einen *Kadett* gegeben.

Viertürige und zweitürige Limousine des KAPITÄN

weise preiswertes Auto, er war mit einem Sechszylindermotor ausgestattet, der 55 PS leistete. Das Spitzenmodell war der *Admiral* mit einem hubraumstärkeren Sechszylindertriebwerk.

Nach dem Krieg wurden der *Olympia* und der *Kapitän* zunächst weitergebaut, Anfang der 1950er-Jahre überarbeitete Opel diese beiden Modelle. Nachfolger des *Olympia* wurden der *Olympia Rekord* und der größere *Rekord*. Opel ging nun ebenfalls zur Pontonkarosserie über. Ab 1962 wurde der *Kadett* als Einstiegsmodell wieder eingeführt und in dem neuen Werk in Bochum zusammengebaut. Zwei Jahre später

Diese Werbezeichnung von **Opel** zeigt die beiden Karosserievarianten des **Kapitän**, die 1938 vorgestellt wurden. Hinzu kam dann noch ein Cabrio. Nach dem Zweiten Weltkrieg war der *Opel Kapitän* lange das teuerste Modell des deutschen Ablegers von General Motors. 1951 folgte eine überarbeitete Version.

wurde die Oberklasse neu geordnet. Das Trio Opel *Kapitän*, *Admiral* und *Diplomat* unterschied sich lediglich in der Ausstattung voneinander. Der Diplomat hatte im Gegensatz zum Sechszylindermotor der beiden anderen einen V8-Motor. Diese Modelle wurden bis 1977 angeboten, dann zog sich Opel aus der Oberklasse zurück.

Geldbringer waren vor allem die Mittelklassewagen *Rekord* und ab 1967 der *Commodore*. Anfang der 1970er-Jahre übertrumpfte Opel sogar den Platzhirsch *Volkswagen*. Mit dem *Ascona* und dem *Manta* rückten zwei weitere Erfolgsmodelle ins Programm. Kennzeichnend für Opel war stets der Frontmotor mit Heckantrieb. Die Wagen waren nie extravagant, sondern zuverlässige Fahrzeuge, die ihren Dienst taten, ohne besonders aufzufallen. Ein wenig änderte sich das allerdings in den 1960er-Jahren, als das Karosseriedesign die US-amerikanischen Muscle Cars zitierte.

 STANDESGEMÄSS UNTERWEGS | *Osteuropa*

Osteuropa

 Abgesehen von einer hoch entwickelten Automobilindustrie in der Tschechoslowakei dominierten in den anderen Ostblockländern Lizenz- und Nachbauten. Die Typenvielfalt blieb sehr beschränkt, fehlender Wettbewerb sorgte für Stillstand in der Modellentwicklung. Und so waren die Fahrzeuge schon bald nach westlichen Maßstäben technisch und optisch veraltet.

Die Tschechoslowakei

In der tschechischen Hauptstadt gab es seit 1907 die Firma Praga, die vor dem Ersten Weltkrieg Modelle von Isotta-Fraschini in Lizenz baute, dann aber eigene Typen entwickelte, darunter auch Kleinwagen. Nach dem Zweiten Weltkrieg wurden nur noch Nutzfahrzeuge produziert. In der Zeit zwischen den Kriegen wurden in der Tschechoslowakei Pkw auch bei der heute als Zetor bekannten Firma in Brünn gebaut. Heute werden dort Traktoren hergestellt. Doch die beiden dominierenden Hersteller waren Škoda und Tatra.

1961 stellte **Škoda** das Modell **1202** vor. Der fünftürige Kombi war ein Allroundfahrzeug, das bis 1973 vom Band lief. Der Motor leistete 47 PS. Die Höchstgeschwindigkeit dieses etwa 60 000-mal gebauten Typs lag bei 100 Stundenkilometern.

Škoda: Waffen und Autos Die einstige Waffenschmiede des Kaiserreichs Österreich-Ungarn begann 1923, Autos zu bauen. 1945 wurde das Autowerk von der Rüstungsfirma in Pilsen abgespalten, behielt aber den Namen. Die Nachkriegsfertigung setzte 1946 mit dem *Škoda Tudor* ein, der schon vor dem Krieg gebaut worden war. Der Name hatte allerdings nichts mit dem englischen Königsgeschlecht zu tun, sondern war einfach ein verballhorntes *two-door*. 1952 folgte ein Mittelklassewagen, der *Škoda 1200*, ein Vierzylindermodell mit Ganzstahlkarosserie, die in der damals aktuellen Pontonbauweise gehalten war. Dieses Modell bekam 1956 den *1201* als Nachfolger, 1961 besetzte der *1202* die Position des Kombis, die er erst 1973 wieder aufgeben musste.

Mit dem *Škoda 440 Spartak* gelang 1955 ein kompaktes Fahrzeug. Der Vierzylindermotor leistete 39 PS. Das Nachfolgemodell erhielt den heute noch bei Škoda verwendeten Namen *Octavia*. Zwei Jahre später wurden zwei Varianten vorgestellt. Der *Škoda 445* bekam einen 45-PS-Motor, der *Škoda 450* war die Cabrioversion des *445*. Er wurde der Vorläufer des *Škoda Felicia* von 1959. Leider wurde dieses hübsche Modell bereits 1963 wieder eingestellt. Der Name *Felicia* sollte bei Škoda jedoch wieder auferstehen.

Aus Kostengründen wurden die Škodas bald nur noch mit Heckmotor gebaut. Das traf auch auf die *100*er zu, die 1976 von der Baureihe *Škoda 742* abgelöst wurde, die bis 1990 gebaut werden sollte. Das Einstiegsmodell war der *Škoda 105*, der *Škoda 120* hatte einen größeren Motor und bot einige Extras. Diese beiden Wagen prägten das Straßenbild der Tschechoslowakei: Fast zwei Millionen Exemplare wurden von diesen Typen gebaut.

Eigentlich bereits ein Youngtimer, aber mit himmlischem Beistand heute noch im Einsatz ist dieser **Škoda 105**, der von 1976 bis 1988 produziert wurde. Er war auf den Straßen des damaligen Ostblocks über 800 000-mal zu sehen.

🚗 **Tatra, die Ideenschmiede aus Mähren** Tatra war aus dem Automobilpionier Nesselsdorf hervorgegangen. 1919, als die Tschechoslowakei die Unabhängigkeit von Österreich erlangt hatte, wurde der slawischer klingende Name Tatra

Moskwitsch

Ein Kadett fürs Sowjetvolk In Moskau wurde ab 1947 mit den in Deutschland requirierten Werkzeugmaschinen von Opel eine Kopie des Vorkriegs-*Kadett* produziert. Der Wagen rollte unter dem Pseudonym *Moskwitsch 400* über die Straßen. Der Volkseigene Betrieb erhielt den Namen Moskowskij Zawod Malolitrashnij Avtomobilnij oder kurz und bündig MZMA. Zur Befriedigung der dringendsten Bedürfnisse wurde erst einmal gebaut, was das Zeug hielt. Am technischen Stand wurde dagegen nicht viel gefeilt. Erst Mitte der 1950er-Jahre dachten die Verantwortlichen daran, eine Neuentwicklung anzustreben.

Ebenfalls 1976 begann die Fertigung des **Škoda 120**. Wie auch beim *105* bezeichnete die Ziffer den Hubraum, hier also eine 1,2-Liter-Maschine. Mit diesem Typ knackte **Škoda** die magische Stückzahl von einer Million.

141

 STANDESGEMÄSS UNTERWEGS | *Osteuropa*

eingeführt. Chefkonstrukteur blieb weiter Hans Ledwinka, der in seinem stillen Winkel in Kopřivnice (so hieß der Ort Nesselsdorf jetzt) seine genialen Ideen verwirklichte. 1934 wandte sich auch Tatra dem Stromliniendesign zu. Nach Entwürfen von Paul Jaray wurden die Modelle *Tatra 77* und *87* entwickelt. Doch während vor dem Zweiten Weltkrieg eine Vielzahl von Typen gebaut wurde, änderte sich das Bild unter den Vorgaben der Sozialisten. Der Schwerpunkt der Montage lag nun im Lkw-Bau. Einige technisch hochwertige Personenwagen wurden aber dennoch hergestellt.

So wurde die Fertigung des *Tatra 87* mit Achtzylinder-Heckmotor wieder aufgenommen. Die erste Neuentwicklung war der *Tatra 600 Tatraplan*, der auf das von Ledwinka entwickelte Vorkriegsmodell *Tatra 97* zurückging, einer kleineren Version des Typs *87* mit Vierzylindermotor. Die Stromlinienform wurde ebenso beibehalten wie der Zentralrohrrahmen. Auch ins Ausland verkaufte sich der *Tatraplan* sehr gut, weshalb Tatra weiter Personenwagen bauen durfte.

1955 erschien ein Nachfolgemodell, bei dem sich einige Konstruktionsmerkmale geändert hatten. Der *Tatra 603* war zwar etwas konservativer gestaltet, behielt aber seine eigentümliche Front und die auffallenden Kiemen am Heck, die nötig waren, den luftgekühlten V-8-Heckmotor auf Tempe-

Diese Abbildung zeigt einen 1969 gebauten Prototyp des **Tatra 613**. Erst fünf Jahre später gelangte dieses Oberklassemodell in die Serienfertigung. Die letzte Generation dieses Typs lief 1996 vom Band. ▶▶

In der zweiten Generation ab 1963 ersetzte ein Paar von Doppelscheinwerfern die anfangs drei nebeneinander angeordneten Scheinwerfer. Das machte die Frontpartie des **Tatra 603** gleich weniger ungewöhnlich.

ratur zu halten. Die Karosserie war nun selbsttragend. Der *Tatra 603* wanderte fast ausschließlich als Dienstwagen an höchste Funktionäre, denen die russischen Autos nicht gefielen. In der ČSSR wurde er sogar als Staatskarosse eingesetzt. 1963 kam es zu einer Überarbeitung, wobei die drei Scheinwerfer durch zwei Doppelscheinwerfer ersetzt wurden. 1975 wurde das inzwischen stark veraltete Modell abgesetzt.

Bereits ein Jahr zuvor hatte Tatra das Modell *613* als Nachfolger vorgestellt. Das kantige Design stammte von einem Angestellten des italienischen Karosseriebetriebs Vignale und entfernte sich komplett von den Vorgängermodellen. Der 3,5-Liter-V8-Motor war weiterhin luftgekühlt und im Heck platziert.

Stromlinie pur bot noch der **Tatra 600 Tatraplan**, eine Weiterentwicklung des Vorkriegsmodells *Tatra 97*. Die Heckpartie mit der zentralen Flosse fiel auf.

STANDESGEMÄSS UNTERWEGS | *Osteuropa*

Automobile aus der Sowjetunion

Im russischen Zarenreich war die Automobilindustrie nur sporadisch vorhanden, etwa in Riga, wo in der Russko-Baltyskij Wagonij Zawod vor dem Ersten Weltkrieg einige Vierzylindermodelle entstanden. In den 1920er-Jahren bemühten sich die Sowjets darum, eine eigene Fahrzeugindustrie aufzubauen. Sehr hilfreich war dabei die amerikanische Firma Ford, die nicht nur Lizenzen für ihre Traktoren, sondern auch für Autos erteilte. In Gorki, das heute wieder Nischni Nowgorod heißt, wurden ab 1932 in den neu errichteten Gorkovskij Avtomobilnij Zawod (GAZ), auf Deutsch Automobilwerke Gorki, zunächst Lastwagen Ford-scher Konstruktion und der Ford Typ A produziert.

Pobeda, Wolga und Tschaika Nach dem Zweiten Weltkrieg wurden eigene Konstruktionen gebaut. 1946 verließ der erste *Pobeda M20* die Werkshalle. Dabei handelte es sich um einen recht hübschen Wagen in moderner Pontonbauweise mit einem Vierzylindermotor, der eine Leistung von 50 PS abrufen konnte. Mit dem *Pobeda*, einem konstruierten Modell, gelang der Sowjetunion 1946 der Einstieg in die Großserie. 1950 folgte mit dem *GAZ-12 ZIM* ein Repräsentationswagen für Parteibonzen mit Sechszylindermotor. Erst 1956 wurde ein neues Modell hergestellt. Es handelte sich um den *M21 Wolga*, der die Position des *Pobeda* einnahm. Auch dieses Fahrzeug tat meist Dienst in offizieller Mission und war nur sehr selten in privatem Besitz. Es hatte eine 2,5-Liter-Maschine, die einen enormen Durst zeigte, dabei aber noch 75 PS leistete. 1968 folgte der *Wolga GAZ-24*.

Der *Tschaika*, ein Wagen, der ausschließlich an Funktionsträger des Staates und der Partei abgegeben wurde, feierte 1959 Premiere und löste den *GAZ-12 ZIM* ab. Vorbild für die Karosserie scheint ein Packard gewesen zu sein.

Die Automobilindustrie der Sowjetunion profitierte in den 1930er- und 1940er-Jahren auch über Fords Engagement hinaus von der Hilfe der Vereinigten Staaten. In Moskau wurde die Zawod Imieni Stalin (ZIS) gegründet, die ab 1936 Buick-Modelle herstellte. Diese Wagen sollten repräsentativen Aufgaben dienen und die wichtigen Persönlichkeiten der Partei herumkutschieren. 1958 wurde der Betrieb im Rahmen der Entstalinisierung in Zawod Imieni Likat-

Den **Tschaika** bekamen nur verdiente Parteimitglieder und hohe Funktionäre zugeteilt. Das im amerikanischen Stil gehaltene Auto mit Heckflossen und viel Chrom wurde 1959 erstmals vergeben.

Neben der hauptsächlich produzierten Limousine gab es den **GAZ 24 Wolga** auch als fünftürigen Kombi. Die letzten *Wolgas* fuhren erst 1992 aus den Fertigungshallen. Allerdings waren diese Wagen deutlich verändert worden.

1968 – in Prag war Frühling, und dem russischen Winter trotzte der neue **GAZ 24 Wolga**. Der KGB, andere Behörden und Taxifahrer nutzten dieses Automobil. Sein V8-Motor war ein echter Benzinfresser.

schowa (ZIL) umbenannt. Ab 1959 wurde ein neuer Typ gebaut, der den Namen *ZIL-111* bekam. Als Vorbild diente ein Modell von Packard. In den folgenden Jahren entstanden dort die Nobelkarossen der UdSSR.

Lada, der russische Fiat Im Wolga-Autowerk (Avtomobilniy Volzhsky Avtomobilny Zavod, AvtoVAZ) wurde ab 1970 in Kooperation mit Fiat ein veränderter Lizenzbau des *Fiat 124* hergestellt. Er erhielt den Namen *Shiguli*. In den Export kam er allerdings unter dem Namen *Lada*. Für Fiat erwies sich bald, dass dieser Deal leider einen Pferdefuß hatte. Die Sowjets bezahlten

 STANDESGEMÄSS UNTERWEGS | *Osteuropa*

Der **Lada 2103** ist an den Doppelscheinwerfern zu erkennen. Er gehörte zu den ersten Ladas, die überhaupt gebaut wurden.

nämlich mit Stahl, der aber so minderwertig war, dass die damit gebauten italienischen Fiat-Modelle zu berüchtigten Rostlauben wurden. Eine Art Dank an Fiat war übrigens der Name der neuen Stadt, die um die Autowerke herum entstand. Man wählte den Führer der Kommunistischen Partei Italiens als Paten und taufte sie auf den Namen Togliatti. Die Stadt heißt auch heute noch so.

Die Modelle *2101* und *2103* waren die ersten, wobei der *2103* oder *Lada 1500* eine Deluxe-Version mit größerem Motor und Doppelscheinwerfern war. Der *Lada* sollte ein Wagen fürs Volk werden. Deshalb war er auf billige Massenproduktion ausgelegt. Und tatsächlich produzierte man große Mengen, die Fabrik ist heute die größte Autofabrik in Russland. Dennoch konnte die Nachfrage nie vollständig befriedigt werden. Auch in den sozialistischen Bruderstaaten wurde der *Lada* gekauft.

1976 brachte Lada den *Niva* heraus, einen Geländewagen mit Allradantrieb. Spötter mochten sagen, dass so etwas bei den Straßenverhältnissen auch nötig war, doch dieser Geländewagen verkaufte sich nicht nur dort, sondern auch nach Kanada und Südamerika recht gut. Ein Nachfolgemodell des *Lada Niva* wird noch heute gebaut.

Ein hübsches Auto war der **Wartburg 311** in der Ausführung als Coupé mit Zweifarblackierung. Er wurde ab 1956 hergestellt. Verwendet wurde ein Dreizylinder-Zweitakt-Motor, der 37 PS leistete. »

Der Allrad-Geländewagen **Lada Niva** war auch im nichtkommunistischen Ausland ein beliebtes Kaufobjekt. Noch heute werden Fahrzeuge dieses Typs produziert. «

DDR und Polen

In Eisenach wurde zwischen 1956 und 1990 auf dem ehemaligen BMW-Gelände das Mittelklassemodell der DDR gebaut, das den Namen *Wartburg 311* erhielt. Die Konstruktion wurde aus zurückgelassenen Unterlagen der geflüchteten DKW abgeleitet. Dabei handelte sich um die Pläne für das Modell *F9*. Als Antriebsaggregat diente ein Zweitaktmotor, der auf drei Zylindern lief. Die Leistung lag bei 37 PS. Neben der Limousine wurde auch ein Kombi gebaut, außerdem entstanden im begrenzten Rahmen Cabrios. 1962 wurde der *Wartburg 1000* eingeführt, der einen 45-PS-Motor bekam.

1966 gönnte die Partei dem Wartburg eine frischere Karosserie, die sich optisch in die Nähe von Fiat begab. In dieser Form wurde der nun als *Wartburg 353* bezeichnete Wagen bis 1975 mit nur wenigen Änderungen gebaut. Dann gab es den *Wartburg 353 W*, der neben Scheibenbremsen einige Verbesserungen erhielt.

Eine Übereinkunft mit VW sicherte dem Wartburg bereits vor der „Wende" einen Westmotor. Ab Oktober 1988 bekam das neue, *Wartburg 1.3* genannte Fahrzeug einen Polo-Motor, doch auch diese Maßnahme konnte nicht verhindern, dass kein ehemaliger DDR-Bürger es noch kaufen wollte.

FSO, die wichtigste Autoschmiede Polens In Polen wurde auch in der Zeit des Sozialismus an der Produktion von Fiat-Modellen festgehalten. Doch immer mehr rückten auch andere Modelle in den Vordergrund. 1951 wurde in Warschau die Fabryka Samochodów Osobowych, kurz FSO gegründet. Der Name bedeutet nichts anderes als

 STANDESGEMÄSS UNTERWEGS | *Osteuropa*

Der **Warszawa M 20** war ein Nachbau des sowjetischen *Pobeda*. Er wurde zwischen 1951 und 1964 gefertigt. Der Warszawa wurde von einem Vierzylindermotor mit 50 PS angetrieben. Dieser Wert wurde später auf 70 PS erhöht.

Personenwagenfabrik. Dort sollte zuerst ein Nachbau des sowjetischen, in Gorki gebauten *Pobeda* entstehen. In Polen bekam dieses Modell jedoch den Namen *Warszawa M 20*. Der *Warszawa* hatte eine Pontonkarosserie mit Fließheck und ähnelte einigen amerikanischen Modellen der 1940er-Jahre. Der Vierzylindermotor hatte einen Hubraum von 2,1 Litern und leistete 50 PS. Bis 1972 blieb dieser Typ auf den Produktionslisten, allerdings war es 1964 zu einer Überarbeitung gekommen. Die aufwendige Kühlerverkleidung wich einem einfacheren Design. In dieser Form wurde er als *Warszawa 203*, später *223* bezeichnet. Die PS-Leistung stieg in der Baugeschichte auf 70 PS.

1957 konnten die Entwickler von FSO einen eigenen Entwurf präsentieren, einen Kleinwagen, der Ähnlich-

Ein **Wartburg** in Aktion. Qualmender Rauch war das Kennzeichen der meisten Zweitakter aus den Werkshallen der osteuropäischen Firmen. Der Umweltgedanke hatte in den sozialistischen Ländern keinen Raum.

keit mit dem westdeutschen *Lloyd* hatte. Man gab dem Fahrzeug den Namen *Syrena* und fertigte das Modell bis 1972. Danach wurde es in einer anderen Fabrik noch bis Mitte der 1980er-Jahre weitergebaut. Der *Syrena* wurde mit einem Zweitaktmotor ausgerüstet, der zunächst zwei, zwischen 1963 und 1966 drei Zylinder besaß. Letzteres war ein Wartburg-Motor.

Neben diesen Modellen wurde bei FSO ab 1965 auch der *Fiat 125* in Lizenz gebaut. Er sollte eigentlich den Warszawa ersetzen, doch die Polen fertigten beide parallel. Die Entwickler nutzten das Know-how der Italiener und schufen auf der Grundlage des *Fiat 125* eine Limousine, die auch höheren Ansprüchen gerecht werden sollte. Der Wagen wurde als *Polonez* bezeichnet. Sein Design stammte von Giorgetto Giugiaro, einem der bedeutendsten Karosseriedesigner, der unter anderem auch den *Golf*, den *Scirocco* und viele Fiat-Modelle gestaltet hatte.

Die zweite wichtige Autofabrik der Volksrepublik Polen war die Fabryka Samochodów Małolitrażowych, abgekürzt FSM. Ihr Name bedeutet auf Deutsch „Fabrik für Autos mit kleinem Hubraum". Dort wurde der *Syrena* ab 1972 gebaut, außerdem fertigte man dort Lizenz-Fiats, vor allem den *Fiat 500* und den *Fiat 126*. Heute ist die Fabrik in den Besitz der Italiener übergegangen.

Ab 1978 produzierte **FSO** den **Polonez**, der auf der Plattform des *Polski-Fiat 125* aufbaute. Bis zum Ende der Produktion wurde das Modell mehrmals, zum Teil tiefgreifend überarbeitet. »

Die Frontpartie des **Warszawa** schwelgte in Chrom. Später wurde hier bei den Nachfolgemodellen deutlich einfacher gebaut. «

STANDESGEMÄSS UNTERWEGS | Aus Europa in alle Welt

Aus Europa in alle Welt

Das Auto diente in der luxuriösen Ausführung als Statussymbol für den Geldadel und in der platzsparenden Version als fahrbarer Untersatz für die weniger Betuchten. Die europäische Automobilindustrie entwickelte aber auch ein breites Angebot an Modellen für all jene, die mehr Wert auf Platz und Motorleistung legten, auf Luxus hingegen verzichten konnten.

Alfa Romeo engagierte sich von Beginn an bei Rennen, um die Leistungsfähigkeit der Wagen zu beweisen. Zu den Fahrern gehörten Enzo Ferrari, Giuseppe Campari und Giulio Ramponi.

Die Geschichte von Alfa Romeo begann 1906 in Portello, einem Stadtteil von Mailand, der später für seine Autofabriken bekannt werden sollte. In diesem Jahr gründete Alexandre Darracq, einer der französischen Pioniere des Automobilbaus, ein italienisches Tochterunternehmen mit dem Namen Società Anonima Italiana Darracq (Italienische Aktiengesellschaft Darracq). Die Geschäfte liefen jedoch nicht wie erhofft. Drei Jahre später übernahm eine Gruppe von Investoren das Zweigwerk, und 1910 erfolgte die Umbe-

Der **24 HP** kam 1910 als erstes Auto von **A.L.F.A.** auf den Markt. Bereits im folgenden Jahr nahm das Modell an dem Langstreckenrennen Targa Florio in Sizilien teil. »

1954 brachte **Alfa Romeo** die **Giulietta** auf den Markt und hatte damit einen durchschlagenden Erfolg. Die viertürige Ausführung *Berlina* wurde ein Jahr später eingeführt.

nennung in Anonima Lombarda Fabbrica Automobili (Lombardische Aktiengesellschaft Automobilfabrik), abgekürzt: A.L.F.A. Noch im gleichen Jahr verließ das erste Modell unter dem neuen Namen das Werk. Es hieß schlicht *24 HP*, konnte aber mit seinem 4,1 Liter großen Motor eine Höchstleistung von 42 PS und eine Höchstgeschwindigkeit von erstaunlichen 100 Stundenkilometern vorweisen.

Die A.L.F.A.-Autos konnten einige Erfolge auf der Rennstrecke erzielen und sich den Ruf höchster Qualität erwerben. Hohe Kosten, der Beginn des Ersten Weltkriegs und andere Umstände hatten jedoch zur Folge, dass das Unternehmen 1915 Konkurs anmelden musste.

Romeos kurzer Auftritt Der erfolgreiche Mailänder Unternehmer Nicola Romeo hauchte durch die Übernahme von A.L.F.A. dem Unternehmen neues Leben ein. Aber solange der Erste Weltkrieg wütete, waren es jedoch Waffen und Munition, die in dem Mailänder Werk produziert wurden. Erst ab 1920 ging man wieder zum Automobilbau über. Die Autos kamen nun unter der Bezeichnung *Alfa Romeo* auf den Markt, obwohl der Firmenname selbst zunächst nicht geändert wurde. Neue Siege wurden auf der Rennstrecke errungen. Vom ersten Nachkriegsmodell, dem *G1*, konnten jedoch nicht allzu viele Exemplare ver-

 STANDESGEMÄSS UNTERWEGS | *Aus Europa in alle Welt*

kauft werden. Wesentlich erfolgreicher waren das Sechszylindermodell *RL* und der davon abgeleitete Vierzylinderwagen *RM*. Alfa Romeo war stets auf ein sportliches Image bedacht und sprach dadurch vor allem einen Kundenkreis an, der schnelle Wagen liebte.

Wirtschaftlich ging es dem Unternehmen jedoch nicht so gut. 1927 konnte es sogar nur knapp einen erneuten Konkurs vermeiden. Und im folgenden Jahr musste Romeo aus dem eigenen Unternehmen ausscheiden. Der Börsen-Crash 1929 brachte weitere Probleme mit sich. Nur eine Rettungsaktion der italienischen Regierung bewahrte den Automobilbauer vor dem Aus. Obwohl Nicola Romeo zu dieser Zeit gar nicht mehr mit von der Partie war, wurde 1930 der Unternehmensname in Alfa Romeo geändert. Diese Firmenbezeichnung blieb auch nach dem Zweiten Weltkrieg erhalten, als es zu einer Neugründung kam.

Die kleine und die große Julia Alfa Romeo pflegte auch nach dem Zweiten Weltkrieg das sportliche Image, wandte sich aber immer mehr den Gebrauchswagen zu, wie beispielsweise 1950 mit dem *1900 Berlina*, einem Modell der oberen Mittelklasse, das mit einem 1,9 Liter großen Vierzylindermotor bestückt war.

An technischen Raffinessen ließ es **Alfa Romeo** noch nie fehlen. Dieses Bild zeigt die Armaturen der sportlichen **Giulia 1600 Sprint**.

Der 1958 eingeführte **Alfa Romeo 1750** basierte auf der etwas kleineren *Giulia*. Die Höchstgeschwindigkeit der GTV-Version lag bei 190 Stundenkilometern.

Der richtige Einstieg in den Massenmarkt erfolgt jedoch erst 1954 mit dem Erscheinen der *Giulietta*, einem Mittelklassewagen mit einem 1,3 Liter großen Motor. Die *Giulietta* (kleine Julia oder Julchen) wurde in den Ausführungen *Berlina*, *Spider* und *Sprint* angeboten. Alfa Romeo erzielte mit dem Modell bisher unbekannte Absatzzahlen, und selbst Schauspielerinnen wie Sophia Loren und Gina Lollobrigida ließen sich mit diesem Wagen sehen.

Nicht zuletzt durch die beliebte *Giulietta* war es im Portello-Werk zu eng geworden, und Alfa Romeo bezog 1961 neue Produktionsanlagen in dem nordwestlich von Mailand gelegenen Arese. Dort ersetzte 1962 die „ausgewachsene", geräumigere *Giulia* das „Julchen". Die *Giulia* hatte nicht nur mehr Platz, sondern ermöglichte auch mehr Auswahl bei den Motoren. So bot Alfa Romeo Ottomotoren mit Hubraum von 1,3 oder 1,6 Litern und einen 1,8-Liter-Dieselmotor an.

Das Nachfolgemodell der *Giulia* hieß dann aber wieder *Giulietta*. Alfa Romeo hatte zwar das sportliche Marktsegment nicht aus den Augen verloren, hatte sich aber gleichzeitig auch als erfolgreicher Anbieter von Mittelklassewagen auf dem Markt etablieren können.

« Die **Giulia** kam, wie schon die Vergängerin *Giulietta*, in verschiedenen Ausführungen auf den Markt. Dazu gehörten die Versionen als viertürige *Berlina*, als zweitürige *Spider*, *TZ*, *Sprint* und *Sprint Speciale*.

Nicola Romeo

Der Ingenieur und die schnellen Autos Nicola Romeo (1876–1938) begann seine berufliche Laufbahn mit einem Maschinenbaustudium in Turin. Nachdem er sich seine beruflichen Sporen und einen zusätzlichen akademischen Titel im Ausland erworben hatte, kehrte er 1911 zurück nach Italien, wo er in Mailand die Firma Ing. Nicola Romeo e Co. gründete. Das Unternehmen beschäftigte sich mit Maschinen für den Bergbau und begann nach dem Ausbruch des Ersten Weltkriegs mit der Produktion von Rüstungsgütern. Die A.L.F.A.-Pleite gab ihm die Gelegenheit zu expandieren und in eine Branche einzusteigen, für die er schon lang eine Vorliebe hegte.

STANDESGEMÄSS UNTERWEGS | *Aus Europa in alle Welt*

Der **Lancia Artena** war eines der Nachfolgemodelle des *Lambda*. Die dritte Serie des Modells wurde 1934 eingeführt und war mit einem langen und kurzen Radstand erhältlich. Der Motor leistete 54 PS.

Lancia – Turiner Qualität und Innovation

In Turin hatte sich Lancia schon 1906 als Hersteller von Qualitätsautomobilen etabliert. Das Unternehmen machte sich einen Namen durch die Einführung mehrerer technischer Innovationen. Mit dem *Lambda* brachten die Turiner 1922 ein Automobil der Oberklasse mit selbsttragender Karosserie und Einzelradaufhängung auf den Markt. Das Modell wurde bis 1931 in insgesamt neun Serien gebaut und konnte eine Leistung von 49 bis 69 PS vorweisen.

Als Nachfolger des *Lambda* ließ Lancia gleich mehrere Modelle vom Stapel laufen. Der *Artena* war mit einem 1,9 Liter großen V4-Motor ausgestattet und gehörte zur preisgünstigeren Mittelklasse. Ebenfalls 1931 begann die Serienfertigung des größeren und teureren *Astura*. Das zur Oberklasse zählende Modell besaß anfangs einen V8-Motor mit 2,6 Litern Hubraum und einer Leistung von 72 PS. Mit dem Start einer neuen Serie bekam der *Astura* einen drei Liter großen V8-Motor mit 82 PS Leistung.

Ein weiteres Modell ergänzte die Lancia-Flotte 1933. Es handelte sich um den *Augusta*, der ebenfalls von einem Vierzylindermotor angetrieben wurde und mit seinen 1,2 Litern Hubraum eine Leistung von 35 PS erzielte. Der *Augusta* erwies sich mit 17 000 verkauften Exemplaren bis 1938 als das erfolgreichste der drei Modelle.

Wachsender Absatz Mit dem 1936 gestarteten *Aprilia* und dem 1939 eingeführten kleineren *Ardea* überwand Lancia die schwierigen Kriegsjahre und die Nachkriegszeit. Beide Vierzylindermodelle verkauften sich nicht schlecht. Vom

Vincenzo Lancia war an der Entwicklung des **Aprilia** noch selbst beteiligt. Der *Aprilia* war eines der ersten Modelle, bei dessen Konstruktion Tests im Windkanal vorgenommen wurden.

Das nach der Via Flavia benannte Modell zeichnete sich durch seinen Boxermotor aus. Im Lauf der Zeit gab es den *Flavia* mit unterschiedlich starker Motorisierung.

Aprilia, der als eines der kraftstoffsparendsten Modelle galt, wurden bis 1949 über 27 600 Einheiten produziert. Der *Ardea* wurde – sieht man von einer zwischenzeitlichen Unterbrechung ab – bis 1953 hergestellt. Über 22 700 Exemplare des Autos konnten verkauft werden.

Als Nachfolger des *Ardea* führte Lancia 1953 den *Appia* ein. Das Modell kam zunächst als Limousine mit einem 38 PS starken 1,1-Liter-Motor auf den Markt. Die Tatsache, dass sich immer mehr Menschen Autos leisten konnten, zeigte sich auch bei den Verkaufszahlen des *Appia*. Innerhalb von drei Jahren wurden über 20 000 Exemplare verkauft. 1956 führte Lancia eine Neuauflage mit einem 43 PS starken Motor sowie Ausführungen als Coupé mit 53 PS und als GTS mit 58 PS ein. Andere Versionen folgten. Bis 1963 fanden über 109 000 Exemplare einen Abnehmer.

Ein Lancia mit Boxermotor 1960 erweiterte Lancia das Mittelklasseangebot mit dem *Flavia*, bei dem das Turiner Unternehmen wieder seine Innovationsbereitschaft unter Beweis stellte, denn als Antrieb diente ein Leichtmetall-Boxermotor. In den folgenden Jahren kamen neben der ursprünglichen Ausführung als *Berlina* noch weitere Versionen auf den Markt. 1963 erschien als Nachfolger des *Appia* der *Fulvia*, ein Vierzylindermodell mit 58 PS Leistung. Obwohl sich beide Modelle als Verkaufsschlager erwiesen, wurde Lancia 1969 vom Hauptaktionär, der Italcementi-Gruppe, an den großen Rivalen Fiat verkauft. Die Marke Lancia konnte jedoch innerhalb des Fiat-Konzerns ihren eigenen Charakter bewahren.

Der **Fulvia** wurde in Ausführungen als *Berlina*, *Sport* und *Coupé* angeboten. Bei der im Bild gezeigten Version handelt es sich um das Sondermodell **Safari** der *Coupé*-Variante.

STANDESGEMÄSS UNTERWEGS | *Aus Europa in alle Welt*

Fiat – der große Italiener

Von Anfang an gehörte Fiat zu den italienischen Unternehmen, die einen wichtigen Beitrag zur Massenmotorisierung leisteten. Bereits 1916 war das erste Werk am Corso Dante zu klein geworden. 1923 eröffnete Fiat im Turiner Stadtteil Lingotto nach siebenjähriger Bauzeit eine neue Fabrikationsstätte, die zu den modernsten und größten der Welt gehörte und noch dazu für die damalige Zeit als avantgardistisch galt: Die fertigen Autos fuhren aus der Halle direkt auf das Dach, wo sich auch eine Teststrecke befand.

Die Fiat-Modelle gehörten zur Mittel- und Oberklasse und seit der Einführung des *Topolino* in den 1930er-Jahren auch zur Kategorie der Kleinwagen. Zu den bedeutenden Mittelklassewagen der Vorkriegszeit zählte der *Balilla 1100*, der 1937 auf den Markt kam und in verschiedenen Ausführungen bis 1969 gebaut wurde. Der Erfolg stellte sich gleich ein, denn von dem Vierzylindermodell wurden innerhalb von zwei Jahren ungefähr 57 000 Exemplare hergestellt. Ebenfalls zur Mittelklasse zählend, aber im Leistungsbereich oberhalb des *Balilla* liegend, war der *Fiat 1500*, der 1935 vorgestellt wurde. Sein Sechszylindermotor leistete 45 PS. Bis 1939 fanden über 35 000 Stück einen Käufer.

Die Oberklasse Gehobene Ansprüche erfüllte der 1938 eingeführte *Fiat 2800*, der mit seinem 2,9 Liter großen Sechszylindermotor 85 PS an Leistung erreichte. Der *Fiat 2800* war größer, stärker und nobler ausgestattet als die beiden kleineren Modelle, darüber hinaus unterschieden sich die Konstruktionen aber kaum. Immerhin war das Modell groß und luxuriös genug, dass sich auch Mussolini und der Papst damit chauffieren ließen – natürlich nicht gemeinsam.

Eine bedeutende Ausweitung des Programms sah die Nachkriegszeit. Die Modelle *1400* und *1900* erneuerten das Angebot im Mittelklassebereich. Beim *1400*, der 1950 erschien, handelte es sich um ein Vierzylindermodell mit 44 PS Leistung.

Neben der Limousinenversion des **1500** brachte **Fiat** 1963 auch eine Ausführung als Cabriolet heraus. Damit wollte man mehr das jugendliche Marktsegment ansprechen. Der Motor leistete ab 1965 75 PS.

Der zur oberen Mittelklasse zählende **Fiat 2800** machte durchaus einen noblen Eindruck. Neben der Limousinenversion gab es das Modell auch in einer Ausführung als offenen Kommandowagen mit Klappverdeck.

Zur oberen Mittelklasse gehörte der **Fiat 130**, der im Frühjahr 1969 auf den Markt kam. Das Modell war in einer viertürigen Ausführung mit Stufenheck sowie als zweitüriges Coupé verfügbar. Auf Wunsch war auch eine breite Sonderausstattung erhältlich.

STANDESGEMÄSS UNTERWEGS | *Aus Europa in alle Welt*

Eine Weiterentwicklung dieses Modells war der *1900*, der zwei Jahre später auf den Markt kam und mit einem Hubraum von 1,9 Litern in der ersten Ausführung 58 PS leistete.

Expansion und Übernahmen Die 1950er- und 1960er-Jahre stellten eine Zeit der großen Expansion für Fiat dar. 1958 wurde das Mirafiori-Werk, das erst 1937 in Betrieb genommen worden war, ausgebaut, um die Kapazität zu verdoppeln. Auch im Ausland wurden Fabriken aufgebaut. 1969 übernahm Fiat den Konkurrenten Lancia sowie 50 Prozent von Ferrari. Neue Mittelklassemodelle waren Anfang der 1960er-Jahre als Nachfolger des *1400* der *1300* mit 1,3 Litern Hubraum und 66 PS Leistung sowie der *1500*, der in die Fußstapfen des *1900* trat und mit 1,5 Litern 73 PS leistete. Der 1959 auf den Markt gekommene *Fiat 1800* ergänzte das Angebot im Mittelklassebereich mit einem Hubraum von 1,8 Litern und 75 PS Leistung.

Fiat war zu einem der bedeutendsten italienischen Industrieunternehmen aufgestiegen.

Die Skandinavier

Schweden hat zwar nicht viele Einwohner, kann aber trotzdem einige bedeutende Industrieunternehmen vorweisen, nicht zuletzt in der Automobilbranche. Saab begann die Serienfertigung von Automobilen erst 1949 in der nördlich von Göteborg gelegenen Stadt Trollhättan als Ableger des Flugzeugbauers Svenska Aeroplan Aktiebolaget. Beim ersten Modell, dem *Saab 92*, das auf dem ab 1945 entwickelten Prototypen *Saab 92001* beruhte, handelte es sich um einen kompakten Mittelklassewagen, der mit Frontantrieb und einem Zweitaktmotor ausgestattet war. Die Hubraum-

Der **Saab 95** war die Kombi-Ausführung des *Saab 96*. Sein Dreizylinder-Zweitaktmotor leistete zunächst 38 PS. 1965 wurde die Leistung auf 40 PS erhöht. Ab 1967 war er mit einem Viertaktmotor zu haben.

1953 erschien das erste Fiat-Modell mit Dieselmotor. Es handelte sich um eine Version des **Fiat 1400**. Der Hubraum war mit 1,9 Litern größer als bei der Version mit Otto-Motor, wo der Hubraum nur 1,4 Liter betrug.

Bei **Saab** setzte man lange auf den Zweitaktmotor, was nicht gerade zukunftsweisend war. Aber immerhin führte Saab bereits 1958 Sicherheitsgurte ein und war damit den anderen Herstellern voraus.

größe lag bei nur 764 Kubikzentimetern, und die Motorleistung wurde mit 25 PS angegeben. Immerhin waren mit dem Wagen bis zu 105 Stundenkilometer zu erreichen.

Als Nachfolger des ersten Modells kam 1955 der ebenfalls zur kompakten Mittelklasse gehörende *Saab 93* auf den Markt. Der Hubraum hatte sich im Vergleich zum Vorgänger etwas vergrößert, und die Motorleistung war auf 33 PS gestiegen. Auch bei diesem Modell hatten die Konstrukteure wieder auf einen Zweitaktmotor gesetzt. Bis 1960 konnten fast 63 000 Exemplare des *Saab 93* verkauft werden.

Der Nachfolger des *Saab 93* war in zwei Ausführungen erhältlich, nämlich mit Schrägheck als *Saab 96* und als Kombimodell als *Saab 95*. An dem Zweitakter hielt man auch bei diesem Modell zunächst fest. Als 1968 das Angebot

STANDESGEMÄSS UNTERWEGS | Aus Europa in alle Welt

>> 1967 besann man sich bei Saab eines Besseren und stattete den **Saab 96** mit einem Vierzylinder-Viertaktmotor aus. Die Maximalleistung stieg damit auf 66 PS. Der Motor stammte von den deutschen Ford-Werken.

Das **Saab-Logo** auf dem Kühlergrill weist auf die Herkunft des Autobauers hin: Es zeigt ein Flugzeug mit zwei Propellern. Eine Anspielung auf den Zweitaktmotor sollte dies jedoch nicht sein.

mit dem größeren Mittelklassewagen *Saab 99* erweitert wurde, kam von Anfang an ein Viertaktmotor zur Anwendung.

Volvo rollt In Göteborg befindet sich Volvo, der zweite große schwedische Automobilhersteller. Das Unternehmen entstand aus der Versuchsabteilung eines Kugellagerherstellers. Die offizielle Gründung als selbständige Firma erfolgte 1927. Der Name, der sich vom lateinischen *volvo* (ich rolle) ableitet, war Programm. Denn im gleichen Jahr erfolgte auch der Stapellauf des ersten eigenen Automobils, des *ÖV4*. Die Typenbezeichnung setzte sich aus der Abkürzung für *öppen vagn* (offener Wagen) und der Anzahl der Zylinder des Motors zusammen. Die Begeisterung der Öffentlichkeit für den schwedischen Wagen hielt sich jedoch in Grenzen, zum einen, weil der Kaufpreis für die meisten Personen zu hoch war, zum anderen, weil der *ÖV4* als Cabriolet angeboten wurde, was sich angesichts der skandinavischen Temperaturen nicht als gute Strategie erwies.

Kurz nach dem offenen Wagen erschien der *PV4*, dessen Typenbezeichnung für *personvagn* (Personenwagen) mit vier Zylindern stand. Bei diesem Modell handelte es sich um eine Limousine, die jedoch einen mit Leder bezogenen Holzrahmen besaß. Produziert wurde das Modell nur bis 1929. Allerdings war der *PV4* mit annähernd 700 verkauften Exemplaren ungefähr doppelt so erfolgreich wie der *ÖV4*.

Besonders anmutig wirkte der **Buckelvolvo** nicht. Aber er leistete einen wichtigen Beitrag zur Massenmotorisierung in Schweden. Das Modell wurde im Lauf der Zeit mehrfach technisch überarbeitet. Insgesamt wurden acht Generationen des *Buckelvolvo* gebaut. >>

1954 führte **Volvo** den in Großserie produzierten Mittelklassewagen **Amazon** ein. Für den Exportmarkt bezeichnete man den Wagen jedoch als 120er-Serie.

Der Einstieg in die Massenfertigung gelang Volvo erst nach dem Zweiten Weltkrieg mit dem *PV444*, dessen Typenbezeichnung für Personenwagen mit vier Zylindern, 40 PS und vier Sitzen stand. Der Öffentlichkeit wurde das Modell bereits 1944 vorgestellt, was zahlreiche Vorbestellungen zur Folge hatte. Es dauerte jedoch noch drei Jahre, bis die Serienproduktion anlief. Bis 1958 wurden vom *PV444*, der im Volksmund wegen seiner Karosserieform *Buckelvolvo* genannt wurde, über 295 000 Exemplare verkauft. Auch der Export spielte eine wichtige Rolle. Genauso erfolgreich war das Nachfolgemodell mit der Bezeichnung *PV544*, das nicht nur in Schweden, sondern auch in Kanada produziert wurde. Volvo weitete in den 1960er-Jahren das Typenprogramm vor allem im Mittelklassebereich bedeutend aus.

Englands Automobile für die Mittelklasse

In Großbritannien hatten die Hersteller von Luxusautomobilen und Kleinwagen große Erfolge erzielt und eine weltweite Bekanntheit erlangt. Aber die Mittelklasse kam auf der Insel ebenfalls nicht zu kurz. Der mit dem *Austin Seven* bekannt gewordene Hersteller Austin brachte beispielsweise in den 1940er- und 1950er-Jahren unter der Bezeichnung *A 40* eine Reihe von Modellen der unteren Mittelklasse auf den Markt. *A 50* hieß ab 1954 ein Modell der Mittelklasse, und *A 90* bezeichnete ein Modell der oberen Mittelklasse, das 1949 auf den Markt kam.

Auch die Marke Vauxhall sollte man in diesem Zusammenhang nicht vergessen. Dieses Unternehmen hatte bereits im Jahr 1903 mit der Fertigung von Automobilen begonnen. 1925 war es dann von General Motors übernommen worden. Nach dem Zweiten Weltkrieg entwickelte Vauxhall ein beachtliches Mittelklasseprogramm. Dazu gehörten Sechszylindermodelle wie beispielsweise der *Velox* und der *Cresta* sowie Vierzylindermodelle wie der *Victor* und der *Viva*.

Triumph in Coventry Die Geschichte der Triumph-Automobile begann Ende des 19. Jahrhunderts mit der Firma Triumph Cycle Company, die in Coventry Fahrräder und ab 1902 auch Motorräder herstellte. Der Einstieg in die Automobilbranche erfolgte 1923 nach der Übernahme eines gescheiterten, ebenfalls in Coventry ansässigen Autoherstellers. Das erste Modell besaß die Bezeichnung *10/20*. Es war mit einem Vierzylindermotor ausgestattet und brachte es auf eine Leistung von 23 PS. Die Produktionszahlen waren nicht hoch, aber Triumph konnte 1924 mit der Einführung des *13/35* für Aufsehen sorgen, da dieses Modell an allen vier Rädern mit hydraulischen Bremsen ausgestattet war. Aber erst mit dem *Super Seven*, der 1927 an den Start rollte und dem *Austin Seven* Konkurrenz machen sollte, konnten höhere Verkaufszahlen erzielt werden.

Der **Triumph Herald** kam 1959 auf den Markt. Zu dieser Zeit gehörte die Marke bereits zur **Standard Motor Company**. Den *Herald* gab es in vielen Versionen, was mit dazu beitrug, dass über 300 000 Exemplare verkauft wurden.

Morris schrieb mit dem **Minor**, der in zahlreichen Ausführungen auf den Markt kam, Automobilgeschichte. Aber auch für die Mittelklasse waren Modelle unter dem Markennamen Morris zu haben. 1952 ging Morris gemeinsam mit dem Konkurrenten Austin in der British Motor Corporation auf.

Der mittlerweile zum Hauptgeschäftszweig gewordene Autobau spiegelte sich ab 1930 durch die Umbenennung in Triumph Motor Company auch im Firmennamen wider. Die Triumph-Autos erzielten bei einigen sportlichen Ereignissen Erfolge, gleichzeitig sanken aber die Gewinne, bis in der Bilanz schließlich rote Zahlen aufzutauchen begannen. Diese Situation änderte sich auch 1933 mit der Einführung einer Modellserie mit der Bezeichnung *Gloria* nicht. 1939 musste schließlich der Konkurs angemeldet werden. Nach einem Eigentümerwechsel ging das, was von der Triumph Motor Company noch übrig war, in den Besitz der Standard Motor Company über. Triumph-Modelle wurden noch bis 1984 hergestellt.

Rover führte 1948 Geländewagen ein, die für Fahrten auf weniger gut ausgebauten Straßen und Wegen konzipiert waren. Sie bekamen den Markennamen **Land Rover**. Ursprünglich sollten sie Landwirte, Jäger und ähnliche Gruppen ansprechen, bald wurden sie aber zu Freizeitfahrzeugen der Mittelklasse.

STANDESGEMÄSS UNTERWEGS | *Spätstarter Japan und Australien*

Spätstarter Japan und Australien

Die asiatische Autoproduktion nahm ihren Anfang in Japan, der bedeutendsten Industrienation des größten Erdteils. Die Anfänge verliefen jedoch zögerlich. Erst nach dem Zweiten Weltkrieg wurde eine Automobilindustrie im großen Stil aufgebaut – oft in Kooperation mit europäischen und amerikanischen Unternehmen.

Auf dem Weg zur Nummer 1

Nissan hatte bereits erste Erfahrungen mit dem Autobau vor den 1930er-Jahren sammeln können. Ein weiteres wichtiges Standbein in der Branche gab dem Unternehmen die Übernahme des Autopioniers Datsun. Während des Krieges wurden vor allem Busse und Lastwagen hergestellt. Ein wichtiger Schritt war die Kooperation mit der britischen Austin Motor Company: Nissan stellte ab 1952 den *A40 Somerset* auf Lizenz her, wobei in Japan nur die Montage importierter Teile erfolgte. Einige Jahre später wurde auch das Nachfolgemodell *A50 Cambridge* ins Programm aufgenommen. Hier stellte Nissan die Autoteile selbst her.

Trotz der Lizenzfertigung hatte Nissan auch eigene Modelle im Programm. Dazu gehörte der *Bluebird*, der 1957 als *Datsun 210* eingeführt worden war. Der viertürige Wagen wurde von einem 34 PS starken Vierzylindermotor mit einem Liter Hubraum angetrieben. Bereits 1958 begann man mit dem Export in die Vereinigten Staaten, wobei die Verkaufserfolge mit 58 abgesetzten Exemplaren im ersten Jahr jedoch noch gering blieben.

Ein anderes Mittelklassemodell war der *Skyline*, der noch von dem Unternehmen Prince Jidosha Kogyo entwickelt und bis zur 1966 erfolgten Übernahme durch Nissan dort auch produziert wurde.

Vom Jagdflugzeug zum Auto Auch Mitsubishi hatte mit dem Bau des Modell *A* zu den Pionieren der japanischen Automobilgeschichte gehört, danach in Bezug auf den Bau von Pkw aber nicht mehr viel unternommen. Erst 1959 wagte sich das Unternehmen mit dem *500 A10* wieder auf den Automarkt. Dabei handelte es sich um ein kompaktes

Familienauto, das zur Massenmotorisierung beitragen sollte. Der große Erfolg blieb jedoch aus. Erst mit der Einführung neuer Modelle in den 1960er-Jahren erfolgte der Durchbruch. In den Bereich der Oberklasse stieß Mitsubishi 1964 mit dem *Debonair* vor. Der *Galant* von 1969 nahm die Position eines Mittelklassewagens ein. Ende der Sechzigerjahre stellte Mitsubishi bereits ca. 100 000 Autos jährlich her.

Jugendjahre eines Riesen Toyota nahm nach ersten Anfängen vor dem Zweiten Weltkrieg 1947 die Produktion von Personenkraftwagen wieder auf. Das erste Modell hieß *SA* – eine zweitürige Limousine, die von einem 27 PS leis-

Durch die Übernahme von **Datsun** konnte **Nissan** seine Position in der Autobranche ausbauen. Der Markenname Datsun wurde bis in die 1980er-Jahre weiterhin verwendet.

tenden Vierzylindermotor angetrieben wurde. Die Zahl der hergestellten Exemplare blieb aber in den ersten Jahren sehr gering. Der *Toyota Crown* war ein Mittelklassewagen, der 1955 eingeführt wurde. Die viertürige Limousine sollte zunächst vor allem den Bedarf an Taxis decken helfen.

Ein Welterfolg wurde der 1957 eingeführte *Corona*. In der ersten Version wurde das 90 Stundenkilometer schnelle Modell von einem 33 PS starken Motor angetrieben. Bereits zwei Jahre später erfolgte eine Erhöhung der Motorleistung auf 45 PS. Die Höchstgeschwindigkeit stieg auf 105 Stundenkilometer. Der *Corona* wurde in mehreren Generationen bis 1996 gebaut.

« Vom **Datsun Bluebird** erschienen mehrere Serien. Eine davon war die Serie 510, die auch *Datsun 1600* hieß und 1969 eingeführt wurde. Sie war im Exportmarkt sehr erfolgreich.

Dieser **Toyota Crown** gehört zur zweiten Modellgeneration, die auch als *S40* bezeichnet wird. Der *Crown S40* wurde als Limousine, Kombi und Pickup verkauft.

STANDESGEMÄSS UNTERWEGS | *Spätstarter Japan und Australien*

Holden, der lange Arm von GM

Um 1900 lebten in Australien nicht einmal vier Millionen Menschen. Dies war die Zeit, in der in Europa und Nordamerika damit begonnen wurde, eine Automobilindustrie aufzubauen. Wegen des kleinen Markts gab es in dieser Hinsicht in Australien kaum Bestrebungen. Stattdessen wurden Autos aus anderen Ländern importiert. Bereits 1911 gründete General Motors eine Vertriebsniederlassung in Sydney.

Mit dem Ausbruch des Ersten Weltkriegs änderte sich die Situation jedoch. Die Bedrohung durch deutsche Kreuzer und Restriktionen der Regierung erschwerten den Import von Kraftwagen. Oft wurden nur noch die Chassis eingeführt, und australische Hersteller übernahmen die Fertigung von Karosserien. Eines dieser Unternehmen war die Sattlerei

Großräumige Autos waren nicht nur auf dem amerikanischen, sondern auch auf dem australischen Markt beliebt. Der **Holden FJ** von 1953 erfüllte diese Ansprüche.

Holden & Frost, die bereits seit längerem Polster von Automobilen ausbesserte, Seitenwagen von Motorrädern herstellte und auch mit dem Bau von Karosserien Erfahrung hatte. Die neue Situation gab Holden & Frost die Gelegenheit zu expandieren. Der Karosseriebau wurde zum Hauptgeschäftsfeld. Dementsprechend wurde 1919 das Unternehmen in Holden's Motor Body Builders (Holdens Fahrzeugaufbau-Bauer) umbenannt. Anfangs waren es Buick-, Dodge- und später auch Ford-Fahrgestelle, auf denen die Holden-Karosserien montiert wurden. Eine offizielle

1958 führte **Holden** den **FC** ein. Dabei handelte es sich um einen Wagen, dessen Sechszylindermotor eine Leistung von 72 PS erbrachte.

Zusammenarbeit mit General Motors begann in den 1920er-Jahren. 1926 errichtete General Motors in Australien eigene Automobilwerke, für die Holden jedoch ebenfalls die Karosserien lieferte. Die nötigen Kapazitäten waren zwei Jahre zuvor mit der Eröffnung eines neuen Werks im südaustralischen Woodville geschaffen worden.

Die Weltwirtschaftskrise traf Holden schwer. Die Produktion fiel von 34 000 Einheiten im Jahr 1930 auf nur noch 1650 im folgenden Jahr. In diesem Jahr übernahm General Motors das angeschlagene Unternehmen.

Das erste speziell für den australischen Markt konstruierte Modell wurde 1948 eingeführt. Die Typenbezeichnung lautete *48-215*, meist wurde das Auto aber einfach *Holden* genannt. Mit den Mittelklassewagen, die Holden in der Folgezeit produzierte, dominierte die Marke den australischen Markt.

In den 1970er-Jahren führte Holden Wagen ein, die auf den Modellen anderer Marken basierten. Beispiele dafür sind der *Gemini*, der auf dem *Opel Kadett C* beruhte, und der *Commodore*, dessen Karosserie Gemeinsamkeiten mit dem *Opel Rekord E* und dem *Opel Senator* besaß.

Der **Holden 50-2106** war ein Pickup, der auf der Limousine *48-215* basierte. Das Logo auf dem Kühlergrill zeigt einen Löwen, der einen Stein rollt.

1968 brachte **Holden** das Modell **HK** auf den Markt. Es wurde in verschiedenen Versionen und Ausstattungsvarianten unter den Bezeichnungen *Belmont*, *Kingswood*, *Premier*, *Brougham* und *Monaro* angeboten.

Im Land der Straßenkreuzer

Es ist kein Wunder, dass man zuerst an die USA denkt, wenn man das Wort „Straßenkreuzer" hört. Große Maße spielten bei den amerikanischen Autobesitzern seit jeher eine wichtigere Rolle als in den Ländern, in denen sich die Fahrzeuge durch enge Straßen zwängen mussten. Die drei großen Hersteller, die nach einer Reihe von Pleiten und Fusionen den amerikanischen Automarkt beherrschten, entsprachen dem Wunsch der Kunden.

General Motors: Ein Name, viele Marken

Buick galt als typische Marke der oberen Mittelklasse, und die Modelle waren mit einem konservativen Image behaftet. Damit verbunden waren eine solide Bauweise und zuverlässige Technik. Darauf spielte auch die Werbung an. Slogans wie „Es ist so schön, nach Hause zu kommen" spielten beispielsweise auf das Sicherheitsgefühl an. Ein Motto der 1940er-Jahre hieß: „Wenn bessere Autos gebaut werden, wird sie Buick bauen." Als Zielgruppe galten Besserverdienende, die sich ein höheres Statussymbol als einen Ford oder einen Chevrolet leisten konnten.

Ein kleiner Anfang Der Name der Marke geht auf David Dunbar Buick zurück, einen begabten Ingenieur, der auf mehrere Erfindungen in unterschiedlichen Bereichen verweisen konnte. Im Jahr 1903 gründete er die Buick Motor Company, und schon im Juli des folgenden Jahres erschien das erste Serienmodell, Modell *B* genannt, bei dem es sich um einen 16 PS starken Tourenwagen handelte. Nur 37 Exemplare, von denen heute aber keines mehr erhalten ist, fanden einen Käufer.

William C. Durant, der spätere Gründer von General Motors, war von dem Fahrzeug trotzdem so beeindruckt,

Buick besaß nicht ohne Grund ein konservatives Image. Die ausladenden Formen vermittelten ein heimisches Gefühl. Das Logo auf der Motorhaube zeigt das Wappen der Buick-Familie.

« Dieses stilisierte V ziert einen **Buick Special** von 1956. Der *Special* stieg in den 1950er-Jahren zu einem der meistverkauften Modelle in den USA auf.

dass er die Mehrheitsanteile an der Firma übernahm. 1905 erschien das Modell *C*. Die Motorleistung war auf 22 PS gestiegen, und die Anzahl der produzierten Exemplare lag in diesem Jahr bereits bei 750.

David Buick verkaufte seine Anteile und verließ das Unternehmen ein paar Jahre später, da er mit der neuen Geschäftsführung nicht einverstanden war. Durant war jedoch ein geschickter Unternehmer. 1907 stand Buick bereits an zweiter Stelle der amerikanischen Produktionsstatistik. Die Buick-Modelle erwarben schon früh den Ruf, der später als Verkaufsargument dienen sollte, nämlich ein gutes Design und eine hohe Zuverlässigkeit zu besitzen.

Unter dem GM-Dach Die Marke Buick zielte immer auf die Mittelklasse ab. 1910 wollte man jedoch Ford mit dem nur 550 Dollar kostenden Modell *14* herausfordern, was aber kläglich scheiterte. Ein weiterer Versuch, in den Bereich der kostengünstigen Modelle einzusteigen, erfolgte erst wieder 1930 mit dem *Marquette*, wobei jedoch auch kein größerer Erfolg als beim ersten Mal erzielt werden konnte.

Buick ist seit 1908 Teil von General Motors. Zu den technischen Innovationen dieser Marke gehören die

Seit 1954 war der **Buick Special** mit einem V8-Motor ausgestattet. Die Leistung konnte bei der stärksten Variante bis zu 250 PS betragen. Diese Generation des *Special* war die erste, die eine durchgehende Windschutzscheibe besaß. Bei den vorhergehenden Ausführungen war sie noch zweiteilig gewesen.

Die 1954 eingeführte Serie 40 des **Buick Special** zeichnete sich durch eine neue Pontonkarosserie aus. Zu den optischen Änderungen, die 1955 erfolgten, gehörte das verbreiterte Haifischmaul. Dieses Bild zeigt den Vorderteil eines Hardtop-Coupés.

STANDESGEMÄSS UNTERWEGS | *Im Land der Straßenkreuzer*

Einführung hydraulischer Stoßdämpfer 1921 sowie die serienmäßige Verwendung von Synchrongetrieben ab 1932. Vor allem in den 1950er-Jahren wurde Buick auch durch die ausladenden Karosserien und großzügige Verwendung von Chrom bekannt.

Chevrolet – die Großserienmarke Als Chevrolet 1917 Teil des General-Motors-Konzerns wurde, war der Namensgeber, der aus der Schweiz stammende Louis Chevrolet, nicht mehr mit von der Partie. Innerhalb des Multi-Marken-Konzerns übernahm Chevrolet die Rolle des Produzenten preiswerter Großserienmodelle. Tatsächlich gelang es mit der *490*-Reihe, die von 1915 bis 1922 produziert wurde, Henry Ford in der Verkaufsstatistik dicht auf den Fersen zu bleiben. Immerhin war das Automobil nur 50 Dollar teurer als Fords Modell *T*.

Die Einführung von Scheibenrädern, einer Ganzstahlkarosserie und einer neuen Lackierung brachte Chevrolet Mitte der 1920er-Jahre weitere Wettbewerbsvorteile. 1927 übernahmen die *Chevies* sogar die Spitzenposition auf dem amerikanischen Automarkt, was die Produktionszahlen betrifft.

Nach dem Zweiten Weltkrieg bediente Chevrolet mit dem *Special* und dem *Deluxe* die Mittel- und obere Mittelklasse. Diese Modelle zeichneten sich durch die gut-bürgerlich wirkenden Pontonkarosserien mit integrierten Kotflügeln aus. 1953 wagten sich die Konstrukteure mit der Einführung der *Corvette* auch auf das Gebiet der Sportwagen, und sie konnten sich eines durchschlagenden Erfolgs erfreuen. Der ehemalige Rennfahrer Louis Chevrolet hätte sich sicher gefreut, wäre er nicht bereits 1941 mittellos verstorben.

Fliege oder Kreuz – die Geschichte des Chevrolet-Logos Zum Ursprung und zur Bedeutung des Chevrolet-Logos gibt es gleich mehrere Anekdoten: Einer Erklärung gemäß soll das Zeichen einen Querbinder, umgangssprachlich auch Fliege genannt, repräsentieren. William C. Durant, einer der beiden Gründer des Unternehmens, habe das Zeichen 1908 als Tapetenmuster in einem Pariser Hotel entdeckt. Er habe ein Stück der Tapete abgerissen, um es seinen Freunden zu zeigen. Schon damals soll er erklärt haben, dass

1941 führte **Chevrolet** das Mittelklassemodell **Fleetline** als viertürige Limousine ein. Ein zweitürige Version folgte ein Jahr später. Zu den äußeren Merkmalen gehörten die ausladenden Kurven. Während der Kriegsjahre wurde die Produktion eingestellt.

Der **Bel Air** war ein Modell der oberen Mittelklasse, das ab 1953 von den Produktionsbändern bei **Chevrolet** zu laufen begann. Die zweite Generation wurde 1955 mit einem neuen Styling eingeführt.

Über die Herkunft und Bedeutung des **Chevrolet-Logos** gibt es verschiedene Geschichten. Für die Autofahrer stand das Zeichen immer für preiswerte Großserienmodelle.

Der **Coupe De Ville** wurde von **Cadillac** 1949 eingeführt und wurde in mehreren Modellgeneration 50 Jahre lang produziert. Als Antrieb diente von Anfang an ein V8-Motor. Mit jeder neuen Generation stieg die Motorleistung.

sich das Zeichen gut als Signet für ein Auto eignen würde. Durants Tochter wusste jedoch eine andere Geschichte zu erzählen. Ihr Vater, berichtete sie später, habe beim Abendessen am Tisch Logos entworfen. Dabei sei ihm zwischen der Suppe und dem gebratenen Hähnchen das Design für das Chevrolet-Zeichen eingefallen. Falls sich aber Durants Ehefrau richtig erinnerte, hatte die Chevrolet-Fliege einen ganz anderen Ursprung. Während eines Urlaubs in Virginia soll ihr Mann das Zeichen in einer Zeitung entdeckt und gemeint haben: „Ich glaube, das wäre ein sehr gutes Emblem für den Chevrolet."

Und eine weitere Erklärung weist in eine völlig andere Richtung: Das Zeichen soll keinen Querbinder darstellen, sondern sei eine stilisierte Form des Schweizerkreuzes. Louis Chevrolet wollte damit angeblich an sein Geburtsland erinnern.

Cadillac – die etwas anderen Modelle Die Prestige-Marke Cadillac von General Motors war nicht nur mit der Produktion von Luxuswagen beschäftigt, sondern brachte auch Modelle der Mittel- und Oberklasse auf den Markt. Mitte der 1930er-Jahre erschienen mehrere Serien, die ein breites Spektrum abdeckten. Noch zu den Mittelklassewagen zählte man das Modell *60*, das von einem 5,3 Liter großen V8-Motor angetrieben wurde und eine Leistung von 125 PS aufweisen konnte. Im folgenden Jahr wurde die Motorleistung sogar auf 135 PS erhöht.

Diese Rückleuchten gehörten dem **Chevrolet Impala**, der 1959 auf den Markt kam. Beim *Impala* handelte es sich um ein sogenanntes „Full-Size Car", ein Modell der Oberklasse, das jedoch auf eine luxuriöse Ausstattung verzichtet.

STANDESGEMÄSS UNTERWEGS | Im Land der Straßenkreuzer

Das Cadillac-Logo

Familienwappen und V-Motor Die Marke Cadillac stand seit jeher für Automobile, die sich nicht jeder leisten konnte. An diese Exklusivität erinnert auch das Logo der Marke, das auf dem Familienwappen von Antoine de Lamothe, Sieur de Cadillac beruht. Antoine Laumet, wie er mit bürgerlichem Namen hieß, war jedoch kein wirklicher Adeliger, sondern hatte sich nach seiner Flucht aus Frankreich in Amerika eine neue Existenz und Identität aufgebaut. Er war ein Selfmademan und gab in dieser Hinsicht tatsächlich ein passendes Symbol ab. Ab 1933 fügten die Cadillac-Designer dem Logo ein V-Zeichen, das an die V-Motoren erinnerte, hinzu.

Diese Frontpartie gehört einem **Oldsmobile Eighty-Eight**. Bei dem Modell handelte es sich um ein 1949 eingeführtes „Full-Size Car", der standardmäßig einen V8-Motor besaß.

Der *Cadillac Sixty Special*, der 1938 eingeführt wurde und auf dem *60* basierte, entwickelte sich zum Bestseller. Dabei waren es vor allem Design-Verbesserungen, die für seinen Erfolg verantwortlich waren. Dazu gehörten größere Fenster, eine längere und niedrigere Karosserie sowie der Wegfall der Trittbretter. Ebenfalls als Mittelklassewagen wurde die Serie *70* bezeichnet, die auch mit einem 135 PS starken V8-Motor ausgestattet war, jedoch eine Karosserie der Firma Fleetwood besaß. Die Serien *61* und *62* waren die Nachfolgermodelle in den 1940er- und 1950er-Jahren.

Als Cadillac-Einsteigermodell kam 1965 der *Calais* auf den Markt. Ausgestattet war der etwa 5000 bis 5200 Dollar teure Wagen mit einem 340 SAE-PS starken V8-Motor. In vieler Hinsicht baugleich, aber mit besserer Ausstattung, war der Klassiker *Cadillac De Ville*. Später erweiterte man den Hubraum von sieben auf 7,7 Liter und erreichte damit eine Leistungssteigerung auf 375 SAE-PS.

Oldsmobile – moderner als der Name Oldsmobile gehörte nicht nur zu den ältesten Automobilmarken der Vereinigten Staaten, sondern der ganzen Welt. Das nach dem Gründer Ransom Eli Olds benannte Unternehmen produzierte die ersten Automobile 1897 in Lansing, im Bundesstaat Michigan. 1900 entschloss man sich zwar dazu, die Produktion nach Detroit zu verlagern, aber kurz danach brannte das Werk in „Motor City" nieder und die Produktion wurde wieder in Lansing aufgenommen.

Die Übernahme der Olds Motor Works durch General Motors erfolgte 1908. Damit gehörte Oldsmobile zu den

Modelle zweier General-Motors-Marken stehen Seite an Seite: ein **Oldsmobile** (links) und ein sportliches Cabrio von **Cadillac** (rechts).

Der 1962 eingeführte **Pontiac Grand Prix** wurde als „Personal Luxury Car" vermarktet. Er stand nur in einer Ausführung als Coupé zur Verfügung. »

ersten Marken des Multi-Marken-Konzerns. Auch wenn der Name nicht gerade an etwas Neues denken lässt, spielte Oldsmobile innerhalb der General-Motors-Hierarchie lange die Rolle des innovativen Zweiges. Dies bedeutete, dass technische Neuerungen, die aus den General-Motors-Entwicklungsabteilungen stammten, zuerst bei Oldsmobile umgesetzt wurden. Dazu gehörten 1918 die Vorstellung eines V8-Motors im L-Head-Design, 1924 die optionale Ausstattung mit Ganzstahlrädern, 1934 die Einführung von hydraulischen Bremsen mit Einzelradaufhängung, 1939 die Einführung des Automatikgetriebes

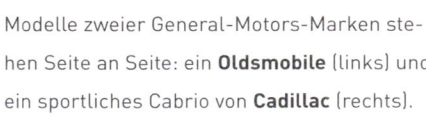

Ein Flugzeug zierte die Motorhaube des **Pontiac Star Chief**. Dieses Modell lief von 1954 bis 1966 vom Band und zählte zur oberen Mittelklasse.

Hydromatik sowie 1966 die Verwendung des Frontantriebs beim *Toronado*. Im Preisgefüge lag Oldsmobile im Großen und Ganzen unterhalb von Cadillac und Buick, aber oberhalb von Chevrolet.

Pontiac – die junge Marke Pontiac gehörte zu den „jüngeren" Marken des GM-Konzerns. Sie wurde erst 1926 eingeführt, um Angebotslücken, die von den anderen General-Motors-Marken noch nicht abgedeckt wurden, zu schließen.

Der Name hat allerdings eine Vorgeschichte. 1899 war in der Stadt Pontiac im Bundesstaat Michigan die Pontiac Spring & Wagon Works Company gegründet worden. 1907 stellte dieses Unternehmen das erste Automobil mit dem Namen Pontiac her. Es handelte sich um ein Modell mit einem zwölf PS leistenden Zweizylindermotor. Kurz darauf erfolgte jedoch die Fusion mit der Oakland Motor Car Company. In Zukunft wurden die Autos unter dem Namen Oakland vertrieben. Dieser Markenname blieb auch erhalten, nachdem General Motors das Unternehmen aufgekauft hatte. Bis 1931 hatte Pontiac jedoch die Marke Oakland völlig verdrängt.

Der Schwerpunkt von Pontiac lag bei den Mittelklassewagen und sollte vor allem eine jüngere Kundschaft ansprechen.

STANDESGEMÄSS UNTERWEGS | Im Land der Straßenkreuzer

Studebaker und Packard

Studebaker und Packard waren zwei Unternehmen, die sich zwar einen hervorragenden Ruf auf dem amerikanischen Automarkt erworben hatten, denen es aber dennoch nicht gelang, beim Kampf um Marktanteile mit den großen Herstellern, wie General Motors, Ford und Chrysler mitzuhalten. Das in South Bend, im US-Bundesstaat Indiana, ansässige Unternehmen Studebaker rutschte Anfang der 1950er-Jahre in die Verlustzone. Später stellte man fest, dass die Zahl der jährlich verkauften Autos mindestens 282 000 hätte betragen müssen, um wieder schwarze Zahlen schreiben zu können. Die tatsächliche Zahl lag aber nur bei 82 000.

Viele glaubten, in der Fusion der kleinen Hersteller einen Ausweg aus deren prekären Situation zu erkennen. Tatsächlich wurden Gespräche zwischen mehreren Firmen geführt – allerdings erfolglos. 1954 ergriff deshalb die in Detroit ansässige Packard Motor Car Company alleine die Initiative und übernahm Studebaker. Packard war zwar das kleinere Unternehmen, befand sich aber in einer finanziell besseren Situation. In Detroit hoffte man, von dem Studebaker-Händlernetz profitieren zu können. Die neue Studebaker-Packard Corporation musste jedoch bald herausfinden, dass viele der Händler absprangen und zudem die Situation des zugekauften Betriebs schlimmer war als angenommen. Die Marke Packard wurde bereits 1959 eingestellt. Studebaker-Modelle wurden dagegen noch bis 1966 produziert.

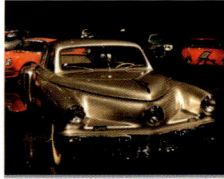

Preston Tucker

Ein Torpedo sorgt für Furore Preston Thomas Tucker (1903–1956) gehörte zu den schillerndsten Persönlichkeiten der Automobilgeschichte. 1947 schuf er ein Modell, das den Wagen der Konkurrenz durch die innovative Technik überlegen sein sollte. Zur Ausstattung gehörten ein luftgekühlter Sechszylinder-Boxermotor, vorne und hinten Einzelradaufhängung, Scheibenbremsen, ein federndes Sicherheitslenkrad und Sitzgurte. Das Modell wurde als *Tucker '48 Sedan* oder *Tucker Torpedo* bekannt. Rechtliche Streitigkeiten und andere Umstände führten dazu, dass nur 50 Exemplare hergestellt wurden. Der 1988 gedreht Film *Tucker – Ein Mann und sein Traum* mit Jeff Bridges erinnert an diese Geschichte.

Der erste **Studebaker Champion** kam 1939 auf den Markt. Dank des relativ günstigen Preises erwies sich das Modell als einer der größten Verkaufserfolge des Unternehmens.

Der **Clipper** wurde von **Packard** 1941 eingeführt. Ab 1955 war die Studebaker-Packard Corporation für die Produktion zuständig. Das Styling galt anfangs als innovativ, in den 1950er-Jahren fehlten dann aber die Mittel für eine Modernisierung.

Der englische Ford-Ableger produzierte von 1963 bis 1970 den Mittelklassewagen **Corsair**. Auffallend war das aerodynamische Styling. Über 300 000 Exemplare wurden hergestellt.

Ein Generationswechsel bei Ford

Kein anderes Unternehmen hatte auf die Motorisierung der amerikanischen Gesellschaft einen so großen Einfluss wie Ford. Die Marke gehörte lange Zeit neben Chevrolet und Plymouth zu den „Drei Preisgünstigen" (*low-priced three*).

Henry Ford sah es als seine Mission an, die Kosten für die Automobilproduktion so weit zu senken, dass Autos nicht mehr nur der wohlhabenden Schicht zur Verfügung standen, sondern auch für den Durchschnittsbürger erschwinglich waren. Neben rationalisierten Produktionsmethoden erreichte er dies dadurch, dass er die Kosten in der Versuchsabteilung und bei der Produktentwicklung gering hielt. In der Anfangszeit des Autobaus, als viele froh waren, sich überhaupt einen fahrbaren Untersatz leisten zu können, ging diese Strategie durchaus auf. Dies änderte sich jedoch bereits in den 1920er-Jahren, als der Wohlstand stieg und die Kunden mehr von einem Auto erwarteten – beispielsweise Bremsen an allen Rädern, eine höhere Motorleistung und eine Auswahl bei den Farben.

 STANDESGEMÄSS UNTERWEGS | *Im Land der Straßenkreuzer*

Tin Lizzy wird abgelöst Es sollte bis 1927 dauern, bis Ford endlich das Modell *T* ablöste. Der besser ausgestattete Nachfolger hieß Modell *A* (hatte allerdings nichts mit dem ersten Modell *A* zu tun). Unter der Motorhaube arbeitete ein Vierzylindermotor, der eine Leistung von 40 PS erbrachte. Wegen einer zu geringen Auswahl brauchten sich die Kunden nun nicht mehr zu beklagen, denn im Lauf der Zeit wurde das Auto in 18 verschiedenen Varianten angeboten. „Henry hat aus der Lizzy eine Lady gemacht", kommentierten manche das Erscheinen des neuen Modells.

Nachdem Henry Ford II., der Enkel des Gründers, im Jahr 1945 in Dearborn die Unternehmensleitung übernommen hatte, erfolgte eine gezielte Ausweitung und Modernisierung des Programms. Man begann damit, das gegenüber der Konkurrenz verlorene Terrain wieder aufzuholen. Dazu gehörten eine Weiterentwicklung des V8-Motors, der Einzelradaufhängung und des Designs. Die Modellpalette wurde diversifiziert. Von 1952 bis 1956 deckten beispielsweise die drei Serien *Mainline*, *Customline* und *Crestline* die Mittelklasse ab. 1955 wagte sich Ford mit dem *Thunderbird* sogar in den Bereich der Sportwagen – und schrieb damit Automobilgeschichte. Mit Beginn der 1960er-Jahre kam mit dem *Falcon* auch das erste Kompaktmodell auf den Markt.

Von 1955 bis 1970 produzierte **Ford** den **Fairlane**, der im Lauf der Zeit in sehr unterschiedlichen Varianten auf den Markt kam. Zur 1957 eingeführten Generation gehörte der *Fairlane 500 Skyliner*, der ein zusammenklappbares Metalldach besaß.

« Zu den Mittelklassewagen, die **Ford** in Europa herstellte, gehörte der **Taunus**. Als *P5* (Projekt 5) wurde eine Variante bezeichnet, die 1964 als *17M* und als *20M* mit auf den Markt kam.

Die Chrysler-Marken

In Detroit gewann das von Walter Chrysler gegründete Unternehmen schnell an Bedeutung. 1927 lag die Marke Chrysler in der Verkaufsstatistik noch an siebter Stelle. Die Rolle des Unternehmens konnte aber durch die Gründung der Marke Plymouth und den Zukauf von Dodge weiter ausgebaut werden.

1934 sorgte Chrysler mit dem *Airflow*, einem 122 PS starken Wagen mit einer stromlinienförmigen Karosserie, für Aufsehen, konnte damit aber keine Verkaufserfolge erzielen. Die Vierzylindermodelle *Royal* und *Windsor* deckten ab dem Ende der 1930er-Jahre die Mittelklasse ab, während der mit einem Achtzylindermotor ausgestattete *Saratoga* für den Oberklassebereich zuständig war.

Plymouth, die Marke für die Massen Chrysler führte die Marke Plymouth 1928 ein. Das Ziel war es, den beiden anderen großen Marken, die das Niedrigpreissegment abdeckten, nämlich Ford und Chevrolet, Konkurrenz zu machen. Beim ersten Plymouth-Modell handelte es sich um den *Chrysler 52*, der nun mit einem neuen Logo versehen als Modell Q verkauft wurde. Die Plymouth-Modelle lagen meist in preislicher Hinsicht etwas über den Rivalen, besaßen jedoch eine Standardausstattung, die bei der Konkurrenz nicht im Preis enthalten war. Trotz der Massenproduktion bei Ford und Chevrolet war offenbar immer noch genügend Platz für einen dritten Anbieter in diesem Marktsegment, denn 1934 konnte bereits der einmillionste Plymouth verkauft werden, und bis 1941 war die Zahl der verkauften Exemplare auf vier Millionen angestiegen.

Nach dem Zweiten Weltkrieg hob sich Plymouth von der Konkurrenz vor allem durch das fortschrittlichere Design ab. Ein Höhepunkt wurde 1957 mit über 726 000 hergestellten Exemplaren erreicht. In der Kompaktklasse wurden ab den

Zur sogenannten Buchstabenserie von **Chrysler** gehörte der 1959 eingeführte **300E**. Das als Coupé und Cabrio erhältliche Modell war mit einem 6,8 Liter großen V8-Motor ausgestattet.

STANDESGEMÄSS UNTERWEGS | *Im Land der Straßenkreuzer*

Das Styling der Plymouth-Limousine von 1936 galt schon damals als konservativ und zweckmäßig. Aber **Plymouth** konnte damit ein Image der Zuverlässigkeit aufbauen – ein Wagen für Beamte, Vertreter und die Familie.

1960er-Jahren Mitsubishi-Modelle unter der Plymouth-Marke auf dem amerikanischen Markt vertrieben. Auch Chrysler- und Dodge-Modelle tauchten mit dem Plymouth-Logo auf.

Der Dodge Die Dodge-Brüder John und Horace zogen Anfang des 20. Jahrhunderts nach Detroit, um dort zunächst als Zulieferer für Oldsmobile und dann für Ford am Aufschwung der Automobilindustrie teilzunehmen. Der Erfolg des Modell *T* ließ auch die beiden Brüder reich werden. Aber irgendwann reichte es ihnen, „von Henry Ford in der Westentasche herumgetragen zu werden", wie sie es nannten. Sie kündigten den Vertrag mit Ford und machten sich daran, ein eigenes Auto zu konstruieren. Das erste Dodge-Modell kam 1915 auf den Markt und war sofort ein durchschlagender Erfolg. 1919 war die jährliche Produktionszahl bereits auf 100 000 angewachsen. Aber Anfang des folgenden Jahres starb zunächst John an einer Grippe, und im Dezember erlag Horace einer Zirrhose. In der Folgezeit verschlechterte sich die Situation des Unternehmens. Die Rettung kam 1928 in Form der Übernahme durch Chrysler.

In den 1930er-Jahren expandierte Dodge in den Bereich leichter Lastwagen. Die Pkw-Modelle bekamen Achtzylinder-Reihenmotoren und Radiogeräte. Nach dem Zweiten Weltkrieg erhielten die Dodge-Wagen ein sportliches Image, nicht zuletzt durch mehrere NASCAR-Siege.

Der **Coronet** deckte ab 1965 den mittleren Bereich in der Produktpalette von **Dodge** ab. Als Antrieb standen ein Sechszylinder-Reihenmotor und ein V8-Motor mit bis zu 7,2 Litern Hubraum zur Auswahl.

>> Die alten amerikanischen Schlitten sind in Kuba ein Überbleibsel aus einer vergangenen Zeit. Oft ist ein erhebliches Maß an Innovation und Geschick erforderlich, um sie am Laufen zu halten. Dieser **Chevrolet** besitzt noch das Flugzeug als Kühlerfigur.

Oldtimer-Freunde können in den Straßen der kubanischen Städte so manches Juwel finden. Dazu gehört dieser **Pontiac Chieftain** der ersten Generation.

Oldtimerparadies Kuba

Viele Urlauber zieht es wegen der weißen Strände und der niedrigen Preise nach Kuba. Für Oldtimerfans ist der sozialistische Inselstaat dagegen aus einem anderen Grund eine Art Paradies. In den Straßen Havannas und den anderen kubanischen Städten fahren noch alte amerikanische Wagen, die man in anderen Ländern fast nur noch bei Oldtimertreffen zu Gesicht bekommt.

Diese „Ami-Schlitten" erinnern an eine Zeit, als das Verhältnis zum großen Nachbarn im Norden noch wesentlich enger war. Vor der Revolution war Havanna als Glückspiel- und Vergnügungsparadies für US-Bürger bekannt. Dies änderte sich mit Castros Machtergreifung. Die Handelsbeziehungen zwischen den beiden Ländern brachen ab. Auch ohne amerikanisches Handelsembargo hätte Kuba keine Devisen gehabt, um Autos aus dem Westen zu importieren. Stattdessen kaufte man sowjetische Ladas ein. Auch wenn der Zahn der Zeit und der Rost an den üppig aussehenden alten amerikanischen Karren nagen, werden sie doch liebevoll gepflegt und geflickt, um sie vor der Verwertung als Schrott zu bewahren.

Diesem **Chevrolet**, der vor der kubanischen Revolution 1959 importiert wurde, sieht man die lange Dienstzeit an. An einen Ruhestand für den Oldtimer ist allerdings noch nicht zu denken.

Luxus auf vier Rädern

Individualität und Klasse

LUXUS AUF VIER RÄDERN | Noble Zurückhaltung

Noble Zurückhaltung

Die Großen, Mächtigen und Reichen stellen an ein Auto andere Ansprüche als der sprichwörtliche „kleine Beamte". Viele Firmen kommen diesen Wünschen gern nach und bauen fahrbare Untersätze, die in ihrer Ausstattung nicht weit von einem Lustschloss entfernt sind. Edle Materialien und schiere Größe beeindrucken den automobilen Zaungast aus dem Volk. Neben den großen Klassikern gibt es auch weniger bekannte Marken.

🙵 Deutschland ist bekannt für seine hochwertigen Autos. Doch der Großteil dieser Fahrzeuge richtet sich an die Käufer von Mittel- und Oberklassewagen. Dennoch gehört auch echter Luxus ins Repertoire der Firmen aus Stuttgart und München oder den ehemaligen Mitgliedern der Auto Union. Understatement prägt die Spitzenmodelle.

Dieser **Mercedes-Benz 500 K** mit einer Roadster-Luxuskarosserie stammt aus dem Jahr 1936. Das „K" stand für ein kurzes Chassis. Dieser automobile Traum erreichte bis zu 160 Stundenkilometer.

Deutscher Luxus ist gediegen

🙵 Die älteste Automobilfirma der Welt hatte schon früh das Interesse gekrönter Häupter erregt. Der deutsche Kaiser Wilhelm II. hatte sich einen *Knight-Mercedes* beschafft, weil die damals topmodischen Schiebermotoren besonders leise arbeiteten. Eine gepflegte Konversation mit einem feinen Herrn vom Hofe oder einem Staatsgast konnte so auch bei geöffnetem Verdeck in einer ruhigen Atmosphäre stattfinden. Bei diesen Motoren, die nach der Konstruktion des Amerikaners Knight gebaut worden waren, wurden die

Der **Mercedes-Benz 770** oder „Große Mercedes" galt vielen bei seiner Einführung 1930 als das beste Auto der Welt. Doch der Preis hatte es in sich. Die meisten Exemplare waren deshalb Staatskarossen.

Der **Mercedes-Stern** – Symbol einer Marke, die weltweit höchstes Ansehen genießt. Nur in Hollywood ist es immer die Marke der Gangster. «

klappernden Ventile durch ein System von Schiebern ersetzt. Zwischen 1910 und 1924 bot Mercedes verschiedene Modelle an. Das Flaggschiff war der Typ *25/65 PS* mit einem 6,3-Liter-Motor. Kaiser Wilhelm II. begnügte sich zeitweilig übrigens mit einem Typ *16/45 PS*.

1924 kam dann ein Wagen heraus, den der neue Chefkonstrukteur von Daimler, ein gewisser Ferdinand Porsche, entworfen hatte. Das Modell hieß zunächst *Mercedes 24/100/140 PS*, nach der Vereinigung mit Benz bekam es schließlich den Namen, unter dem es weltbekannt wurde: *Mercedes-Benz 630*. Besonders die als Landaulet und Cabriolet aufgebauten Versionen wurden als Staatskarossen geschätzt. Der deutsche Reichspräsident von Hindenburg nutzte beispielsweise einen solchen Wagen. Mit einem kürzeren Fahrgestell wurde auch eine Sportwagenvariante gebaut, das Modell *K*.

Der Größte und Teuerste 1930, noch mitten in der Weltwirtschaftskrise, folgte ein Paukenschlag. Mercedes-Benz stellte den größten, aber auch teuersten Wagen seiner Firmengeschichte vor. Der Nachfolger des Typs *630* sollte alle

Zurückhaltend edel: Das ist auch das Motto der Innenausstattung eines **Mercedes-Benz**. Kein Schnickschnack, sondern beinahe nüchterne Eleganz prägt die Optik. Die Werkstoffe sind von höchster Qualität.

 LUXUS AUF VIER RÄDERN | *Noble Zurückhaltung*

Dimensionen sprengen. Das 5,6 Meter lange Fahrzeug wog 2,7 Tonnen. Der Achtzylinder-Reihenmotor hatte einen Hubraum von 7655 Kubik und eine neunfach gelagerte Kurbelwelle. Mithilfe eines Kompressors leistete er 230 PS. Der von den Untertürkheimern stolz als „Großer Mercedes" bezeichnete Luxuswagen stand bei Staatsleuten, im Vatikan und beim ehemaligen Kaiser Wilhelm II. in der Garage – wegen dieses Besitzers bekam er im Volksmund sogar den Namen *Kaiserwagen*. Die Karosserie konnte man sich entweder nach eigenen Wünschen in Sindelfingen aufbauen oder beim Karosseriebetrieb seines Vertrauens fertigen lassen. Die überarbeitete, jetzt sechs Meter lange Version aus dem Jahr 1938 wurde meist als Dienstkarosse für Nazibonzen gebaut – natürlich mit Panzerung und beschusssicheren Reifen ausgestattet.

Zurückhaltende Noblesse und hohe Leistung Nach dem Zweiten Weltkrieg erfolgte der Wiedereinstieg von Mercedes-Benz in die Klasse der Edelgefährte erst 1951 mit dem *Mercedes 300*. Staatsleute aus aller Welt griffen sofort zu. In Deutschland wurde dieses Modell als *Adenauer-Mercedes* bekannt, denn der erste Bundeskanzler der Bundesrepublik benutzte ein Exemplar als Dienstwagen. Der *Mercedes 300* hatte einen Sechszylindermotor mit kompakten drei Litern Hubraum.

In den 1950er-Jahren entstanden in den USA die legendären Straßenkreuzer. Lange, breite Motorhauben und hinten immer größere Heckflossen begeisterten dort Jung und Alt. Nach Europa schwappte dieser Trend nur in äußerst abgeschwächter Form herüber. 1959 wurde die Baureihe

So staatstragend präsentiert sich die Landaulet-Version des **Mercedes-Benz 600 (W 100)** in den 1960er-Jahren. Das fast sechseinhalb Meter lange Gefährt wurde von einem V8-Motor auf Touren gebracht.

Geradlinige Eleganz vermittelt der **Mercedes-Benz 220 SEb Coupé**. Er gehört zur Baureihe **W 111**, die erstmals in der Geschichte des Automobils über eine Knautschzone verfügte, die die Insassen bei einem Aufprall schützte.

W 111 vorgestellt, die umgangssprachlich als *Große Flosse* bekannt wurde – im Gegensatz zu den schwächeren Modellen mit Heckflosse. Doch dieses Formelement kam bei Mercedes doch recht klein daher. Bei den Cabrios und Coupés waren sie sogar noch einmal ein Stück kleiner – eher Stummel als Flossen. Dafür hatten sie etwas viel Wichtigeres, denn der *W 111* war das erste Auto mit Sicherheitsfahrgastzelle und Knautschzone.

Zu den Fahrzeugtypen, bei denen Mercedes-Benz immer eine überaus starke Position hatte, gehörte das Landaulet. Diese Bauform eignete sich hervorragend für Repräsentationszwecke. Der Staatsmann oder König saß mit seinem Gast im Fond des Wagens. Dieser Bereich hatte ein Klappverdeck, das man öffnete, um die Ovationen des Volks teils stehend entgegenzunehmen. Die eine oder zwei vorderen Sitzreihen waren fest überdacht. Einen echten Klassiker dieser Gattung schufen die Leute mit dem Stern 1964 als Bauvariante des *Mercedes 600*, dessen Werksbezeichnung *W 100* lautete. 6,24 Meter war die Staatskarosse lang. Eine Limousine dieses Typs maß „lediglich" 5,45 Meter. Das Ziel bei der Konstruktion dieses Modells war es, das beste Auto der Welt zu erschaffen. Vom spritzigen V8-Motor bis zu technischen Finessen in der Innenausstattung bot der *Mercedes 600* seinen vermögenden Kunden alles, was sie sich vielleicht irgendwann einmal träumen könnten.

Im Jahr 1972 begann eine neue Ära bei Mercedes-Benz: Die *S-Klasse* fuhr ins Programm. Drei Jahre später wurde ein neues Mitglied dieser Klasse begrüßt. Der *450 SEL 6.9* schien die alten Zeiten wiederzuerwecken, denn ein Hubraum von 6834 Kubik gehörte eigentlich in die 1930er-Jahre. Dank seines V8-Aggregats konnte dieser Mercedes auf der Autobahn jeden Porsche jagen – und das höchst komfortabel mit Klimaanlage, K-Jetronic und hydropneumatischer Federung.

Maybach – Luxus kann so schön sein Wilhelm Maybach war ein enger Weggefährte von Gottlieb Daimler. Doch in der automobilen Geschichtsschreibung stand er zu Unrecht meist sehr im Schatten anderer Konstrukteure. Erst in den letzten Jahren versuchte die Daimler AG das zu korrigieren, indem die Automarke Maybach als veritable Nobelklasse wiederbelebt wurde. 1909 gründete Maybach zusammen

Strandspaziergang des **Mercedes-Benz 450 SEL 6.9** im Jahr 1975: Die Gemütlichkeit täuscht, denn der *S-Klasse*-Wagen hatte Power unter der Haube, einen bärenstarken 6,8-Liter-V8-Motor.

LUXUS AUF VIER RÄDERN | *Noble Zurückhaltung*

mit dem Grafen Zeppelin die Luftfahrzeug-Motorenbau GmbH, die 1912 nach Friedrichshafen umzog, wo die Zeppeline gebaut wurden, die man mit Motoren versorgte. Firmenleiter wurde Maybachs Sohn Karl. Nach dem Ersten Weltkrieg begann Maybach wieder mit dem Bau von Automobilen. Nur 20 Jahre lang wurden dort Autos gefertigt, aber die Arbeitsproben, die aus den Werkshallen rollten, gehörten zum Exquisitesten, was je in Deutschland produziert wurde. 1921 wurde das erste Serienfahrzeug fertig gestellt: Der *W 3* mit einem 5,7-Liter-Motor. Erstmals hatte ein Serienmodell einen Sechszylinder-Reihenmotor, der mit einem Planetengetriebe verblockt war. 1928 wurde ein Doppelschnellgang-Getriebe vorgestellt, das in die laufende Modellpalette integriert wurde.

Zeppeline auf der Landstraße Meilensteine der Automobilbaukunst waren die ab 1930 gefertigten *Zeppelin*-Modelle mit Zwölfzylinder-Leichtmetallmotoren. Ab 1938 baute Maybach ein selbst entwickeltes Schaltregler-Getriebe ein, bei dem die Gangwechsel völlig geräuschlos erfolgten. Es gab den *Zeppelin* als *DS 7* mit 150 PS und als *DS 8* mit 200 PS. Das Kürzel „DS" bedeutete bei Maybach „Doppel-Sechs". Das entsprach den Bezeichnungen Twin Six bei Packard und Double Six bei den britischen Daimler-Werken. Die Bedeutung war jeweils die gleiche: Sie gab an, dass es sich um einen Doppel-Sechszylindermotor handelte – das macht nach Adam Riese zwölf Zylinder.

Der **Maybach Zeppelin DS 8** besaß einen V12-Leichtmetallmotor, mit dem in den 1930er-Jahren bereits 170 Stundenkilometer möglich waren. Die „8" im Namen stand für den Hubraum von acht Litern.

Die Innenausstattung der **Maybach**-Wagen wurde nur aus den hochwertigsten Materialien gefertigt. Neben dem Schnellgang-Getriebe gab es ab 1938 auch ein geräuschlos arbeitendes Schaltregler-Getriebe.

Eindrucksvolle Frontansicht des **Maybach Zeppelin**. Der Beiname rührt von den engen Beziehungen des weltberühmten Luftschiff-Grafen zur Firma Maybach. »

Mitte der 1930er-Jahre stellte man kleinere Modelle mit Schwingachsen vor. Sie hatten Sechszylindermotoren mit 3,5 bis 4,2 Litern Hubraum. Bestechend war ihr neu konstruiertes Fahrwerk mit Pendelachse, das ein schnelles und dennoch bequemes Fahren auf den neuen Autobahnen ermöglichen sollte. Gerade mal 850 Exemplare wurden produziert.

Maybach bot immer eine Karosserie aus eigenem Haus an, doch die Kunden konnten natürlich auch bei einem Karosseriebetrieb ihrer Wahl einen ganz individuellen Aufbau gestalten lassen. Nach dem Zweiten Weltkrieg wurde der Autobau nicht mehr weitergeführt.

Ein edles Fortbewegungsmittel, das aber in allen Versionen nur etwa 200-mal gebaut wurde. Im Design erinnert der **Zeppelin** an die großen Modelle von Mercedes-Benz.

LUXUS AUF VIER RÄDERN | *Noble Zurückhaltung*

Bayerischer Barock und VIPs aus Thüringen

Vor dem Zweiten Weltkrieg, also in Eisenach, baute BMW abgesehen vom Sportwagen *BMW 328* und seiner allerdings erst 1939 herausgekommenen größeren Version *BMW 335* vor allem Wagen der kleinen und der Mittelklasse. Das änderte sich bei der Neuaufnahme der Autoproduktion in München im Jahr 1951. Der *BMW 501* war ein konventionell gebauter Wagen, der jedoch einige interessante technische Details aufwies, die den Fahrkomfort auf ein hohes Niveau brachten. Der Sechszylindermotor erwies sich schnell als zu schwach, weshalb ab 1954 unter dem Namen *BMW 502* eine überarbeitete Version mit V8-Motor herauskam. Mit nun 100 statt 65 PS war das Fahrzeug deutlich repräsentativer. Die runden, ausladenden Formen der Karosserie brachten dem ersten BMW aus München den Spitznamen *Barockengel* ein. Auf diesem Fahrwerk baute übrigens auch der *BMW 507* auf, von dem im nächsten Kapitel die Rede sein wird. Derart „himmlische" Leistungen weckten das Interesse von Mercedes-Benz. 1959 kam

BMW begann in den 1930er-Jahren mit dem Automobilbau. Modelle wie der **BMW 328** gehörten zu den Traumautos ihrer Zeit. Das sollte auch nach dem Weltkrieg wieder so sein.

Der **BMW 3200 S** war der Höhepunkt der *Barockengel*. Die schnellste deutsche Limousine kauften sich Leute wie der Quelle-Versandhaus-Chef Gustav Schickedanz.

es daher zu ernsten Übernahmeabsichten, aus denen allerdings nichts wurde.

Eine höhere Stufe barocker Lebenslust auf vier Rädern sollte die ab 1961 gebaute Nachfolgerversion des *BMW 502* erreichen. Der *BMW 3200 S* hatte ebenfalls einen V8-Motor, doch dieses Triebwerk war mit 3168 Kubik deutlich hubraumstärker. Das zeigte sich auch in den Fahrleistungen: Der *BMW 3200 S* erreichte eine Spitzengeschwindigkeit von 190 Stundenkilometern. Damit genoss er das Privileg, die schnellste deutsche Limousine seiner Zeit zu sein. Zu den Haltern gehörten Leute wie der Quelle-Besitzer Schickedanz oder der BMW-Großaktionär Quandt, der eine Cabrioversion fuhr. Solche Cabrios wurden bei den Karosseriefirmen Baur und Autenrieth produziert. 1964 nahm BMW dieses Modell aus dem Programm. Einen Nachfolger gab es erst 1968, als die Reihe *E3* vorgestellt wurde. Diese hatte Sechszylindermotoren mit 2,5 bis 3,3 Litern Hubraum.

Audis schwere Brocken Audi war in den ersten Jahren des Bestehens mit kleineren und mittleren Wagen hervorgetreten. Doch die Fantasie des Firmengründers August Horch kreiste um ein Luxusmobil, das keine Wünsche offen lassen

Der **BMW 502** bekam mehr PS und war die richtige Antwort auf die Kritik am etwas schwachbrüstigen *BMW 501*. Sein V8-Motor sorgte für 100 PS und erreichte bis 160 Stundenkilometer. Der *Barockengel* glänzte durch seine hervorragende Laufruhe und vor allem die moderne Sicherheitstechnik. «

Opel schwelgt

Ein Admiral segelt über die Autobahn Die Rüsselsheimer Firma Opel ist nicht unbedingt für luxuriöse Autos bekannt. Doch es gab auch echte Nobelkarossen. Dazu gehörte zum Beispiel der *Opel Admiral*, der 1937 erstmals vom Fließband rollte. Er hatte einen Sechszylinder-Reihenmotor mit 3,6 Litern Hubraum. Opel erschreckte mit diesem Modell die Branche, denn der Wagen wilderte kräftig im Revier der arrivierten Oberklasse-Anbieter. Dafür sorgte schon sein vergleichsweise niedriger Preis. Ein besonderer Leckerbissen war eine Cabrio-Version, deren Karosserie unter anderem bei Gläser aufgebaut wurde. Mit dem Beginn des Zweiten Weltkriegs musste die Fertigung jedoch eingestellt werden.

 LUXUS AUF VIER RÄDERN | *Noble Zurückhaltung*

Mit dem *Horch 830* hielt der V8-Motor Einzug in den deutschen Autobau. Dieses Modell war die zweite Generation und trug den Namen **Horch 830 BL**. Das „L" im Namen wies auf die Version mit langem Radstand hin. Hier war der Hubraum des Motors auf 3,8 Liter vergrößert worden. «

sollte. Nach der überstandenen Inflationskrise gelang es 1924 endlich, diesen Traum zu verwirklichen. Der Audi *Typ M* wurde 1923 vorgestellt, war aber erst 1925 lieferbar. Sein besonderes Plus war der Sechszylindermotor aus Leichtmetall mit oben liegender Nockenwelle und einer Leistung von 70 PS. Alle vier Räder wurden hydraulisch gebremst. Doch die Kunden reagierten nicht wie erwartet auf dieses Angebot. Nur 228 Käufer konnten gefunden werden. Audi schlitterte in eine schwere Krise.

Die Firma versuchte es deshalb mit einem etwas billiger herzustellenden Modell, dem Typ *R*, der den Beinamen *Imperator* trug. Nach der Übernahme von Audi durch DKW wollte der Firmenchef Rasmussen die vom Amerikaner Rickenbacker gekauften Motoren einsetzen, wodurch es zum Bau des mit einem Achtzylindermotor bestückten Modells *SS* kam, das den Namen *Zwickau* erhielt. Dieser 100 PS starke Wagen wurde bis 1932 gebaut. In diesem Jahr schlossen sich DKW, Audi, Horch und Wanderer zur Auto Union zusammen. Die Ober- und Luxusklasse sollte fortan Horch vorbehalten bleiben, weshalb es zu keinen weiteren Spitzenmodellen mehr kam.

Repräsentativ und sportlich:
Horch Die Automobile der sächsischen Firma Horch galten stets als herausragende Meisterleistungen. Es begann mit eher kleineren Modellen, doch bereits 1907 wurde der erste Wagen mit Sechszylindermotor herausgebracht. Nach einer Reihe von Vierzylindermodellen trat das Unternehmen 1926 in die Liga der Achtzylinder ein. Chefkonstrukteur war seit 1923 Paul Daimler, der Sohn Gottlieb Daimlers, was man den Modellen auch anmerkte. Paul Daimler war bereits bei Steyr und Daimler in dieser Position sehr erfolgreich gewesen.

1931 entstand ein Modell mit V12-Motor mit sechs Litern Hubraum, das den Luxusfahrzeugen von Mercedes-Benz und Maybach Konkurrenz machte. Aus seinen zwölf

Staatstragend gaben sich die Pullman-Limousinen von **Horch**. Dieser **Horch 830** mit Chauffeur war sicher der Dienstwagen eines Fabrikdirektors oder Bankchefs. »

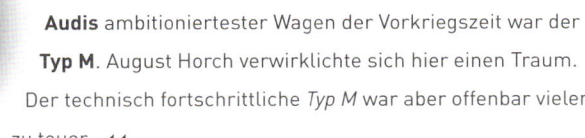

Zylindern zog der Wagen eine Leistung von 120 PS. Im Verbund der Auto Union war die Position von Horch ganz klar die des Ober- und Luxusklasse-Produzenten. Doch bereits im Jahr 1933 verabschiedete sich Horch aus dem Zylinder-Hochrüsten und ging dazu über, V8-Motoren zu verwenden. Bis zum erzwungenen Produktionsstopp infolge des Zweiten Weltkriegs wurde die Baureihe *Horch 830* gebaut, die mit verschiedenen Modellen aufwartete. Die *830/930er* bekamen einen V8-Motor, die *850/950er* wurden hingegen mit einem Achtzylinder-Reihenmotor ausgestattet. Von der repräsentativen Pullman-Limousine bis zum sportlichen Roadster bot Horch eine Vielzahl eindrucksvoll gestalteter Karosserievarianten an.

Audis ambitioniertester Wagen der Vorkriegszeit war der **Typ M**. August Horch verwirklichte sich hier einen Traum. Der technisch fortschrittliche *Typ M* war aber offenbar vielen zu teuer. «

 LUXUS AUF VIER RÄDERN | Uncle Sams Genussmobile

Uncle Sams Genussmobile

 Die USA waren noch nie für Bescheidenheit bekannt. Dies galt auch für die dort gebauten Automobile. Die Straßen waren breiter als in Europa, und die Autos mussten viel Platz bieten. Aber die meisten Automarken genossen keinen Ruf hoher Zuverlässigkeit – mit einigen Ausnahmen. Manche Hersteller legten einen hohen Wert auf Qualität und luxuriöse Ausstattung. Diese Marken wurden zu Symbolen für Status und Erfolg.

„Ich hoffe, du wirst immer einen Cadillac fahren", sangen die Everly Brothers. Verbunden mit dieser Hoffnung war die Vorstellung von Wohlstand und Erfolg. Dass die Marke einmal als Symbol für die Erfüllung des amerikanischen Traums gelten würde, ahnte kaum jemand, als Henry M. Leland 1902 aus den Überresten der Henry Ford Company in Detroit das Unternehmen mit dem Namen Cadillac schuf. Zunächst ging es nur darum, die Produktion weiterzuführen. Der erste Cadillac, das Modell A, war noch eine sogenannte „pferdelose Kutsche", aber mit jedem neuen Modell wurden Technik, Design und Karosserie ausgefeilter. Der Massenmarkt war nicht das Ziel, stattdessen legte man bei Cadillac Wert auf hochwertige Verarbeitung und luxuriöses Styling. Schon 1908 wurden in dem Detroiter Werk standardisierte, bei mehreren Modellen verwendbare Bauteile gefertigt. Zu den anderen Innovationen gehörten 1910 die Einführung einer geschlossenen Fahrgastzelle, 1912 der Einbau einer Lichtmaschine, eines elektrischen Anlassers und elektrischer Beleuchtung sowie drei Jahre später die serienmäßige Verwendung eines V8-Motors.

Unter einem großen Dach Seit 1909 war Cadillac Teil des General-Motors-Konzerns. Die Cadillac-Modelle wurden immer opulenter. Vor allem nach dem Zweiten Weltkrieg

Mitte der 1960er-Jahre ließen die **Cadillac**-Designer an die Stelle der Rundungen kantigere Formen treten. Die Frontscheinwerfer waren auf jeder Seite vertikal ausgerichtet, was einen breiteren Kühlergrill erlaubte.

fielen sie durch große Heckflossen und Unmengen von Chrom auf. Nicht nur Millionäre und Schauspieler ließen sich gern mit diesen Luxuswagen sehen, auch ausländische Regierungen bestellten in Detroit die Fahrzeuge für ihre Würdenträger.

Zu den zahlreichen Baureihen für gehobene Ansprüche, die Cadillac einführte, gehörten Namen, die heute noch wie Musik in den Ohren von Liebhabern amerikanischer Luxusautos klingen: *Sixty Special* (ab 1938), *Coupe DeVille* (ab 1949), *Eldorado* (ab 1953), *DeVille* (ab 1956), *Eldorado Brougham* (ab 1957) und *Calais* (ab 1964). Technische Innovationen, die ursprünglich ein Kennzeichen der Marke waren, gerieten jedoch im Laufe der Zeit zunehmend aus dem Fokus. Es war vor allem der Luxus-Aspekt, der als Verkaufsargument an Gewicht gewann.

Die **Heckflossen** der Cadillacs erreichten gegen Ende der 1950er-Jahre ihre größten Ausmaße. Sie standen für das extravagante Styling der Zeit, das wiederum ein Produkt des schnell wachsenden Wohlstandes der Nachkriegsjahrzehnte war. »

Luxus versprachen die ausladenden Formen dieses **Cadillac Eldorado** von 1957. Weder der Fahrer noch die Mitfahrer mussten sich über Platzmangel beklagen. «

LUXUS AUF VIER RÄDERN | *Uncle Sams Genussmobile*

Von der **Auburn Automobile Company** wurde dieser **Boattail Speedster** 1935 gebaut. Mit dem Zentrifugallader konnte das Modell seine Leistung kurzzeitig um 30 Prozent erhöhen. Es war bis zu 165 Stundenkilometer schnell.

Faszination Luxus

Der 1894 geborene Errett Lobban Cord war ein Tycoon, dem zeitweise über 150 Unternehmen gehörten, der es auf das Titelblatt der Zeitschrift *Time* schaffte, in den amerikanischen Senat gewählt wurde und der eine Vorliebe für Luxusautos hatte. Cords Karriere hatte jedoch unter bescheidenen Umständen als Tankwart, Automechaniker und Autoverkäufer begonnen. Er war noch keine 30 Jahre alt, als er bereits ein Autohaus in Chicago besaß. 1924 bekam er die Gelegenheit, selbst in die Fahrzeugproduktion einzusteigen. Die Auburn Automobile Company in Auburn, Indiana, bot ihm für die Aufgabe, das angeschlagene Unternehmen zu leiten, ein Jahresgehalt von 36 000 Dollar. Cord nahm das Angebot an und hatte die Firma innerhalb eines Jahres übernommen.

Aufstieg der Duesenbergs Friedrich und August Düsenberg – amerikanisiert: Fred und Augie Duesenberg – begannen 1897 mit der Herstellung von Fahrrädern. Die maschinelle Antriebstechnik übte jedoch schon früh eine Faszination auf die Brüder aus, weshalb sie auch bald ein motorisiertes Fahrrad konstruierten. Fred wurde für den in Kenosha, Wisconsin, ansässigen Automobilhersteller Jeffery Rennfahrer und erzielte sogar zwei Weltrekorde. 1913 entstand die Duesenberg Motor Company mit Sitz in Des

Die **Packard**-Modelle gehörten zur obersten Preisklasse. Diese Automobile waren auch für ihr Styling bekannt. Wegen der schwierigen wirtschaftlichen Bedingungen der 1930er-Jahre führte Packard auch preisgünstigere Modelle ein.

Excalibur

Eine Legende auf vier Rädern Clifford Brook Stevens war ein amerikanischer Produktdesigner, der neben Möbeln, Haushaltsgeräten und Motorrädern auch Automobilen Gestalt verlieh. 1951 kreierte er auf eigene Faust einen Roadster im Stil des Mercedes SK der 1920er-Jahre, der mit Studebaker-Technik ausgestattet war. Dem Fahrzeug verlieh er den Namen des mythischen Schwerts Excalibur. 1963 gründete er gemeinsam mit seinen Söhnen die Firma „Excalibur Automobiles", die sich seitdem damit beschäftigt, „zeitgemäße Klassiker" zu schaffen.
Stevens hatte eine Nische im Autogeschäft entdeckt, nämlich die Herstellung von Repliken, der sich in der Folgezeit auch andere Unternehmen annahmen.

Moines, Iowa (später in Indianapolis). Die von den Brüdern hergestellten Sportautos, denen man den Kosenamen *Duesy* gab, schlugen sich in zahlreichen Rennen und errangen mehrere Siege. Der erste Duesenberg-Personenwagen, wie damals üblich Modell *A* genannt, erschien erst 1921. Bereits der Kaufpreis von 6500 Dollar zeigte, dass es sich nicht um ein Automobil für den Durchschnittsbürger handelte. Angetrieben wurde das Fahrzeug von einem Achtzylinder-Reihenmotor. Zur technischen Ausstattung gehörten außerdem hydraulische Vierradbremsen. 1926 erweiterten die Duesenbergs ihr Programm mit einem zweiten Modell, das (entgegen der Konvention) den Buchstaben *X* als Typenbezeichnung erhielt. Beim Modell *X* handelte es sich um eine sportlichere Version des Modell *A*.

Cord übernimmt das Steuer Die Duesenberg-Brüder waren hervorragende Automobilkonstrukteure, aber keine so guten Geschäftsmänner. Das Unternehmen feierte zwar technische Triumphe, geriet aber finanziell ins Schleudern.

Lincoln wurde von **Ford** als Luxusmarke eingeführt. Der **Lincoln Cosmopolitan** kam im Jahr 1949 auf den Markt. Ein Exemplar des Modells wurde von den amerikanischen Präsidenten Truman, Eisenhower, Kennedy und Johnson benutzt. »

Der **Duesenberg SJ** wurde von 1932 bis 1937 gebaut. Nur 36 Exemplare kamen von dem luxuriösen Modell auf den Markt. Das mit einer Motoraufladung ausgestattete Automobil konnte eine Leistung von 320 PS vorweisen.

Chrysler visierte mit diesem **Imperial Town Car** von 1931 eine zahlungskräftige Zielgruppe an. Während eines schwierigen Jahrzehnts baute Chrysler damit eine Konkurrenz zu den Herstellern anderer Nobelkarossen auf.

1928 wurde es von Cord übernommen. Ab 1929 wurden auch Modelle unter Cords eigenem Namen bei Auburn gebaut. In der Folgezeit entstanden einige der luxuriösesten und teuersten Automobile amerikanischer Produktion. Dazu gehörten das Duesenberg-Modell *J* und der *Cord L-29*, das erste in den USA hergestellte Auto mit Frontantrieb. 1932 erschien das Duesenberg-Modell *SJ*, dessen Motor mit einer Kompressoraufladung ausgerüstet war und 320 PS Leistung erreichte. Ein weiteres Novum, das Cord einführte, waren die auch „Schlafaugen" genannten Klappscheinwerfer, die zuerst 1935 beim *Cord 810* Verwendung fanden.

Errett L. Cords Geschäftsglück hielt jedoch nicht auf Dauer an. Die schwierige Marktsituation setzte 1937 den Marken Duesenberg und Cord ein Ende.

Packard macht es besser Jedes Winton-Auto wurde von Hand gefertigt. Die Fahrzeuge bekamen bemalte Seiten, gepolsterte Sitze, ein Lederdach und Gaslampen. James Ward Packard, der im Jahr 1890 gemeinsam mit seinem Bruder in Ohio die Packard Electric Company gegründet hatte, war jedoch trotz der noblen Ausstattung mit seinem Winton-Fahrzeug nicht zufrieden. Er schrieb deshalb an Alexander Winton, den Inhaber der Automobil-Firma, einen Brief mit seinen Kritikpunkten und Verbesserungsvorschlägen. Beim Autobauer lösten die Anregungen allerdings nicht die Reaktion aus, die der Absender wohl erwartet hatte. Stattdessen forderte ihn Winton heraus, doch selbst ein besseres Auto zu bauen. Packard ließ sich das nicht zweimal sagen, und gründete 1899 gemeinsam mit seinem Bruder und einem anderen Partner einen Autobaubetrieb, der ab 1902 Packard Motor Car Company hieß. Nur kurze Zeit danach erfolgte der Umzug in die Automobilmetropole Detroit.

Das erste Packard-Modell entsprach noch einem damaligen Durchschnittswagen, doch bald schon spezialisierte man sich darauf, die gehobenen Ansprüche zu erfüllen. Zu den Innovationen, die Packard einführte, gehörten das moderne Steuerrad, der Serienbau des ersten V12-Motors, „Twin Six" genannt, sowie das 1949 eingeführte Automatikgetriebe „Ultramatic". Der starke Konkurrenzkampf zwischen den Autoherstellern nach dem Zweiten Weltkrieg veranlasste das Unternehmen 1954, mit dem ebenfalls auf schwachen Beinen stehenden Autohersteller Studebaker zur Firma Studebaker-Packard Corporation zu fusionieren. Trotzdem konnte die Autoproduktion nur noch wenige weitere Jahre aufrechterhalten werden. Der letzte Packard lief schließlich 1958 vom Band.

Mangelnde Beinfreiheit war bei diesem **Imperial** von 1931 kein Thema. **Chrysler** stattete die Modelle der Oberklasse außerdem mit einer entsprechenden luxuriösen Einrichtung sowie mit leistungsstarken Motoren aus.

Mit der Übernahme der Marke Lincoln hatte sich **Ford** im Bereich der großen Luxusautomobile etablieren können. Der **Lincoln Convertible** in diesem Bild stammt von 1961. Nicht nur Politiker ließen sich gern darin sehen.

Chrysler in der Oberklasse Der Begriff *imperial* wird im Englischen manchmal dazu verwendet, einer Sache Dominanz, unübertreffliche Eigenschaften, eine besondere Größe oder Qualität zuzuweisen. Dies hatte auch Chrysler im Sinn, als das Detroiter Unternehmen 1926 das erste Modell mit dieser Bezeichnung einführte. Konkurrenten wie Cadillac, Ford und Cord sollten damit einige der gut betuchten Kunden abgeworben werden.

Der erste *Imperial* bekam in der Typenbezeichnung am Anfang den Zusatz *E-80* und kurz darauf einfach *80*. Damit sollte darauf hingewiesen werden, dass das Modell auf Dauer eine Geschwindigkeit von 80 Meilen (129 km) pro Stunde einhalten konnte. Die Beschleunigung vom Stand auf 60 Meilen pro Stunde sollte innerhalb von 20 Sekunden erfolgen können. Garant dafür war ein Sechszylindermotor mit 4,7 Litern Hubraum. Der *Imperial 80* wurde in Ausführungen als Roadster, Coupé, Phaeton, Limousine, Pullman-Limousine und Landaulet angeboten.

Imperial-Modelle wurden von Chrysler bis 1954 produziert. Sie standen stets für Exklusivität und höchste Qualität.

Lincoln – Präsidentenschlitten

Henry M. Leland hatte sich bereits durch den Aufbau der Automarke Cadillac einen Namen gemacht. 1909 verkaufte Leland Cadillac für 4,5 Millionen Dollar an General Motors. Auch im neuen Konzern hatte Leland eine führende Position inne. Allerdings geriet er mit dessen Gründer, William C. Durant, während des Ersten Weltkriegs wegen unterschiedlicher Ansichten über eine Beteiligung an der Rüstungsproduktion in Streit, was zu seinem Abschied von General Motors führte.

Wie für die Zeit üblich, wurde für den **Lincoln Cosmopolitan** Ende der 1940er-Jahre ein rundliches Styling gewählt. Auf übertriebene Formen hatte man jedoch, anders als bei anderen Marken, verzichtet.

LUXUS AUF VIER RÄDERN | *Uncle Sams Genussmobile*

Der **Zephyr** war ab 1936 das Lincoln-Einstiegsmodell in die Luxusklasse. Als Antrieb diente ein V12-Motor. Wegen des Zweiten Weltkriegs musste 1942 die Produktion des Modells eingestellt werden.

Lelands Neuanfang 1917 wagte Leland erneut den Einstieg in die Selbständigkeit. Sein erstes Unternehmen hatte er nach dem ehemaligen Bürgermeister Detroits, Cadillac, benannt, die neue Firma enthielt den Namen eines anderen Mannes, den er bewunderte, Lincoln Motor Company. Zunächst produzierte das Unternehmen Flugzeugmotoren. Nach Kriegsende erfolgte jedoch der Umstieg auf den Bau von Luxuswagen. Der erste Lincoln hieß Model *L*. Ausgestattet war das Oberklassemodell mit einem 81 PS starken V8-Motor, der einen 5,9 Liter großen Hubraum besaß. Zu den Varianten, in denen der *Lincoln L* angeboten wurde, gehörten ein Tourenwagen, ein Phaeton, eine Limousine, ein Landaulet, ein Coupé, ein Cabriolet und ein Roadster.

Die ersten Exemplare des Model *L* liefen 1921 aus der Werkshalle in Detroit. Aber die Unternehmensmaschinerie geriet ins Stottern. Obwohl die „Roaring Twenties" mit schnellem Wirtschaftswachstum und steigendem Einkommen angebrochen waren, verkaufte sich der Lincoln nicht so gut wie erhofft. 1922 musste Leland Konkurs anmelden. Nur etwa 150 Exemplare des Model *L* hatten 1922 einen Käufer gefunden.

Fords Triumph Für Henry Ford war die Lincoln-Pleite ein Triumph, denn Leland hatte die Henry Ford Company nach seinem Ausstieg übernommen, jetzt war es an ihm, Lelands Unternehmen zu übernehmen. Ford zahlte acht Millionen Dollar für den Betrieb, dessen Wert auf 16 Millionen Dollar geschätzt wurde, und verleibte ihn seinem Konzern ein.

Ford hatte eine Nobelmarke erworben. Aber zunächst ging es darum, die Produktionskosten und den Preis zu senken sowie das Angebot zu verbessern. Dazu gehörten die Steigerung der Motorleistung auf 90 PS und die Verwendung besserer Zylinderköpfe. Die Maßnahmen zeigten ihre Wirkung. Von März bis Ende 1922 fanden über 5000 Exemplare des Modells einen Abnehmer. Bis 1930, als das Model *L* vom Nachfolger *K* abgelöst wurde, war die Produktionszahl auf über 65 000 angewachsen. 1936 erfolgte die Einführung des *Lincoln Zephyr*, und drei Jahre später kam der *Lincoln Continental*, der Inbegriff des noblen amerikanischen Straßenkreuzers, auf den Markt. Lincoln-Modelle wurden oft als offizielle Fahrzeuge der US-Präsidenten eingesetzt. Es war ein *Continental*-Cabriolet, in dem John F. Kennedy 1963 erschossen wurde.

Während des Ersten Weltkriegs baute die **Lincoln Motor Company** Flugmotoren. Nach Kriegsende erfolgte die Umstellung auf den Automobilbau. Dieser **Phaeton** war eines der Ergebnisse.

Der **Lincoln Continental Mark IV** besaß ein Vinyldach. Das Modell wurde von 1971 bis 1976 gebaut. Der V8-Motor leistete bis zu 227 PS.

Frankreichs Majestäten

Frankreich hatte immer eine autobegeisterte Klientel, der es nicht am nötigen Kleingeld fehlte, sich ein luxuriöses Fortbewegungsmittel leisten zu können. So verwundert es nicht, dass neben vielen importierten Chromjuwelen die Republik selbst für hoheitlichen Nachschub sorgte. Dazu gehören Konzerne und exklusive Handarbeiter.

Werbebroschüre für den **Facel Vega III** in der wundervollen Ausführung als Cabriolet. Scheibenbremsen brachten ihn von der Spitzengeschwindigkeit von 180 Sachen auf Null.

🙰 Zwischen den Weltkriegen lebte Louis Renault mit der *Stella*-Reihe seine Lust am Großen und Schönen aus. Ein Höhepunkt dieser Leidenschaft war bereits die *Reinastella* aus dem Jahr 1929 als erstes Modell der Reihe. Der Name setzt sich aus dem Wort für „Königin" (französisch *reine*) und dem lateinischen Wort für „Stern" (*stella*) zusammen. Während man überall unter der Weltwirtschaftskrise litt, feierte Renault mit diesem Modell einen triumphalen Einzug in die Welt des Luxus. Erstmals hatten die Leute aus Billancourt einen Achtzylinder-Motor eingesetzt. Der Kühler wurde deshalb anders als bei den bisherigen Renaults vor, nicht hinter den Motor eingebaut. 1933 endete die Bauzeit der *Reinastella*. Vorläufer war der *40 CV*, den es bereits seit 1908 gegeben hatte.

1930 folgte mit dem *Nervastella* ein etwas kleineres Modell, das bis 1938 produziert wurde. Eine Klasse tiefer und zwei Zylinder weniger positionierte Renault sein Sechszylindermodell der *Stella*-Serie, die *Vivastella*. Zwischen 1929 und 1939 wurden gerade mal 192 Exemplare montiert.

🙰 **Facel und das Wagnis Vega** Die Firma Facel, die 1939 von Jean Daninos gegründet wurde, baute ab 1954 Autos. Daninos hatte früher bei Citroën gearbeitet, wollte aber sein eigenes Modell verwirklichen. Der 1954 vorgestellte *Facel Vega* war dann ein Traumauto, das zunächst als Coupé, später auch als Cabriolet zu haben war. Unter der Motorhaube schlummerte ein V8-Motor, der beim Spitzenmodell *Excellence* 390 PS erzielte. Meist stammten die Triebwerke von Chrysler. Zu Facels Kunden zählten gekrönte Häupter, Fabrikanten, Regisseure wie Truffaut und Louis Malle, sowie Schauspieler wie Danny Kaye, Dean Martin oder Tony Curtis. Ava Gardner besaß sogar drei seiner Wagen, darunter einen *Excellence*. Albert Camus starb 1960 in dem Facel seines Verlegers Gallimard. Weil es mit dem kleineren Modell *Facellia* Probleme gab, litt der Ruf des Herstellers beträchtlich. 1964 wurde das letzte von 3000 gebauten Autos verkauft.

- **Citroëns Ausflug in den Luxus** Mit der *DS* war Citroën ein unvergleichlicher Erfolg gelungen. Deshalb wagte es das Unternehmen nun auch, in die Luxusklasse einzusteigen. Eine Voraussetzung dafür schien besonders günstig zu sein: Die Franzosen hatten 1968 die Aktienmehrheit von Maserati erworben. Mit dem dortigen Know-how im Motorenbau sollte ein neues Modell ausgestattet werden, das dazu geeignet war, eine sportlich orientierte Käuferschicht mit dem nötigen Kleingeld anzusprechen. Das Ergebnis war der *Citroën SM*. Das Kürzel, heute gerne mit „Sa majesté", also „Seine Majestät" gedeutet, bedeutet eigentlich „Sport Maserati".

Dieses Modell wurde zwischen den Jahren 1970 und 1975 hergestellt. Mit einer Geschwindigkeit von bis zu 220 Stundenkilometern war die *SM* das schnellste Serienfahrzeug mit Frontantrieb ihrer Zeit. Allerdings bereiteten der Motor und die nicht unbedingt oberklasse Verarbeitungsqualität den Kunden ziemliche Probleme. Der Ruf des Typs litt deshalb maßgeblich. Auch einige ungewöhnliche konstruktive Details verunsicherten so manchen Fahrer. Da half es auch

Der **SM** von **Citroën** war eine Kooperation mit Maserati. Von den Italienern kam der Motor, der aber nicht voll überzeugen konnte. Die Fahrzeugtechnik war besser, doch es fehlte an Kunden.

nichts mehr, dass der Karosseriespezialist Chapron aus der *SM* eine Version „Présidentielle" schuf, die der französische Staatspräsident zur Verfügung gestellt bekam. Die *SM* war ein Misserfolg.

- **Die spanisch-schweizerische Kooperation in Frankreich** Für viele Franzosen ist Hispano-Suiza ein einheimisches Unternehmen. Das lag daran, dass die 1904 in Barcelona gegründete Firma 1911 ein Zweigwerk in der Nähe von Paris errichtete. Die luxuriösen Wagen waren bei den reichen Oberschichten sehr begehrt. Dabei waren die Automobile technisch immer hochwertig und auch innovativ. So war ein Hispano-Suiza von 1919 der erste der Welt mit Servobremsen. Für viele war Hispano-Suiza gegenüber Rolls-Royce die bes-

Der **Facel Vega Excellence** war das Spitzenmodell des französischen Tüftlers; viele Filmstars und andere Promis gaben sich mit diesem Wagen mehr Glanz.

LUXUS AUF VIER RÄDERN | *Frankreichs Majestäten*

Dies ist das französische Präsidentenauto als besondere Version des Modells **SM** von **Citroën**. Das Nummernschild zeigt den Besitzer: PR bedeutet Président de la Republique.

verehrt wurde. In Frankreich musste Hispano-Suiza die Automobilfertigung 1938 aufgegeben, eines der letzten fertig gestellten Exemplare war der *J 12*. In Spanien zwang der Diktator Franco die Firma in seine Gewalt und verstaatlichte sie unter dem Namen Pegaso.

Sportlich orientierter Luxus Emile Delahaye betrieb eine Firma, in der unter anderem auch Stationärmotoren gebaut wurden. Ende des 19. Jahrhunderts entdeckte er seine Leidenschaft für Automobile, die ihn nicht mehr losließ. Ab 1894 baute er eigene Modelle. Auch Lastwagen gehörten zu seinen Produkten. In den ersten Jahren waren vor allem Mittelklassemodelle gebaut worden. In den „Goldenen Zwanzigern" wandte sich Delahaye immer stärker den Sportwagen und luxuriös ausgestatteten, großartig designten Edelkarossen zu. Das sicherlich bekannteste Modell war der Typ *135*, der sogar einen Schönheitspreis eingeheimst hatte. Er besaß die typische lange Motorhaube, mit der man zeigen wollte, dass der Reihenmotor besonders groß ist. In den 1930er-Jahren entstanden viele Luxuswagen auf einem Chassis von Delahaye und mit einer Karosserie der führenden Spezialisten der Branche, wie Saoutchik oder

Diese avantgardistische Kühlerfigur der Firma von **Gabriel Voisin** zeigt die Ambitionen des Franzosen. Er war mit dem Bau von Flugzeugen reich geworden.

sere Wahl, da diese Wagen einen deutlich sportlicheren Touch hatten. Die Marke errang auch durch ihre Rennerfolge höchstes Ansehen. Als Hersteller von Flugzeugmotoren und ab 1929 von Flugzeugen machte sich das Unternehmen ebenfalls einen Namen. Die ab 1918 eingeführte Kühlerfigur des fliegenden Storchs stammte von der berühmten Cigogne-Staffel des Jagdfliegers Guynemer, der in Frankreich ähnlich wie in Deutschland der Freiherr von Richthofen als Nationalheld

Das „kleine Schwarze": ein für **Voisin** eher kleines Auto war der **C23** von 1931. Er hatte einen Sechszylindermotor mit 90 PS. Die Werkstoffe waren möglichst leicht, weshalb der *C23* nur 1400 Kilogramm wog. Der unterkühlt wirkende Wagen erreichte bis zu 130 Stundenkilometer.

Chapron. Doch nach dem Zweiten Weltkrieg ging es bergab. 1954 wurde Delahaye von Hotchkiss übernommen.

Der Flieger bleibt auf dem Boden Zu den wichtigsten Pionieren der Luftfahrt zu Beginn des 20. Jahrhunderts gehörten die Brüder Voisin. Sie bauten Flugzeuge, die sensationelle Rekorde aufstellten. Charles, der jüngere der beiden, starb 1912 bei einem Unfall, doch Gabriel machte weiter. Im Ersten Weltkrieg wurde er reich, doch danach interessierte er sich mehr für Autos. Seine Modelle hatten viele Anklänge an die Flugzeugproduktion und ein avantgardistisches Design. Dieses gefiel den Kunden weniger gut als die leisen Schiebermotoren, die Schalthilfen oder die Leichtbauweise unter Verwendung von Aluminium. 1939 wurde der letzte Voisin-Wagen verkauft.

Neben Voisin versuchten sich mit den Brüdern Farman auch noch weitere Pioniere der Luftfahrt im Bau von Autos. Allerdings erreichten deren Fahrzeuge lediglich eine Stückzahl von 120 Exemplaren. In Deutschland machte der erste Pilot des Landes Hans Grade einen ähnlichen Anlauf.

Eine ausgezeichnete Schönheit mit einer eindrucksvollen langen Haube war der **Delahaye 135**, der in den 1930er-Jahren Triumphe auch auf der Rennstrecke feierte.

Bugatti und der Traum von Schönheit

Einen Bugatti bekam nicht jeder. Der Firmenchef selbst bestimmte, ob jemand sein Kunde werden durfte oder nicht. Seine Klientel spielte meist mit, weshalb er seine Modelle exorbitant teuer verkaufen konnte. Sein Lieblingskind war der Bugatti Typ *41 Royale*. 1927 wurde das erste Exemplar vorgestellt. Es hatte einen hubraumstarken Achtzylindermotor, der 300 PS erbrachte. 6,5 Meter war der Wagen lang. Als Kühlerfigur prangte ein tanzender Elefant, den Bugattis Bruder Rembrandt gestaltet hatte. Höchste Herrschaften, Könige und Fürsten sollten dieses Auto kaufen. Doch die besorgten sich offenbar lieber drei Rolls-Royce, die es fürs gleiche Geld gab. So entstanden – mit Karosserien verschiedener Firmen – nur sechs Exemplare des Typs *41*.

1929 brachte Bugatti als erster Hersteller einen Wagen mit Sechzehnzylindermotor heraus. Angesichts der Weltwirtschaftskrise war das beinahe schon ein Anachronismus. Der Trend zu mehr Zylindern, der bei den Herstellern von

Luxuswagen fast schon zu einem Wettrüsten ausartete, fand hier sein Ende. Der Typ *45* wurde nur einmal gebaut. Sehr viel erfolgreicher war der Typ *57*, der bis 1940 gefertigt wurde. Das Design stammte von Ettore Bugattis Sohn Jean. Ein Typ *57 SC* gilt als teuerstes Auto der Welt. Nach dem Krieg versuchte 1951 der zweite Sohn Roland, die Marke wiederzubeleben. Auf ein Fahrwerk des Typs *57* baute er den *Bugatti 101* auf, doch sein Versuch scheiterte.

Ettore Bugatti

Der Ästhet im Autobau Ettore Bugatti wurde 1881 in eine Mailänder Künstlerfamilie geboren. Doch er interessierte sich mehr für Technik. Schon mit 18 Jahren baute er sein erstes Auto, einen kleinen Wagen mit drei Rädern. Er arbeitete für verschiedene Autofirmen und den Motorfabrikanten Deutz, dann machte er sich im Elsass selbständig. Seine große Zeit begann nach dem Ersten Weltkrieg, nun als französische Firma, denn auch sein Standort Molsheim war in den Besitz Frankreichs übergegangen. Besonders seine erfolgreichen Sportwagen, aber auch die Luxusautomobile begründeten seinen Ruf als genialer Autoschmied. Er starb 1947 in Paris.

Bugattis Typ **41 Royale** mit seinem stolzen Erbauer. Der Motor hatte 12 736 Kubik Hubraum und leistete für damalige Zeiten sensationelle 300 PS.

Den Kühlerelefant steuerte Ettores Bruder **Rembrandt Bugatti** bei, der ein bekannter Bildhauer war. »

Bugatti war stets bestrebt, Autos zu bauen, die sich durch Eleganz und Originalität auszeichneten. Eine derartige Vorgehensweise war natürlich keine Voraussetzung für die Massenproduktion. So entstanden im Verlauf von 56 Jahren gerade einmal 7950 Autos. Doch diese seltenen Wagen sind heute legendär.

Der einzige Nachkriegs-**Bugatti** war der Typ **101**. Der Sohn des Firmengründers fand mit ihm jedoch nicht auf die Erfolgsspur zurück. Heute werden jedoch wieder Bugattis gebaut.

LUXUS AUF VIER RÄDERN | *Echte Royals*

Echte Royals

Ob Lord oder Banker – auf seinen Rolls-Royce, Bentley oder Jaguar möchte man im Vereinigten Königreich nicht verzichten, wenn man etwas auf sich hält. Die großen Namen der Autobranche überstanden deshalb die Stürme der Zeit, die so viele andere Marken hinwegrafften. Es handelt sich schließlich um die Royals unter den Automobilen.

Mit kaum einer anderen Automarke werden so sehr Exklusivität und Luxus in Verbindung gebracht wie mit Rolls-Royce. Der Name stand jedoch darüber hinaus von Anfang an auch für Zuverlässigkeit. 1907 kam der *Rolls-Royce 40/50 hp*, der auch *Silver Ghost* genannt wurde, auf den Markt. Das Modell galt seinerzeit als eines der besten und technisch fortschrittlichsten Autos der Welt.

Zum Panzerwagen umgerüstet, kam das Rolls-Royce-Modell sogar im Ersten Weltkrieg an die Front. Neun dieser zum Kriegsdienst rekrutierten Wagen wurden von Lawrence von Arabien im Kampf gegen das Osmanische Reich verwendet. Er bezeichnete die Fahrzeuge als „wertvoller als Rubine". Auch während des irischen Bürgerkriegs von 1922 bis 1923 kamen mehrere Exemplare des Kriegs-Rolls-Royce zum Einsatz.

In den 1920er-Jahren erschienen die neuen großen Luxuswagen *Phantom I*, *Phantom II* und *Phantom III*. Eine Unterbrechung brachte der Zweite Weltkrieg mit sich. Anstelle von Automobilen baute Rolls-Royce während der Kriegsjahre Flugzeugmotoren. Die neuen Modelle nach dem

Die britische Automobilindustrie konnte erstaunlich viele Luxusmarken etablieren. Rolls-Royce, Bentley und Jaguar gehören zu den bekanntesten Namen in diesem Bereich. Vor allem **Jaguar** ist auch für sportliche Modelle bekannt. Dieses Bild zeigt den zweisitzigen Roadster **SS 100** von 1935, die sportliche Version des *Jaguar 2 ½ Litre*.

1965 brachte **Rolls-Royce** als Nachfolger des *Silver Cloud* den **Silver Shadow** auf den Markt. Als Antrieb fungierte in der ersten Generation ein V8-Motor mit 6,2 Litern Hubraum. Die Leistung lag bei 178 PS.

Ende des Krieges hießen *Silver Wrath* und *Silver Dawn* und ab 1950 wieder *Phantom*.

Der Geist der Verzückung Seit 1911 ziert fast jeden Rolls-Royce eine Kühlerfigur: eine nach vorne gebeugte Frau mit nach hinten ausgestreckten Armen, die entweder Flügel oder ein Kleidungsstück darstellen. Die offizielle Bezeichnung der Figur lautet „Geist der Verzückung" (*Spirit of Ecstacy*), oft wird sie auch „Silberne Dame" (*Silver Lady*), „Fliegende Dame" (*Flying Lady*) oder auch einfach nur „Emily" genannt. Das Rolls-Royce-Symbol mag zwar als „Geist" bezeichnet werden, es hatte jedoch eine reale Person als Vorbild, nämlich Eleanor Velasco Thornton.

Die 1880 geborene Thornton hatte im Alter von 16 Jahren die Schule verlassen und fand eine Anstellung beim Automobile Club, dem späteren Royal Automobile Club. Mit 22 wurde sie dann die Sekräterin von John Walter Edward Douglas-Scott-Montagu, dem späteren Lord Montagu of Beaulieu, der ein begeisterter Anhänger der Motorisierung war und die Zeitschrift „The Car Illustrated" herausgab. Zwischen den beiden entwickelte sich eine Lie-

Von 1949 bis 1955 entstand im **Rolls-Royce**-Werk zu Crewe der **Silver Dawn**. Die viertürige Limousine wurde von einem anfangs 4,3 und später 4,6 Liter großen Sechszylindermotor angetrieben.

 LUXUS AUF VIER RÄDERN | *Echte Royals*

besbeziehung, die jedoch wegen der Standesunterschiede nicht in eine Ehe münden konnte. Lord Montagu heiratete eine andere Frau, aber Eleanor wurde seine Geliebte und Reisebegleiterin.

Das Flüstern Die Rolls-Royce-Wagen besaßen zu dieser Zeit keine Kühlerfiguren, sondern waren nur mit dem Emblem der Firma ausgestattet. Viele Fahrer der Luxuswagen kreierten sich ihre eigenen Figuren und montierten sie auf den Kühler ihrer Automobile. Lord Montagu beauftragte seinerseits den Bildhauer Charles Robert Sykes, eine Figur für seinen *Rolls-Royce Silver Ghost* anzufertigen. Modell für dieses Kunstwerk stand Eleanor Thornton. Als es fertig war, zeigte es eine Frau mit flatterndem Kleid und einem Finger auf den Lippen, weswegen es den Namen „Das Flüstern" (*The Whisper*) bekam – eine Anspielung auf die heimliche Liebe zwischen dem Modell und dem Auftraggeber.

Emily wird Standard Im Jahr 1910 hatte man bei Rolls-Royce genug von den individuell gestalteten und oft als unpassend angesehenen Symbolen, mit denen die Kunden ihre Nobelwagen ausgestattet hatten. Der damalige Geschäftsführer wollte ebenfalls von Sykes eine Kühlerfigur, die von nun an serienmäßig alle Rolls-Royce-Exemplare zieren sollte. Das Ergebnis war der „Geist der Verzückung", der eine Neugestaltung von „The Whisper" war.

Eleanor Thornton starb 1915, als das Schiff, auf dem sie gemeinsam mit Lord Montagu auf dem Weg nach Indien war, von einem U-Boot torpediert wurde. Ihr Geist lebt jedoch in Form des Rolls-Royce-Symbols fort.

Bentleys Schicksalsjahre Die zweite große britische Luxusmarke, Bentley, musste wegen der Weltwirtschaftskrise und der falschen Modelle, die zum falschen Zeitpunkt auf den Markt kamen, 1931 Konkurs anmelden. Die Übernahme durch Rolls-Royce kam für viele überraschend. Die Bentley-Fabrik in Cricklewood bei London wurde 1935 als Folge der Übernahme geschlossen und die Produktion in das Rolls-Royce-Werk nach Derby verlagert. Für viele Bentley-Fans gelten die folgenden Jahre als eine dunkle Zeit, in der sich die einst so stolze Marke im Schatten von Rolls-Royce befand. Unter der neuen Regie wurde jedoch das sportliche Image von Bentley weiterhin gepflegt, weshalb entsprechende Modelle unter diesem Markennamen verkauft wurden, während andere Modelle mit etwas anderer Ausstattung und einigen äußerlichen Unterschieden sowohl als Rolls-Royce als auch als Bentley auf den Markt kamen.

Nach dem Krieg erfolgte die Verlagerung der Produktion beider Marken nach Crewe in der Grafschaft Cheshire, wo Rolls-Royce während des Krieges Flugzeugmotoren hergestellt hatte. Die Modellähnlichkeit zwischen den beiden Marken hielt bis in die 1980er-Jahre an.

Zwei sportliche **Bentley**-Modelle: der **Speed Six** von 1930, der durch die Wettfahrt gegen den „Blauen Zug" Schlagzeilen machte, und die Sonderedition **Arnage Blue Train**, mit der an den Rennerfolg des älteren Wagens erinnert wird.

Mit der geflügelten Kühlerfigur pflegten viele Marken ihr sportliches Image, so auch **Bentley**. Geschwindigkeit spielte neben Komfort seit der Frühzeit der Marke eine wichtige Rolle. ▸▸

 LUXUS AUF VIER RÄDERN | *Echte Royals*

Jaguar – vom Seitenwagen zum Luxusauto

Das 1922 von William Lyons und William Walmsley gegründete Unternehmen Swallow Sidecars hatte sich anfangs auf die Herstellung von Motorradbeiwagen spezialisiert. Ab 1926 wurden auch Karosseriereparaturen angeboten und ein Jahr später baute man selbst Karosserien, zunächst für den *Austin Seven* und dann für Modelle von Fiat und der Standard Motor Company.

Das erste eigene Swallow-Modell erschien 1931, nach dem Unternehmensumzug nach Coventry, wo auch Standard beheimatet war. Der Bau der Chassis wurde jedoch weiterhin von Standard vorgenommen. Das als *SS1* bezeichnete Modell war mit einem, abhängig von der Ausstattung, 48 oder 62 PS starken Sechszylindermotor ausgerüstet. Mit einer sich ändernden Motorisierung war das Modell bis 1936 in Produktion. Insgesamt wurden etwas über 4200 Exemplare hergestellt. Das Nachfolgemodell bekam den Namen *SS II*.

Die Marke **Jaguar** steht für Kraft und Geschwindigkeit. Das Raubtier wurde erst nach dem Zweiten Weltkrieg offizielle Firmenbezeichnung.

Der erfolgreiche Einstieg in die Automobilbranche führte dann im Jahr 1933 zur Änderung des Firmennamens in S.S. Cars. Einige der *SS*-Modelle hatten bereits in den 1930er-Jahren den Beinamen *Jaguar* erhalten. Als man es

Mit den Ausführungen des **Mark IV** deckte **Jaguar** die obere Mittelklasse und die Oberklasse ab. Das Modell gab es mit drei verschiedenen Motoren.

nach dem Ende des Zweiten Weltkriegs für notwendig hielt, den Firmennamen erneut zu ändern, da die bisherige Abkürzung zu sehr an die Bezeichnung für die Schutzstaffel der Nationalsozialisten erinnerte, entschied man sich deshalb für Jaguar Cars.

Von Anfang an ein sportliches Image Es wurden auch einige Hochleistungssportwagen und Rennwagen mit in das Jaguar-Programm aufgenommen. Das Unternehmen produzierte zudem Modelle der oberen Mittelklasse und der Oberklasse, bei denen die Betonung auf Exklusivität lag. Diesen Bereich deckten ab 1945 die Modelle *Jaguar 1½ Litre*, *2½ Litre* und *3½ Litre* ab, die eigentlich eine

Der **Jaguar XJ 6** wurde 1968 vorgestellt. Dieses Modell gab es mit einem 2,8 und einem 4,2 Liter großen Motor. Die Höchstgeschwindigkeit der stärkeren Version lag bei 205 Stundenkilometern.

Sir William Lyons

Vom Lehrling zum Unternehmer Zu den großen Persönlichkeiten der Automobilgeschichte, die ganz klein anfingen, gehörte William Lyons, der 1901 im englischen Blackpool als Sohn irischer Einwanderer geboren wurde. Seine Kindheit und Jugend verliefen wenig spektakulär, bis er im Alter von 17 Jahren bei dem Automobilhersteller Crossley Motors in Manchester eine Lehre begann und nebenbei abends Maschinenbau studierte. 1919 kündigte er bei Crossley und wurde Autoverkäufer. Im Alter von 21 Jahren gründete er gemeinsam mit einem Partner und einem Kredit von 500 Pfund das Unternehmen Swallow Sidecars, aus dem später Jaguar wurde. 1956 wurde William Lyons für seine Verdienste geadelt. Er verstarb 1985.

LUXUS AUF VIER RÄDERN | *Echte Royals*

Fortführung der vorhergehenden *SS*-Modelle waren und die nachträglich die Bezeichnung *Jaguar Mark IV* erhielten. Die Motoren wurden mittlerweile von Jaguar selbst hergestellt.

Eine neue Generation von Modellen der Oberklasse ging 1948 mit dem *Mark V 2½* und dem *Mark V 3½* an den Start. Diese beiden Modelle verkauften sich ungefähr 10 000-mal.

Die Automarke, die einen springenden Jaguar als Kühlerfigur erhielt, entwickelte sich zu einem der angesehensten Namen der britischen Automobilbranche. 1966 fusionierte Jaguar jedoch mit der British Motor Corporation (BMC), zu der Austin, Morris, MG und andere Marken gehörten, um die British Motor Holding zu gründen. Der Grund für diesen Zusammenschluss lag zum einen in der immer schwieriger werdenden Marktsituation, zum anderen in dem Umstand, dass sich William Lyons dem Ruhestand näherte und er, da sein Sohn bei einem Autounfall ums Leben gekommen war, keinen Nachfolger hatte. Darüber hinaus war der Lieferant der Jaguar-Rohkarosserien die Firma Pressed Steel, die ebenfalls Teil von BMC war.

Eine weitere Fusion fand 1968 statt, diesmal mit Leyland Motors, und das Ergebnis war das Unternehmen British Leyland, zu dem neben Jaguar so bedeutende Marken wie Rover, Land Rover und Mini gehörten.

Daimler – Vom Ruhm bis zur Übernahme In Coventry war bereits seit 1896 die Daimler Motor Company ansässig. Daimler hatte sich ziemlich schnell einen Namen als Luxusmarke gemacht. 1898 hatte John Walter Eduard Douglas-Scott-Montagu – der begeisterte Autofahrer und Liebhaber Eleanor Thorntons – den Prinz von Wales auf einer Fahrt mitgenommen. Der spätere König Edward VII. war von der Qualität des Fahrzeugs so überzeugt, dass Daimler zur offiziellen Marke des königlichen Hauses wurde. Jeder britische Monarch ließ sich seitdem in

Der **springende Jaguar** gehört zu den bekanntesten Markenzeichen, die auf den Motorhauben zu finden sind. Auf Englisch wird er oft einfach *leaper* („Springer") genannt. «

Der **Jaguar XJ 6** besaß zwei Schwestermodelle unter der Marke Daimler, nämlich den *Sovereign 2.8* und den *Sovereign 4.2*. Ab 1973 gab es sowohl die Jaguar- als auch die Daimler-Versionen mit einem kurzen und einem langen Radstand sowie mit einer größeren Auswahl bei den Motoren. »

1961 führte **Jaguar** den **Mark X** mit einem 3,8 Liter großen Hubraum ein. 1964 wurde der Hubraum auf 4,2 Liter vergrößert. Zwei Jahre später erfolgte die Umbenennung in *420 G*.

«

einem Daimler chauffieren. 1950 geschah jedoch ein folgenschweres Malheur: Der Daimler hatte einen Getriebeschaden! Im Königshaus war man von dem Vorfall „not amused" und stieg auf Rolls-Royce und Bentley als hauptsächlichen Autolieferanten um. Daimler musste seitdem in der königlichen Garage weiter hinten parken.

1960 wurde Daimler von Jaguar übernommen. Seitdem wird der Markenname für die Bezeichnung einiger Luxusmodelle aus dem Jaguar-Stall verwendet.

Einige Daimler-Modelle wurden jedoch auch unter dem Jaguar-Dach weitergebaut. Dazu gehörte die 5,1 Meter lange Limousine *Majestic Major*, die 1959 auf den Markt gekommen war und von der bis 1968 1180 Exemplare hergestellt wurden.

Der große Männertraum

Sportwagen aus aller Welt

Deutsche Sportwagenlegenden

Automobile waren von Anfang an nicht nur fahrbare Untersätze und Statussymbole. Häufig richteten sie sich an den Individualisten, bei dem das Fahrvergnügen im Vordergrund stand – Zweisitzer reichten oft aus. Möglichst viele PS unter der Motorhaube oder, falls es sich um einen Mittelmotor handelte, hinter dem Fahrersitz zu haben, waren wichtiger. Eine möglichst hohe Geschwindigkeit erhöhte den Fahrreiz.

Silberpfeile und Porsche – das Zentrum der deutschen Sportwagenschmiede liegt eindeutig in Stuttgart. Klassische Designs umhüllen echte technische Leckerbissen. Allerdings schlägt das Herz für Straßenträume der ewigen Jugend auch an anderen Orten ganz schön schnell. Und oft genug ausgelöst von Stromlinienformen.

Die Marke mit dem Stern

Mit den Rennwagen von Mercedes wurden im ersten Jahrzehnt des 20. Jahrhunderts viele Siege errungen. Ein Fahrzeug des damals Noch-Konkurrenten stahl ihnen jedoch die Show. Der *Blitzen-Benz* aus Mannheim erreichte am 8. November 1909 auf der Rennstrecke in Brooklands eine

Dank eines Hubraums von 21,5 Litern gelang es dem **Blitzen-Benz** von **Benz & Cie.** aus Mannheim bereits 1909, die magische Marke von 200 Stundenkilometern zu durchbrechen.

Geschwindigkeit von 202,7 Stundenkilometern. Damit war zum ersten Mal die magische Marke von 200 Stundenkilometern übertroffen worden. Diese Leistung machte der 200 PS starke Vierzylindermotor mit einem gewaltigen Hubraum von 21,5 Litern möglich. 1911 wurden in Florida sogar 228,1 Stundenkilometer erreicht – ein Rekord, der dreizehn Jahre lang bestehen blieb. Der Konstrukteur dieses Wagens war Hans Nibel, der ab 1929 als Chefkonstrukteur und Nachfolger von Ferdinand Porsche bei Mercedes weitere legendäre Fahrzeuge entwarf.

Der **Mercedes-Benz 190 SL** wurde zwischen 1955 und 1963 gebaut. Dieser wunderschöne Sportwagen mit der internen Werksbezeichnung *W 121 B II* leistete 105 PS.

Traumhaft schön: SSK und Co. Noch vor der Fusion mit Benz hatte Mercedes einen sensationellen Wagen entwickelt, dessen Design heute für viele der Inbegriff der alten Autozeit ist. 1926 kam der Typ *S* heraus, der zwei Jahre später durch die Modelle *SS* und *SSK* ersetzt wurde. Die Fahrzeuge galten bereits damals als absolute Traum-Sportwagen und doch wurden die beiden zusammen lediglich 157-mal gekauft. Auch andere Sportwagen wurden bis 1940 gebaut.

Zur Zeit des Expressionismus und des Futurismus in den ersten beiden Jahrzehnten des 20. Jahrhunderts gewann die Lust am Dynamischen, Schnellen einen besonderen Reiz. Man wusste um die Bedeutung des Luftwiderstands und verstand, welche Formen weniger und welche einen höheren Widerstand aufwiesen. In der Luftfahrt war die Strömungsphysik eine der entscheidenden Disziplinen. Viele dieser Erkenntnisse wollten Männer wie Rumpler oder Jaray im Kfz-Bereich übernehmen. Schon im ersten Jahrzehnt hatte man mit der Bauart Torpedo schnittige Modelle geschaffen. Die ersten bekannten Versuche mit Stromlinien stammen von Benz, Alfa Romeo oder Opel. Wichtig für die echte Stromlinienform war, dass auch die Scheinwerfer und Räder in die Karosserie integriert waren.

DKW

Leichtgewicht ohne Dach Bei DKW hatte es stets interessante Cabrios gegeben. 1963 kam der *F 12 Roadster* heraus. Zu dieser Zeit gehörte DKW zu Mercedes-Benz, sodass die Stuttgarter über diesen Umweg nun auch das untere Typensegment abdecken konnten. Der *F 12* hatte einen kompakten 0,9 Liter großen Zweitaktmotor, aus dem er 45 PS holte. Der Bau des hübschen Autos wurde nach der Übernahme von DKW durch Volkswagen Mitte der 1960er-Jahre gestoppt. Ein Zweitakter war in Westdeutschland nicht mehr zeitgemäß.

Ein echter Traum war der **Mercedes SSK**, der 1928 erstmals auf die Straße kam. Gerade mal 35 Exemplare wurden von diesem 200 PS starken Roadster gebaut.

DER GROSSE MÄNNERTRAUM | *Deutsche Sportwagenlegenden*

Nur Prototypen wurden vom **C 111** von **Mercedes-Benz** gebaut. Doch die erzielten mehrere beeindruckende Weltrekorde. «

Das Wort ist zwar abgegriffen, doch gibt es kein besseres: Der auch unter dem Namen *Flügeltürer* bekannte **Mercedes-Benz 300 SL** ist noch heute eine echte Legende.

Mercedes-Benz beteiligte sich an dieser Konzeption und präsentierte eigene Entwürfe. Für den Rennsport wurden Modelle gebaut, die als Silberpfeile berühmt wurden. Diese Bezeichnung erhielten sie aufgrund ihrer Lackierung, die deshalb so war, weil Silber bzw. ursprünglich Weiß 1900 zur Rennfarbe Deutschlands gemacht worden war. Aus demselben Grund sind Ferraris rot, denn das ist die Rennfarbe Italiens. Frankreich erhielt Blau, Großbritannien Dunkelgrün, Belgien Gelb, Holland natürlich Orange, Österreich-Ungarn bekam Gelb-Schwarz, die USA Blau-Weiß und Spanien Rot-Gelb.

Flügeltürer und himmlische Cabrios Nach dem Zweiten Weltkrieg eröffnete Mercedes-Benz seine Sportwagenproduktion mit einem Paukenschlag. 1954 wurde nämlich der *300 SL* vorgestellt, ein optischer Leckerbissen. Was ihn aber zum Kultauto machte, waren die Flügeltüren, die nach oben aufgingen. Der Wagen hatte einen Sechszylinder-Motor, der es auf stolze 210 PS brachte. Der *Mercedes-Benz 300 SL* war das erste Auto, das bei einem Viertaktmotor mit einer direkten mechanischen Kraftstoffeinspritzung ausgestattet war. Die Stuttgarter sollten 1968 auch die ersten sein, die eine elektronische Kraftstoffeinspritzung der Firma Bosch verwendeten: beim *250 E*. Ein Jahr später kam mit dem *190 SL* eine kleinere Version

Der Nachfolger des berühmten *Flügeltürers* war ein offener Wagen. Mit dem **Mercedes-Benz 300 SL Roadster** von 1957 gelang den Stuttgarter Autobauern ein weiterer Klassiker.

ohne Flügtüren heraus. Als Nachfolger des *300 SL* wurde 1957 seine Cabrioversion eingeführt. Die bis zu 250 Stundenkilometer schnellen Wagen wurden vor allem in den Vereinigten Staaten verkauft. Bei ihrem Ende 1963 stand eine weitere Sensation bereit: der *230 SL*.

Der *Mercedes-Benz 230 SL* war ebenfalls ein herrliches Cabrio. Er konnte bei schlechtem Wetter mit einem Hard Top versehen werden, das dem Wagen seinen Spitznamen *Pagode* gab, denn es war nach innen gewölbt, das heißt, die beiden Seiten lagen am höchsten. 1967 wurde der *230 SL* dann durch den *250 SL* ersetzt, 1968 kam der *280 SL* mit einem 2,8-Liter-Motor hinzu.

Mercedes-Benz stellte immer Experimente an, die dazu dienten, die Fahrzeuge zu verbessern. Eines der spektakulärsten war der Typ *C 111*. Zwei Varianten hatten Wankelmotoren, einer einen V8-Motor. Ein Typ mit Turbo-Dieselmotor sorgte gleich für mehrere Weltrekorde. Und das V8-Modell stellte mit 403,978 Stundenkilometern einen neuen Rundstrecken-Weltrekord auf. Das kantige Design begeisterte ebenso, wie die wieder eingeführten Flügeltüren.

Porsche – der Mythos aus Zuffenhausen

Ferdinand Porsche war in seiner beruflichen Praxis immer um zwei Dinge bemüht: Modelle für jedermann zu bauen, die günstig waren und dennoch großen Nutzen versprachen. Dazu gehört der *Volkswagen* oder der Volkstraktor. Viel näher standen ihm aber die anderen Autos: die schnellen, eleganten, sportlichen. Er selbst war in jungen Jahren sogar Sieger in einem Autorennen gewesen – ein Faktum, das vielen unbekannt ist. In den 1930er-Jahren hatte er für verschiedene Autobauer Limousinen und sportliche Fahrzeuge konstruiert. Auf diesem Weg wollte man nach Kriegsende weitermachen. Porsches Sohn Ferry hatte sich zuvor mit seinem Vater und dessen Konstruktionsbüro nach Gmünd in Österreich zurückgezogen, da die alliierten Bomber auch Stuttgart ins Visier genommen hatten. Vielen erschien es als ziemlich verrückt, dass die Porsche-Leute um Ferry Porsche und Designer Erwin Komenda ausgerechnet in der Nachkriegszeit, wo jeder sehen musste, dass er über die Runden kam, an den Bau eines Sportwagens dachten. Doch die Geschichte gab ihnen Recht. 1949 wurden noch in Gmünd die ersten Modelle gebaut. Der *Porsche 356* war geboren, der zu einem der ganz großen Sportwagenklassiker wurde.

Die Geburt eines Mythos Viele Bauteile des ersten Porsche stammten aus der Produktion des *Volkswagens*. Dazu gehörte auch der für Porsche typische luftgekühlte Motor mit Gebläsekühlung, den die Leute aus Gmünd allerdings in einer Vierzylinderversion verwendeten und auf 35 PS hochtrimmten. Ursprünglich sollte die Maschine als Mittelmotor eingebaut werden, für die Serienfertigung wurde dann aber doch auf den Heckmotor umgestellt.

Insgesamt gab es bis zum Ende der Bauzeit vier Modellgenerationen. Ab der zweiten bekamen sie einen Großbuchstaben angehängt. So war die zweite Generation der *Porsche 356 A*, es folgten *B* und *C*. Diese teilten sich wiederum in verschieden stark motorisierte Typen auf. Außerdem gab es jeweils Coupés und Cabrios. Bei den Modellen mit dem größten Motor wurde ab 1954 der *Speedster* eingeführt.

Familientreffen der **Porsche 356**. Im Vordergrund steht ein **Speedster**, der ab 1954 die damals noch recht leeren Autobahnen zu seinem Revier machte. Die stärkere Variante hatte 70 PS.

Porsche Carrera: Diese Bezeichnung hörte man bereits 1953 beim Typ **356** zum ersten Mal. *Carrera*-Modelle waren immer Versionen mit einem besonders leistungsfähigen Motor.

Dabei handelte es sich um einen besonders niedrig gebauten Roadster mit komplett versenkbarem Verdeck, niedriger Windschutzscheibe und Schalensitzen. Ab der Modellreihe *A* wurden die Sportversionen als *Carrera* bezeichnet.

Eine größere Veränderung erfuhr dieser Typ mit der Generation *B*, die etwas länger und weniger gedrungen war. Auf Grundlage des *356* entstand ab 1953 der *Porsche 550 Spyder*. Er wurde als Rennwagen konzipiert und deshalb besonders leicht gemacht. Wie schon für den *356* angedacht, wurde der *550* als Wagen mit Mittelmotor konstruiert. In solch einem Wagen starb 1955 der berühmte Schauspieler James Dean. Porsche hatte sich innerhalb kürzester Zeit auf den Rennstrecken der Welt großen Ruhm erworben.

Die fahrende Legende 911 Neben den *Porsche 356* trat ab 1963 ein völlig neu konstruiertes Modell, der *Porsche 911*. Ursprünglich sollte er den *356* ablösen, doch der wurde dann parallel noch zwei weitere Jahre gebaut und erhielt im *Porsche 912* seinen Nachfolger. Dabei handelte es sich um einen ziemlich abgespeckten *911*, bei dem der Sechszylinder- durch einen Vierzylindermotor ersetzt

1965 kam endlich eine offene Version des **Porsche 911** heraus. Allerdings war es nur ein halbes Cabrio, denn die B-Säule war als Sicherheitsbügel ausgebildet. Die Idee begeisterte, und der **Targa**, so der Beiname des Wagens, wurde Vorbild für andere Typen.

 DER GROSSE MÄNNERTRAUM | *Deutsche Sportwagenlegenden*

Dieser **Porsche 911 T 2.2 Coupé** von 1969 hatte einen Sechs-Zylinder-Boxermotor mit 2195 Kubik. Seine Höchstgeschwindigkeit lag bei 205 Stundenkilometern. »

Wer ist schneller? Das schwedische Passagierflugzeug DC-9 oder die blonde Schönheit? Viele tippten vermutlich auf die Dame, deren roter **Porsche 1600** des Typs **356 A** aus dem Jahr 1957 es auf 160 Stundenkilometer brachte.

wurde. Der *912* wiederum wurde 1969 durch den *VW-Porsche 914* abgelöst, von dem später noch die Rede sein wird.

Der *Porsche 911* war ein Werk von Ferdinand Alexander Porsche, dem Enkel des berühmten Ferdinand. Die zeitlose, originelle Formensprache ist noch bei den heutigen Modellen weitgehend erhalten. Ursprünglich sollte das Modell *901* heißen, doch Peugeot erhob Einspruch, hatte man sich doch die Null in der Mitte schützen lassen.

Der *Porsche 911* hatte zwar einige Designelemente sowie die Konstruktion mit Heckmotor und Heckantrieb von seinem Ahnherrn übernommen, doch sonst hatte sich vieles geändert. Das fing schon beim Boxermotor an. Der war nun eine Sechszylindermaschine mit einem Hubraum von zwei bis 3,2 Litern. Innenraum und Kofferraum waren sehr viel geräumiger als beim *356*. Der Fahrer konnte nun seinen Luxus noch bequemer genießen. Der *Porsche 911* feierte unzählige Rennsiege, zeitweilig war er eine Klasse für sich, an die kein anderer herankam.

Ein Blick in das Cockpit eines **Porsche** zeigt stilvolle Eleganz, übersichtliche Armaturen und hier ein sportliches Lenkrad aus Holz. Understatement ist gerade für deutsche Wagen ein echtes Markenzeichen. Noch beeindruckender ist allerdings die Zuverlässigkeit.

1967 stellte Porsche einen offenen *911* vor, der die Zusatzbezeichnung *Targa* bekam. Es war kein echtes Cabrio, denn die B-Säule war – optisch wie ein Sturzbügel wirkend – erhalten geblieben. Der Fahrer konnte aber das Hardtop-Dach und/oder das Heckfenster herausnehmen und so den Cabriogenuss empfinden. Die Urform des *Porsche 911* wurde bis 1973 gebaut. Dann kam es zu einer Überarbeitung des Modells. Das Ergebnis war das *G-Modell*, das bis 1989 die Autobahnen und Rennstrecken beherrschte.

Ebenfalls in Baden-Württemberg zuhause war die Firma Veritas aus Messkirch, die um 1950 Sportwagen baute. Die Motoren stammten meist von Heinkel.

Sportliche Volkswagen

🦢 In Turin, dem Zentrum der italienischen Automobilindustrie, gründete Giacinto Ghia 1915 eine Karosseriefirma. Ghia betreute Lancia und Alfa Romeo, aber auch amerikanische Firmen. Nachdem er in frühen Jahren die Karosserie auf die Fahrgestelle der Hersteller aufgebaut hatte, entwickelte der begabte Italiener sein Angebot weiter und bot an, neue Modelle komplett zu designen. In Deutschland wurde seine Firma in weiten Kreisen durch den *VW Karmann-Ghia* bekannt. Heute ist Ghia in der Hand von Ford.

Karmann hatte schon Anfang des 20. Jahrhunderts Karosserien für Autos gebaut. Seine Spezialität waren Cabriolets. Viele deutsche Autobauer vertrauten Karmann ihre Cabriofertigung an, unter anderem DKW und Adler.

🦢 Der „Hausfrauen-Porsche" 1957 sollte Karmann auf dem Fahrgestell des Export-*Volkswagen* ein Cabrio nach Ghias Design aufbauen. Auch ein Coupé wurde gebaut. Es war nicht abzusehen, dass bis 1974 fast 81 000 Exemplare entstehen sollten. Besonders Frauen interessierten sich für das hübsche Fahrzeug, weshalb Spötter bald vom *Hausfrauen-Porsche* redeten. In der Tat war nur das Äußere des Wagens sportlich. Mit 30, am Ende 50 PS und einer Beschleunigung von 0 auf 100 in weit über 20 Sekunden blieb der *Karmann Ghia* doch nur ein aufgemotzter Käfer. Karmann baute später auch die *Golf*-Cabrios, daneben bedienten sich auch BMW, Mercedes, Ford und Opel der Hilfe des Osnabrücker Spezialisten.

Stromlinie

Fließende Formen auf Asphalt Die Auto Union gehörte zu den Firmen, die sich mit neuen Werkstoffen genauso befassten wie mit Karosserieformen, die nicht nur schön waren, sondern auch einen möglichst geringen Luftwiderstand bieten sollten. 1938 wurde von der Marke Wanderer ein schönes Sportgerät geschaffen, das einen hohen Bekanntheitsgrad erreichte. Der Name: *Wanderer Stromlinie Spezial*. Es war eines der letzten Autos dieser Firma, die dann im Weltkrieg unterging.

🦢 Der „Volks-Porsche" Im Jahr 1969 stellte Volkswagen eine echte Überraschung vor: den *VW-Porsche 914*. Das Konzept stammte von Porsche. Beide Firmen gründeten für den Verkauf des Wagens im baden-württembergischen Ludwigsburg die VW-Porsche Vertriebs G.m.b.H. Der Wagen war mit einem Mittelmotor konstruiert worden, wie er bei vielen Rennwagen verwendet wird. Er war offen, aber mit fester hinterer B-Säule. Das Hard-Top konnte herausgenommen werden. Angeboten wurden zwei Versionen. Die Vierzylinder-Variante wurde von Volkswagen gebaut, das Sechszylindermodell mit dem Namen *914-6* kam von Porsche. 1976 wurde die Herstellung des Modells dann wieder eingestellt.

Der **VW Karmann Ghia Typ 14** in der Cabrioversion war mit 140 Stundenkilometern nicht unbedingt besonders schnell, doch das italienische Design begeisterte die Deutschen.

VW und Porsche arbeiteten beim Nachfolger des *Karmann Ghia* zusammen und brachten den **VW-Porsche 914** heraus. Besonders für VW entwickelte sich das Modell sehr positiv.

Der größere **Karmann Ghia 1500 Typ 34 Coupé**, der zwischen 1961 und 1969 gebaut wurde, wurde nicht auf der *Käfer*-Plattform, sondern auf der des *VW 1500* aufgebaut. »

DER GROSSE MÄNNERTRAUM | Deutsche Sportwagenlegenden

Amphicar

Das schwimmende Auto Im Jahr 1961 setzte der Konstrukteur Hanns Trippel eine alte Idee um: Er baute ein Cabriolet, das nicht nur auf der Straße, sondern auch im Wasser fahren konnte. Dazu wurde das Fahrzeug zusätzlich mit zwei kleinen Schiffsschrauben ausgestattet. Gebaut wurden allerdings in fast zehn Jahren nicht einmal 1000 Stück, von denen die meisten in die USA verkauft wurden. Sie schwammen allerdings nicht selbst über den großen Teich. Neben dem recht hohen Preis war vor allem der immense Wartungsaufwand schuld am Misserfolg des Fahrzeugs.

BMW: Schönheit und Geschwindigkeit

Zu den in Eisenach gebauten BMW-Modellen gehörten einige der herausragendsten Sportwagenfabrikate ihrer Zeit. Schon der *BMW 315/1 Wartburg* war einer davon. Das Wunschauto einer ganzen Generation war der *BMW 328*. Er wurde zwischen 1936 und 1940 gebaut und war mit verschiedenen Karosserievarianten zu haben. Dazu gehörten auch stromlinienförmig aufgebaute Exemplare. Ein besonderes Fahrzeug, das nur in Einzelanfertigung entstanden war, hieß *BMW 328 Mille Miglia* und war für das gleichnamige Autorennen gedacht. Es hatte eine ganz leichte, stromlinienförmige Aluminium-Karosserie und erreichte eine Spitzengeschwindigkeit von 220 Stundenkilometern.

Nach dem Zweiten Weltkrieg dauerte es lange, bis BMW wieder an derartige Triumphe anknüpfen konnte. Doch das geschah umso eindrucksvoller, denn der *BMW 507* aus dem Jahr 1955 gehört sicher zu den schönsten Sportwagen. Er war auf dem Fahrgestell des *Barockengels*, des *BMW 502*, aufgebaut. Der Designer Albrecht Graf Goertz hatte eine Meisterleistung vollbracht. Der *BMW 507* konnte als Coupé

Der **BMW 328 Mille Miglia** mit Stromlinienkarosserie wurde speziell für dieses legendäre italienische Rennen 1939 in zwei Exemplaren gebaut. «

Auch dieses „Röntgenbild" des **BMW 507** kann nur einen kleinen Einblick in die überlegene Technik des 1956 eingeführten Fahrzeugs geben. Der V8-Motor aus Leichtmetall und ein Doppelvergaser sorgten für 150 PS und 220 Stundenkilometer.

oder Roadster gekauft werden. Eine viersitzige Version wurde mit dem *BMW 503* ab 1955 angeboten. Der Roadster hatte ein aufsetzbares Hard-Top. Weil der Wagen sehr teuer war, wurde er lediglich 252-mal gebaut. Sein Pech war auch der *Mercedes-Benz 300 SL*, der fast gleichzeitig auf den Markt gekommen war. Der wahrscheinlich berühmteste Fahrer eines *BMW 507* war Elvis Presley.

In den folgenden Jahren wurden bei der „Neuen Serie" und der Baureihe 02 immer wieder Versionen mit sportlichem Charakter angeboten. Ein Meilenstein war jedoch der *BMW M1*, der zwischen 1978 und 1981 in 450 Exemplaren gefertigt wurde. Wie die italienischen Sportwagen dieser Zeit hatte er ein breites, kantiges Äußeres. Im Inneren schlummerte aber ein 277 PS starker Sechszylinder-Motor. Rennversionen mit Turbolader waren sogar auf 850 PS hochgezüchtet. Bis zum Erscheinen des *Porsche 959* war der *M1* der schnellste Serien-Sportwagen Deutschlands.

In Stuttgart bei der Karosseriefirma Baur wurde zwischen 1978 und 1981 der **M1** von **BMW** gebaut. Die Rennversion des kantigen Modells mit Turbolader leistete bis zu 850 PS.

Sportlich-kühl: britische Sportwagen

Auch so mancher britische Gentleman setzte sich gern hinter das Steuer eines schnellen Sportwagens. Die britische Automobilindustrie konnte deshalb lange Zeit ein erstaunlich breites Spektrum an sportlichen offenen Wagen, Coupés und ähnlichen Typen vorweisen. Aber stets legte man Wert auf Stil.

Kaum ein anderer Name wird mit britischen Sportwagen so sehr in Verbindung gebracht wie Jaguar. Bereits vor dem Zweiten Weltkrieg hatte S.S. Cars durch Sportmodelle wie den *S.S. 90* und den *S.S. 100* Bekanntheit erlangt. Nach der kriegsbedingten Produktionsunterbrechung brachte das nun Jaguar heißende Unternehmen 1948 den *XK 120* als Nachfolger der Vorkriegstypen auf den Markt. Bei diesem Modell handelte es sich um einen Roadster. Im britischen Englisch sprach man von einem *open two-seater*.

Bei den Vorgängertypen waren noch Antriebsaggregate der ebenfalls in Coventry ansässigen Standard Motor Company zum Einsatz gekommen. Während der Kriegsjahre hatte S.S. Cars jedoch damit begonnen, eigene Motoren zu entwickeln. Eines der Ergebnisse war der XK6, ein Sechszylinder-Reihenmotor mit 3,4 Litern Hubraum, der unter der Motorhaube des *Jaguar XK 120* mit seinen 160 PS für den Antrieb sorgte. Der Sportwagen konnte eine Höchstgeschwindigkeit von 120 Meilen (ungefähr 193 Kilometer) pro Stunde erreichen. Dieser Wert fand sich in der Typenbezeichnung wieder. Er machte den *XK 120* zu einem der schnellsten Serienwagen seiner Zeit. Ab 1951 kam der *XK 120* in verschiedenen Ausführungen auf den Markt. Insgesamt verkaufte sich das Modell über 12 000-mal.

Neue Generationen Mit dem *XK 140* erneuerte Jaguar 1954 das Angebot im Sportwagenbereich. Das neue Modell unterschied sich äußerlich vor allem durch einen vergrößerten Kühlergrill, eine stärkere Stoßstange und eine leicht

Das sportliche Design gehört zur Marke **Jaguar** ebenso wie der starke Antrieb, der unter der langgestreckten Motorhaube arbeitet. Dieser **E-Type** kann mit einem V12-Aggregat aufwarten.

> An Armaturen mangelte es im Cockpit des **E-Type** nicht. Der Fahrer konnte den Betriebszustand seines Wagens immer im Auge behalten. «

Dieses Raubtier-Emblem ziert die Motorhaube des **Jaguar XK 150**. In seiner stärksten Ausführung war das Modell bis zu 215 Stundenkilometer schnell.

gestraffte Karosserie. Als Motor fungierte ebenfalls der XK6, dessen Leistung aber in der normalen Ausführung auf 193 PS und in der SE-Version auf 213 PS gesteigert worden war.

Der *XK 140* wurde mit drei Karosserieversionen angeboten: als *XK 140 OTS* (für *open two-seater*) in Roadster-Ausführung, unter der Bezeichnung *XK 140 DHC* (für *drop head coupé*) als Cabriolet und mit dem Zusatz *FHC* in der Typenbezeichnung (für *fixed head coupé*) als Coupé. Ab 1956 gab es den Sportwagen außerdem mit Automatikgetriebe. Annähernd 9000 Exemplare des Modells fanden einen Käufer.

Bereits 1957 erfolgte mit der Einführung des *XK 150* ein erneuter Generationswechsel in der *XK-Serie*. Das neue Modell wurde ebenfalls als zweisitziger Roadster und als zwei- oder dreisitziges Coupé und Cabriolet angeboten. Äußerlich ließ sich der *XK 150* von den Vorgängern leicht unterscheiden, denn die bisherige zweiteilige Windschutzscheibe war durch eine einteilige ersetzt worden. Außerdem bestand die hintere Stoßstange nun aus einem durchgehend ganzen Stück.

Ungefähr 9400 Exemplare des Fahrzeugs wurden hergestellt. Neben der normalen Ausführung mit 193 PS Leistung

MG P-Type

Ein sportlicher Zwerg aus Oxfordshire MG baute in Abington, in der englischen Grafschaft Oxfordshire, kleine Sportwagen, die anfangs auf Morris-Modellen beruhten. Dazu gehörte der *P-Type Midget*, der ab 1934 als Roadster und Coupé hergestellt wurde. Der kleine Sportwagen war zwar nicht für Rennen vorgesehen, trotzdem nahmen 1935 drei Exemplare am 24-Stunden-Rennen in Le Mans teil. Noch im gleichen Jahr wurde der Hubraum von 0,85 auf 0,95 Liter vergrößert. Die Leistung stieg von 36 auf 43 PS. Allerdings stellte man im folgenden Jahr die Produktion zugunsten des *J-Type* schon wieder ein.

 DER GROSSE MÄNNERTRAUM | *Sportlich-kühl: britische Sportwagen*

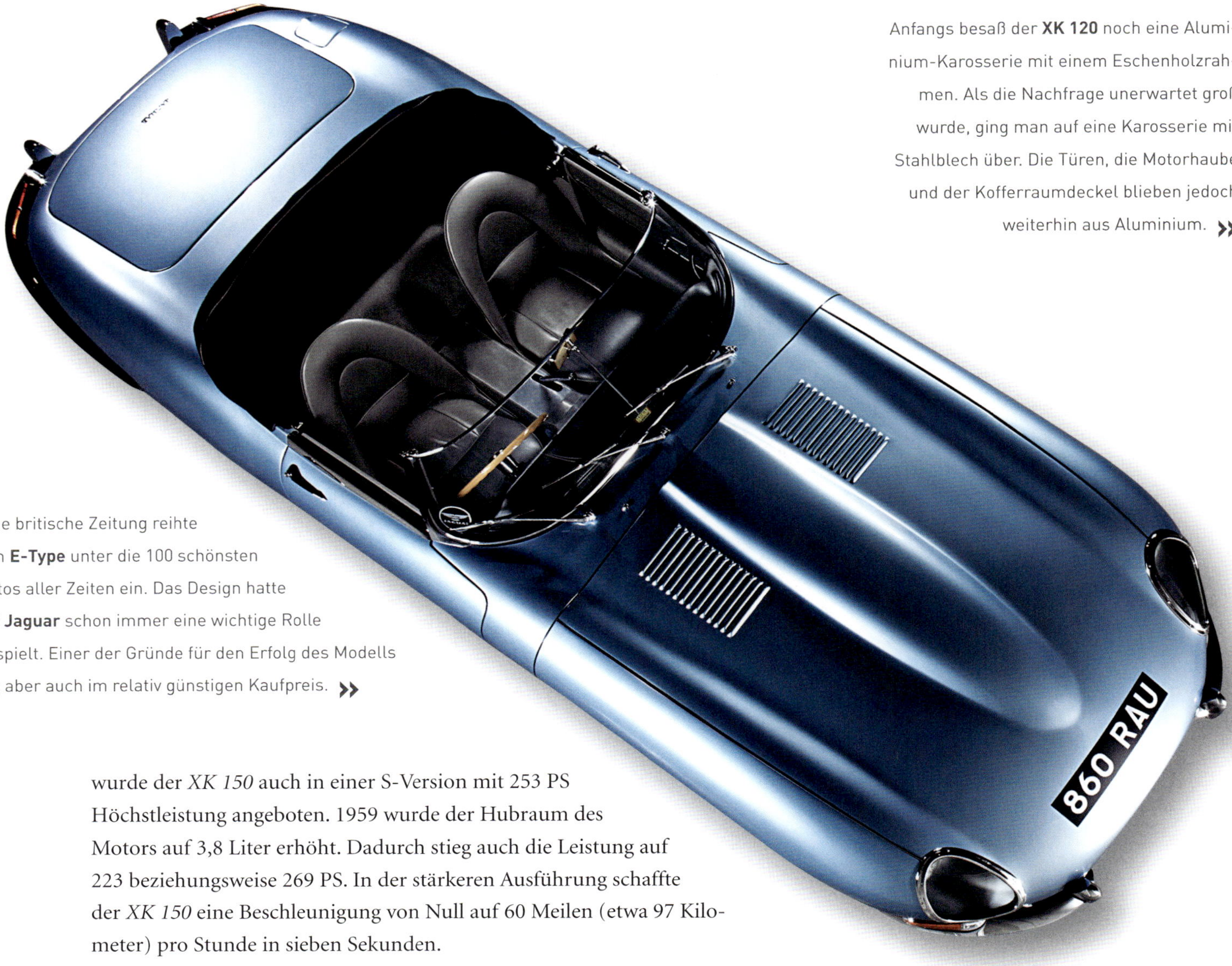

Anfangs besaß der **XK 120** noch eine Aluminium-Karosserie mit einem Eschenholzrahmen. Als die Nachfrage unerwartet groß wurde, ging man auf eine Karosserie mit Stahlblech über. Die Türen, die Motorhaube und der Kofferraumdeckel blieben jedoch weiterhin aus Aluminium. »

Eine britische Zeitung reihte den **E-Type** unter die 100 schönsten Autos aller Zeiten ein. Das Design hatte bei **Jaguar** schon immer eine wichtige Rolle gespielt. Einer der Gründe für den Erfolg des Modells lag aber auch im relativ günstigen Kaufpreis. »

wurde der *XK 150* auch in einer S-Version mit 253 PS Höchstleistung angeboten. 1959 wurde der Hubraum des Motors auf 3,8 Liter erhöht. Dadurch stieg auch die Leistung auf 223 beziehungsweise 269 PS. In der stärkeren Ausführung schaffte der *XK 150* eine Beschleunigung von Null auf 60 Meilen (etwa 97 Kilometer) pro Stunde in sieben Sekunden.

Jaguar auf der Rennstrecke Jaguare ließen sich auch auf der Rennstrecke sehen. 1951 errang der *C-Type*, der den gleichen Motor wie der *XK 120* besaß, im 24-Stunden-Rennen von Le Mans den Sieg. Das „C" in der Typenbezeichnung stand nicht ohne Grund für *competition*, denn mit einer Höchstgeschwindigkeit von 232 Stundenkilometern lehrten Jaguar-Renner ihren Rivalen das Fürchten. Vom *C-Type* wurden insgesamt 52 Exemplare hergestellt.

Als neue Größe im Rennsport stellte Jaguar 1954 den *D-Type* vor, der bis zu 250 Stundenkilometer erreichen konnte. Der neue Flitzer von Jaguar erzielte ebenfalls in Le Mans mehrere Erfolge. 1956 zog sich Jaguar jedoch aus dieser Sportart zurück. Einige Exemplare des *D-Type* wurden als *XK-SS* an Liebhaber von Hochleistungssportwagen verkauft.

Als Jaguar 1961 auf dem Genfer Auto-Salon den *E-Type* vorstellte, wollte man mit der Typenbezeichnung an das durch die Rennerfolge gewonnene Image anknüpfen. Der *E-Type* war jedoch nicht als Rennwagen, sondern als Nachfolger der *XK*-Reihe gedacht. Als Motor kam anfangs der 3,8 Liter große XK6 zum Einsatz. 1964 wurde der Hubraum auf 4,2 Liter vergrößert. Von der ersten Serie des *E-Type*, einschließlich der 1968 produzierten „Zwischenserie", wurden bis 1969, dem Startbeginn der Serie II, über 38 000 Exemplare hergestellt.

Nur 16 Exemplare des **XK-SS** wurden verkauft. Eines davon ging an den Schauspieler Steve McQueen. Beim *XK-SS* handelte es sich eigentlich um eine umgebaute Version des Jaguar *D-Type*.

Der **V8 Vantage** war eine stärkere Ausführung des *Aston Martin V8*. Das 1977 eingeführte Modell brachte es auf eine Leistung von 380 PS und war bis zu 270 Stundenkilometer schnell. »

Nicht nur für Agenten: Aston Martin

Aston Martin ist ein illustrer Name, nicht zuletzt, weil James Bond in mehreren Filmen ein Auto dieser Marke fährt. Doch an Filme dachten Robert Bamford und Lionel Martin noch nicht, als sie 1913 in London die Firma Bamford & Martin Limited gründeten, um Singer-Modelle aus Coventry zu vertreiben. Der rennsportbegeisterte Martin nahm gerne am Rennen von Aston Hill teil, und als die beiden Unternehmensgründer sich entschlossen, eigene Modelle zu konstruieren, war auch schon der Markenname geboren: Aston Martin.

Bamford verließ nach dem Ersten Weltkrieg das Unternehmen, aber Martin konnte mit der Unterstützung eines Investors den Betrieb neu beleben. In der Folgezeit nahmen die Aston-Martin-Wagen erfolgreich an mehreren Rennen teil, darunter am Großen Preis von Frankreich. Der für Aston Martin fahrende Graf Louis Vorow Zborowski brach sogar mehrere Weltrekorde, verunglückte jedoch 1924 beim Großen Preis von Italien tödlich. Das Unternehmen geriet daraufhin in finanzielle Schwierigkeiten und musste Konkurs anmelden. Zwar stiegen andere Investoren ein, aber bereits 1925 folgte die nächste Pleite und im folgenden Jahr kehrte Lionel Martin dem Unternehmen den Rücken. Die nächsten Jahre waren unter neuen Eigentümern genauso wenig von wirtschaftlichem Erfolg geprägt, dafür aber von mehreren Rennsiegen. 1935 bildete sich eine internationale Fan-Gemeinde von Aston-Martin-Besitzern, der Aston Martin Owners Club. Es handelte sich dabei um einen sehr exklusiven Club, denn bis 1945 wurden nur 700 Autos dieser Marke hergestellt.

David Brown am Steuer 1947 übernahm David Brown, ein erfolgreicher Unternehmer, der die gleichnamige britische Traktorenmarke gegründet hatte, das Steuer von Aston Martin. Brown, der selbst schon Rennen gefahren war, kaufte im

Den **DB5** brachte **Aston Martin** 1963 auf den Markt. Das Modell hatte zum ersten Mal in dem James-Bond-Film *Goldfinger* einen Auftritt auf der Leinwand. Weitere Filmrollen sollten folgen.

Der bis zu 330 PS starke **DBS** wurde 1967 eingeführt und war als Nachfolger des *DB6* konzipiert. James Bond fuhr diesen Aston Martin in dem Film *Im Geheimdienst Ihrer Majestät*.

gleichen Jahr auch Lagonda, ein anderes im Motorsport aktives Unternehmen. Die Aston-Martin-Modelle bekamen von nun an die Typenbezeichnung DB, die für „David Brown" stand.

Der ab 1948 produzierte *DB1* war ein Roadster, der von einem zwei Liter großen Vierzylindermotor mit 95 PS Leistung angetrieben wurde. Von dem Wagen wurden nur 16 Stück hergestellt. Der Nachfolger hieß *DB2* und wurde als Coupé und Cabriolet angeboten. Innerhalb von drei Jahren fanden 411 Exemplare des *DB2* einen Abnehmer. Dann folgten die legendären Modelle *DB4*, *DB5* und *DB6*, die man teilweise auch aus den James-Bond-Filmen kennt. Diese Fahrzeuge stehen für den klassischen, italienisch angehauchten Chic der britischen Sportwagengeneration der 1950er- und 1960er-Jahre. Unter der Leitung von David Brown konnte das Unternehmen einige Erfolge verzeichnen.

Ab 1957 wurden mit Aston-Martin-Wagen auch wieder Rennen gewonnen, darunter 1959 die Sportwagen-Weltmeisterschaft. Aston Martin konnte dadurch das Image, Rennwagen für die Straße zu bieten, verfestigen. Finanzielle Probleme führten 1972 jedoch zu einem erneuten Besitzerwechsel, dem weitere Verkäufe und Beteiligungen von Investoren folgten.

Für die Filmrolle war der **DB5** mit einer ganzen Reihe von Spezialeffekten versehen worden. Aber auch die Ausführung für Nichtagenten ließ in Hinsicht auf die Ausstattung keine Wünsche offen.

Lagonda – von der Oper zum Sportauto

Es passiert nicht oft, dass ein Opernsänger Automobilhersteller wird, aber bei Wilbur Gunn (1859–1920), einem Amerikaner schottischer Abstammung, war dies der Fall. Gunn hatte zwar auch Erfahrung im Bau von Dampfschiffen, aber als er sich in der englischen Grafschaft Middlesex niederließ, begann er zunächst mit der Produktion von Motorrädern, die er nach einem kleinen Fluss in Ohio benannte. 1907, ein Jahr nach der Unternehmensgründung, brachte Gunn das erste Automobil auf den Markt. Auf der Fahrt von Moskau nach Sankt Petersburg gelang es ihm, mit dem sportlichen Wagen, der mit einem 20 PS starken Sechszylindermotor ausgestattet war, nicht nur den russischen Zaren, sondern auch andere Persönlichkeiten zu beeindrucken. Der Export spielte bei den nun in Serie produzierten Lagonda-Wagen keine geringe Rolle.

Während des Ersten Weltkriegs musste Lagonda auf die Produktion von Artilleriegranaten umsteigen, nach Kriegs-

Morgan

Schnelle Wagen in Kleinserie Morgan war lange Zeit für Dreiradfahrzeuge bekannt. Der in Worcestershire ansässige Hersteller exklusiver Automobile stieg erst 1936 auf den Bau vierrädriger Gefährte um. Beim ersten Modell handelte es sich um den *Morgan 4/4*, einen Roadster. Später wurde das Modell auch als Coupé verkauft. Die Produktionszahlen blieben immer sehr klein. Ein zweite Baureihe, der *+8*, kam erst 1969 auf den Markt. Morgan blieb auch diesmal dem sportlichen Image treu. Dieses Modell war mit einem 150 PS starken V8-Motor von Rover ausgestattet.

Den **V12** baute **Lagonda** von 1937 bis 1942. Mit einem 4,5 Liter großen Hubraum erzielte der Motor eine Leistung von 175 PS. 189 Exemplare des Modells wurden hergestellt.

Der **M45** wurde der Öffentlichkeit 1933 auf der Automobilausstellung in London vorgestellt. Fast 160 Stundenkilometer konnte er mit seinem Sechszylindermotor erreichen.

Der Name **Lagonda** stammt von einem kleinen Fluss im amerikanischen Bundesstaat Ohio. Weltbekannt wurde er durch die britische Luxusautomarke. Die Produktionsziffern bei Lagonda blieben immer relativ klein.

ende ging es mit dem Bau von Renn- und Sportwagen weiter. 1933 kam der mit einem Sechszylinder-Motor ausgestattete *M45 Tourer* auf den Markt. Mit seinen 120 PS erreichte er eine Höchstgeschwindigkeit von 155 Stundenkilometern. Der Hubraum lag bei 4,5 Litern. Eine andere Ausführung des Modells, der *M45 Rapide*, gewann 1935 das 24-Stundenrennen von Le Mans.

1935 übernahm Alan Good das finanziell angeschlagene Unternehmen. Der neue Eigentümer überredete Walter Owen Bentley, von Rolls-Royce zu Lagonda zu wechseln und die technische Leitung zu übernehmen. Unter Bentleys Führung entstand 1938 ein Zwölfzylinder-Luxuswagen mit der Bezeichnung *V12 Rapide*. Mit einem Hubraum von 4,5 Litern erbrachte das Modell eine Leistung von 175 PS. Die Verkaufszahlen blieben jedoch gering. 1947 übernahm David Brown Lagonda und vereinigte die Firma mit Aston Martin.

DER GROSSE MÄNNERTRAUM | *Sportlich-kühl: britische Sportwagen*

Den **Spitfire 4** führte **Triumph** 1962 ein, um auf dem Markt für kleine Sportwagen mit anderen Herstellern konkurrieren zu können. Trotz mancher Kritiken fand der Zweisitzer viele Käufer.

Triumphale Sportwagen

Die in Coventry ansässige Triumph Motor Company hatte schon früh die Liebhaber von Sportautos als Zielgruppe gesehen. Das sportliche Engagement begann 1932 mit der Produktion des Vierzylinderwagens *Southern Cross*. 1934 und 1935 baute man bei Triumph mit dem *Dolomite Straight Eight* einen Rennwagen, der von einem 121 PS starken Achtzylinder-Aggregat mit zwei Litern Hubraum und Motoraufladung angetrieben wurde. Das Modell, das einem *Alfa Romeo 8C* ähnelte, ging jedoch nie in Serienproduktion. Insgesamt wurden nur drei Exemplare des 150 Stundenkilometer schnellen Fahrzeugs hergestellt. Der Grund dafür lag bei den finanziellen Schwierigkeiten, in die das Unternehmen geraten war.

Standard-Triumph Triumph überstand die folgenden schwierigen Jahre nicht und ging 1944 in der ebenfalls in Coventry ansässigen Standard Motor Company auf. Der Markenname blieb jedoch bestehen, und der neu gegründeten Tochtergesellschaft Standard-Triumph wurde die Aufgabe übertragen, die bekannte Automarke zu erhalten.

Zu den ersten Nachkriegsmodellen gehörte der *Triumph Roadster*. Der Wagen war anfangs mit einem 1,8 Liter großen Motor ausgestattet. 1948 wurde der Hubraum auf zwei Liter

Bei einigen der **Triumph**-Modelle befand sich die Weltkugel auf der Motorhaube und manchmal auch an den Radkappen. Trotz einiger Triumphe wurde das Unternehmen doch von der Standard Motor Company übernommen.

vergrößert. Man nannte die beiden Versionen zur Unterscheidung *1800 Roadster* und *2000 Roadster*. Das Modell stieß auf gemischte Reaktionen. Manche hielten das Design für zu plump. Auffallend waren auch die drei Scheibenwischer an der Windschutzscheibe. Trotz dieser Kritiken wurden etwa 4500 Exemplare des Roadsters verkauft, was angesichts der schwierigen Nachkriegsjahre nicht schlecht war. Dennoch wurde die Produktion 1949 wieder eingestellt.

Erst 1952 stellte Triumph auf der London Motor Show einen neuen Roadster unter der Bezeichnung *TR1* vor. Kritiken hagelte es auch diesmal, aber nicht wegen des Designs, sondern wegen der angeblich zu geringen Leistung und einiger Sicherheitsmängel. Die Triumph-Entwickler gingen daraufhin zurück ans Reißbrett und nahmen Verbesserungen vor. Im folgenden Jahr kam der nun serienreife *TR2* auf den Markt. Die Resonanz war bedeutend besser. Ein zwei Liter großer Vierzylindermotor war für den Antrieb zuständig und bot eine Leistung von 91 PS. Der Sportwagen erreichte bis zu 170 Stundenkilometer. Vom *TR2* wurden bis 1955 etwa 8600 Exemplare gebaut. Nachfolger war der *TR3*. Weitere *TR*-Generationen wurden bis 1981 produziert. Doch der größte Erfolg gelang mit den *Spitfire-Roadstern*, die den Glanz und die Leichtigkeit der Côte d'Azur oder von Malibu widerspiegeln.

Der Zwei-Liter-Motor des **TR3** leistet 100 PS. Die meisten Exemplare des Roadsters wurden in die Vereinigten Staaten exportiert.

Die erste Generation des **Triumph** *Spitfire* wurde im Jahr 1964 vom **Spitfire 4 Mark 2** abgelöst. Diese Version leistete 67 PS und war bis zu 157 Stundenkilometer schnell. Trotz des stärkeren Motors konnte der Kraftstoffverbrauch gesenkt werden.

DER GROSSE MÄNNERTRAUM | *Sportlich-kühl: britische Sportwagen*

Das Chassis dieses Modells stammt von **Bristol**. Die Carozzeria Bertone war für die Karosserie zuständig, und das Unternehmen **Arnolt** übernahm den Import in die Vereinigten Staaten, wo der Wagen als **Arnolt Bristol** verkauft wurde.

Der **Bristol 404** befand sich ab 1953 im Produktionsprogramm des britischen Autobauers. Als Antrieb kam ein BMW-Motor zum Einsatz. Wegen des ungünstigen Preises blieb die Nachfrage jedoch eher gering. »

Bristol – vom Flugzeug- zum Autobau

Bristol gehört nicht nur zu den Nachzüglern in der Autobranche, sondern auch zu den exklusivsten Marken. Auf eine Massenproduktion verzichtete man. Stattdessen wurde jedes einzelne Fahrzeug von Hand gefertigt. Die Devise lautete, Autos für Individualisten herzustellen.

Vor dem Zweiten Weltkrieg stand der Name Bristol im technischen Bereich noch nicht für Autos, sondern für Flugzeuge. Seit 1910 baute die Bristol Aeroplane Company (BAC) in Friston, in der Nähe der südwestenglischen Stadt Bristol, Flugzeuge. Verständlicherweise brachte der Zweite Weltkrieg einen erheblichen Bedarf an den Produkten des Unternehmens mit sich. Nach Kriegsende mussten die Überkapazitäten jedoch wieder abgebaut werden. Bei BAC entschloss man sich deshalb dazu, einen Ableger für die Autoproduktion zu gründen. 1947 wurde daraus Bristol Cars Limited. Um das nötige Know-how im Autobau zu

Der Typ **409** war das dritte **Bristol**-Modell, das einen V8-Motor von Chrysler unter der Haube hatte. Der Wagen wog leer 1600 Kilogramm und erreichte eine Spitzengeschwindigkeit von 212 Stundenkilometern.

Lotus

Ein Schnellstarter Lotus gehört zwar ebenfalls zu den Nachzüglern in der Automobilbranche, beschleunigte aber vom Stand aus auf einen der ersten Plätze im Rennsport. Der exzentrische Colin Chapman gründete im Alter von 24 Jahren 1952 das Unternehmen. Lotus-Wagen fuhren Triumphe bei zahlreichen Rennen ein. In den 1960er- und 1970er-Jahren war das Team Lotus der erfolgreichste Formel-1-Rennstall. Zu den bekanntesten Lotus-Straßenmodellen gehörten der *Seven*, der *Elite*, der *Europa* und der *Elan*.

bekommen, hatte BAC bereits 1945 eine Mehrheit an dem britischen Unternehmen Frazer Nash erworben, das vor dem Krieg auch mit BMW kooperiert hatte. Die Pläne für das erste Auto besorgte man sich aus dem kurz vorher besiegten Deutschland, nämlich von BMW in München. Es gelang auch, einen Chefingenieur des bayerischen Autobauers anzuheuern. Als Ergebnis der Entwicklungsarbeit wurde im Jahr 1946 dann der *Bristol 400* vorgestellt. Äußerliche Ähnlichkeiten mit dem *BMW 327* waren offensichtlich. Bei anderen Komponenten hatte man sich von den BMW-Model-

len *326* und *328* inspirieren lassen. Bis 1950 wurden 487 Exemplare des *Bristol 400* hergestellt.

Die äußerlichen Ähnlichkeiten mit BMW waren, sieht man vom Kühlergrill ab, beim Nachfolger *Bristol 401* im Großen und Ganzen verschwunden. Der Motor war der gleiche geblieben. Die Leistung war jedoch um fünf PS auf nunmehr 86 PS gestiegen. Über 600 Stück des *Bristol 401* fanden bis 1953 einen stolzen Besitzer.

Bristol setzte in der Folgezeit bei den Antriebsaggregaten weiterhin auf BMW-Technik. 1961 erfolgte jedoch der Umstieg auf Chrysler-Motoren.

DER GROSSE MÄNNERTRAUM | *Sportlich-kühl: britische Sportwagen*

Healey – von Triumph zu Austin

Donald Mitchell Healey (1898–1988) war Ingenieur, Pilot, Rallye-Fahrer und Unternehmer. Die Begeisterung für schnelle Fortbewegungsmittel, wie Automobile und Flugzeuge, erbte er von seinem Vater, der ihm 1914 die Aufnahme einer Lehre bei dem Flugzeughersteller Sopwith Aviation ermöglichte. Im gleichen Jahr begann der Erste Weltkrieg, und Healey meldete sich als Freiwilliger beim Vorläufer der britischen Luftwaffe, dem Royal Flying Corps.

Nach dem Krieg begann Healey Maschinenbau zu studieren. Praktische Erfahrung gewann er in der Werkstatt seines Vaters. Aber er liebte den Reiz der Geschwindigkeit und nahm bald an Rallyes teil. 1928 gewann er mit einem *Triumph Super Seven* die Bournemouth Rallye. 1929 meldete er sich für die Rallye Monte Carlo an, verfuhr sich aber auf dem Weg zur Rennstrecke und wurde deshalb disqualifiziert. Dieser Fehlschlag entmutigte ihn jedoch nicht. Im folgenden Jahr nahm er noch einmal teil und erreichte den siebten Platz. 1931 wurde er schließlich Sieger der Rallye Monte Carlo.

Die **Austin-Healey-Modelle** waren das Ergebnis eines zwanzigjährigen Kooperationsabkommens zwischen Donald Healey und der British Motor Corporation. Die zweitürigen Roadster waren beliebte Sportwagen.

Dieses Logo ziert die Motorhaube eines **Austin-Healey Sprite**. Der kleine, leichte Sportwagen erwies sich als Bestseller, wozu sicherlich der Preis von unterhalb 700 Pfund beitrug. Von 1958 bis 1971 wurden fast 130 000 Exemplare in England und Australien hergestellt.

Überarbeitungen erlebte der **Austin-Healey Sprite** in den Jahren 1961, 1964 und 1966. Die oben abgebildete Version gehörte zur vierten Generation. Der Hauptunterschied zu den früheren Ausführungen war der stärkere, 1,3 Liter große Vierzylindermotor. Die Leistung lag bei 65 PS.

Kurz darauf setzte er sein technisches Know-how dazu ein, selbst bei der Verbesserung von Rennwagen mitzuwirken. Er hatte bei Triumph einen entscheidenden Anteil an der Entwicklung des *Southern Cross* und war praktisch für die Entstehung des *Dolomite* verantwortlich. Später erzählte er, er habe „das Ding in sechs Monaten gemacht. Der Motor war von Alfa Romeo abgekupfert." Er habe jede einzelne Schraube abgeschaut, weil Triumph noch nie einen Rennmotor gebaut hatte. Seinen Plan, 1935 wieder an der Rallye Monte Carlo teilzunehmen, konnte er jedoch nicht durchführen, da er zuvor seinen *Dolomite* zu Schrott fuhr.

Nach dem Zweiten Weltkrieg gründete Healey sein eigenes Unternehmen, die Donald Healey Motor Company. Auf der London Motor Show 1952 traf er den Aufsichtsratsvorsitzenden der British Motor Corporation, zu der damals die Marke Austin gehörte. Bald darauf kam es zu einem Kooperationsabkommen und schon im folgenden Jahr erschien der *Austin-Healey 100*, ein leichter und kostengünstiger Roadster, der mit seinem 2,7-Liter-Motor eine Höchstgeschwindigkeit von 100 Meilen (etwa 161 Kilometer) pro Stunde erreichen konnte. Ab 1959 kamen die „großen Healeys", die eigentlich *Austin-Healey 3000* hießen und einen Motor mit 2,9 Litern Hubraum unter der Haube hatten, auf den Markt. Zu den interessantesten Wagen gehört der *Austin-Healey Sprite*, ein – ab der zweiten Generation – edel gestylter kleiner Sportwagen.

Trotz des nicht gerade sonnigen Wetters auf den britischen Inseln brachte die dort tätige Automobilindustrie eine erstaunlich große Anzahl von **Sportwagen**, darunter viele zweisitzige Roadster, hervor.

DER GROSSE MÄNNERTRAUM | Die großen Italiener

Die großen Italiener

Italien brachte einige der berühmtesten und erfolgreichsten Sportwagenmarken hervor. Bekannt waren die italienischen Wagen nicht nur für ihre Leistungskraft, sondern auch für ihr Styling. Verantwortlich dafür waren die besten Designer und Karosseriehersteller. Dies hatte natürlich seinen Preis.

Die Karosserie des **Ferrari 166MM** mit dem Beinamen *Barchetta* stammte von der Carrozzeria Touring. Es handelte sich dabei um ein eher einfach ausgestattetes Basismodell des Zweisitzers.

Enzo Ferrari wurde in der Nähe von Modena, in der italienischen Region Emilia Romagna geboren. Er war zehn Jahre alt, als ihn sein Vater zu einem Autorennen mitnahm – den Coppa Florio 1908 in Bologna. Vincenzo Lancia und Felice Nazzaro fuhren damals für Fiat. Enzos Begeisterung für schnelle Autos war geweckt. In den folgenden Jahren besuchte er Rennen, wann immer er konnte. 1914 beendete er die Schule und absolvierte in der Schlosserei seines Vaters eine Ausbildung. Als er sich jedoch 1918 bei Fiat in Turin als Werksfahrer bewarb, wurde er aufgrund mangelnder Ausbildung abgelehnt. Enzo fand jedoch eine Anstellung bei „Costruzioni Meccaniche Nazionali" (CMN), einem kleinen Betrieb in Mailand, der Militärfahrzeuge, die vom Ersten Weltkrieg übrig geblieben waren, für die zivile Nutzung umbaute.

1919 erfüllte sich dann für Enzo Ferrari ein Traum. Er hatte die Gelegenheit, für CMN an dem Langstreckenrennen Targa Florio, das traditionell in den sizilianischen Bergen stattfand, teilzunehmen. Zwar kam er nur auf den neunten Platz, was nicht verwunderlich war, aber es war ein ausreichender Achtungserfolg, um im folgenden Jahr zu Alfa Romeo wechseln zu können. Bei der nächsten Targa Florio belegte Ferrari mit seinem Alfa Romeo den zweiten Platz. 1924 erlebte er seinen größten Triumph. Er gewann den Coppa Acerbo, ein 25 Kilometer langes Rennen in den Abruzzen. 1929 gründete Enzo in Modena sein eigenes Unternehmen, die Scuderia Ferrari, die Rennwagen baute und nach wie vor von Alfa Romeo unterstützt wurde.

Ferrari in Maranello Ab 1947 begann Ferrari, inzwischen nach Maranello umgezogen, eigene Sportwagen für den Verkauf herzustellen. Das erste Modell hieß einfach *125C*. Das „C" in der Typenbezeichnung stand für Competizione. Die Zahl gab das Volumen eines Zylinders des V12-Motors wieder. Der Hubraum lag also insgesamt bei 1,5 Litern. Von

Vom **Ferrari 250 GTO** wurden von 1962 bis 1964 nur 39 Stück hergestellt. Die damaligen Käufer tätigten eine gute Investition, denn heute ist der *250 GTO* eines der teuersten Autos der Welt.

dem Modell produzierte Ferrari zwei Exemplare, allerdings mit unterschiedlichen Karosserien. Noch im gleichen Jahr stellte man in der Ferrari-Werkstatt in Maranello den Nachfolger des *125C* vor. Er hieß *Ferrari 159*, weil das gerundete Volumen eines Zylinders bei 159 Kubikzentimetern lag. Der Hubraum hatte sich durch den längeren Hub und die größere Bohrung auf 1,9 Liter erhöht. Der Motor des *Ferrari 125* fand in den folgenden Jahren bei einigen Modellen weiterhin Verwendung, weshalb es auch noch einen *Ferrari 125GP* und einen *125F1* gab.

Schon 1948 begann Ferrari mit dem Bau des *166*, der in verschiedenen Ausführungen entstand, nämlich als *Spyder Corsa* mit 150 bis 160 PS Leistung, als *166 Sport* mit 90 PS Leistung, als *166MM* (Mille Miglia) mit 140 PS, als *166FL* mit einem 310 PS starken kompressorgeladenen Motor

Leicht und aerodynamisch sollte die Karosserie nach Vorstellung von Carrozzeria Touring sein. Deshalb stand auf der Motorhaube des **166MM Barchetta** auch das Wort *superleggera* (superleicht).

sowie als *166 Inter* mit 110 PS, der mehr für die zivile Nutzung gedacht war und in Ausführungen als Coupé und Cabriolet angeboten wurde.

Ferraris für die Straße In der Folgezeit brachte Ferrari die Modelle sowohl in Renn- oder Sportausführung als auch als Gran Turismo auf den Markt. 1950 erschienen beispielsweise der *195 S*, der nur in zwei Exemplaren hergestellt wurde und für den Einsatz bei Rennen gedacht war, sowie der *195 Inter*, die Gran-Turismo-Version, von dem 24 Stück auf den Markt kamen.

1964 führte **Ferrari** den Typ **330 GT** ein. Nur 1088 Exemplare des Sportwagens wurden hergestellt. Einer der stolzen Besitzer war der Beatle John Lennon, der sich den Wagen am Tag seiner Führerscheinprüfung zulegte.

Beginnend mit dem *340 America* brachte Ferrari ab 1951 zudem eine weitere Ausführung von Touring-Wagen auf den Markt. Die Karosserie war oft individuell angepasst. Ab 1956 gab es den *410 Superamerica*. Der V12-Motor dieses Sportwagens leistete mit seinen fünf Litern Hubraum 340 PS. Der Preis dieser Modelle war sehr hoch und die Produktionsziffer entsprechend niedrig. Vom *410 Superamerica* wurden beispielsweise nur 34 oder 35 Exemplare hergestellt.

Wer einen Ferrari fuhr, war auf Exklusivität bedacht und konnte sicher sein, Aufmerksamkeit zu erregen. 1968 führte Ferrari aber eine eigenständige Marke ein, die *Dino* genannt wurde und sich mit Ferrari-Technik und -Design an eine breitere Zielgruppe wenden sollte – wenn auch mit einem V6-Motor. Der Markenname sollte an den früh verstorbenen Sohn des Unternehmensgründers erinnern. 1976 entschied man sich aber, alle Modelle wieder als Ferrari anzubieten.

Der **250 GTE** war ein viersitziger **Ferrari**, der 1960 auf den Markt kam. Die Karosserie stammte von Pininfarina. Bis 1963 wurden 950 Exemplare gebaut. Damit war das Modell einer der meistverkauften Ferraris.

Enzo Ferrari benutzte das schwarze Pferd ab 1940 als Logo. Es geht auf den italienischen Kampfpiloten Francesco Baracca zurück, der im Ersten Weltkrieg viele Siege verzeichnen konnte, am Ende aber abgeschossen wurde. Nach einem Rennsieg schlug Baraccas Mutter Ferrari vor, das Symbol zu verwenden.

Cisitalia

Exklusive Renner aus Turin Piero Dusio war ein erfolgreicher Unternehmer, der seit jeher eine Leidenschaft für schnelle Autos hatte. 1946 gründete er in Turin die Sport- und Rennwagenmarke Cisitalia. Bei dem Namen handelte es sich um ein Akronym, das für Consorzio Industriale Sportive Italiana (Italienisches Sportindustriekonsortium) stand. Zeitweise waren an dem Projekt Ferry Porsche und Carlo Abarth beteiligt. Das erste Modell war der *D46*, ein kompakter Rennwagen, mit dem auch mehrere Siege erzielt wurden. Kommerziell geriet das Unternehmen jedoch auf den Pannenstreifen und musste 1964 die Produktion einstellen.

Lamborghini – vom Traktor zum Sportwagen

Unter den italienischen Sportwagenherstellern wurden zwei Namen besonders bekannt: Ferrari und Lamborghini. Die Gründer dieser Marken stammten nicht nur aus der gleichen Gegend, sie waren auch beide in sehr einfachen Verhältnissen aufgewachsen und hatten sich mit Fleiß und Kreativität emporgearbeitet.

Ferruccio Lamborghini wurde 1916 in Renazzo, einem Ortsteil der Kommune Cento in der italienischen Provinz Ferrara, geboren. Wie Enzo Ferrari entdeckte auch Ferruccio Lamborghini schon sehr früh die Interessen, die ihm später zum Erfolg verhelfen würden. Ihn faszinierten Maschinen aller Art und vor allem Motoren. Während des Zweiten Weltkriegs war er auf der griechischen Insel Rhodos stationiert und hatte dabei die Gelegenheit, mit der Reparatur von Militärfahrzeugen seine praktischen Kenntnisse zu erweitern. Nach Kriegsende kehrte er nach Cento zurück und gründete dort eine Reparaturwerkstatt. Die ersten Nachkriegsjahrzehnte waren auch in Italien die große Zeit der Motorisierung der Landwirtschaft. Lamborghini erkannte bald, dass ein enormer Bedarf an Traktoren bestand und brachte 1948 seinen ersten Schlepper auf den Markt. Innerhalb kurzer Zeit stieg er zu einem der wichtigsten italienischen Traktorenhersteller auf.

Der **350 GT** war das erste **Lamborghini**-Serienmodell. Die Karosserie stammte von Carrozzeria Touring. Etwa 120 Exemplare des leichten Sportwagens wurden hergestellt.

Ein zurückgewiesener Tipp Ferruccio Lamborghini interessierte sich jedoch nicht nur für Traktoren. Er schraubte selbst gern an seinen Autos herum und brachte sie auf Leistung. 1948 nahm er sogar mit einem *Fiat Topolino* an der Mille Miglia teil. Seinen *Topolino* fuhr er zwar zu Schrott,

Auf dem Turiner Auto-Salon war der erste **Lamborghini** zu sehen, damals jedoch noch ohne Motor, der erst später eingebaut wurde. Der **350 GTV** besaß Klappscheinwerfer, die man beim *350 GT* nicht mit übernahm.

aber dank seines Erfolgs im Traktorgeschäft konnte er sich jedes Auto leisten. In seiner Garage fehlte deshalb auch kaum eine der Nobelmarken. Alfa Romeo, Lancia und Mercedes standen Stoßstange an Stoßstange. Natürlich besaß er auch einen Ferrari, an dem er jedoch etwas auszusetzen hatte. Wenn er schnell fuhr, rutschte die Kupplung beim Beschleunigen. Enzo Ferrari, der in Maranello, nicht weit von Cento, seine Werkstatt hatte, war sein Freund. Als er ihn auf den Mangel hinwies, soll dieser geantwortet haben: „Das Auto läuft sehr gut. Das Problem ist, dass du zwar Traktoren lenken kannst, aber keinen Ferrari." Dies war für ihn der Anstoß, selbst in den Autobau einzusteigen.

1963 stellte Lamborghini auf dem Turiner Auto-Salon sein erstes Modell vor. Die Typenbezeichnung lautete *350 GTV*, was für „Gran Turismo Veloce" stand. Da die Reaktion auf den Prototypen sehr gut war, ließ er im folgenden Jahr die Serienproduktion in einer etwas veränderten Form unter der Bezeichnung *350 GT* anlaufen. Bei dem Coupé diente ein 3,5 Liter großer, 270 PS leistender V12-Motor als Antrieb. Der 1450 Kilogramm wiegende Wagen erreichte eine Höchstgeschwindigkeit von 280 Stundenkilometern. Bis 1966 wurden 135 Exemplare hergestellt.

Im Zeichen des goldenen Stiers

Ferruccio Lamborghini errichtete seine Automobilproduktion in dem kleinen Ort Sant'Agata Bolognese, der nicht weit von Maranello entfernt ist. Dort befindet sich auch heute noch der Unternehmenssitz. Als Logo wählte er einen Stier, der zum

Nach der Kampfstierrasse **Urraco** war dieser **Lamborghini** benannt. Das Modell war zuerst auf dem Turiner Salon 1970 zu sehen. Die Serienfertigung begann dann im Jahr 1973. Die Leistung des V8-Motors lag anfangs bei 220 PS, später wurde sie auf 265 PS erhöht.

einen an den legendären spanischen Arenakämpfer Murciélago erinnern sollte und zugleich sein Sternzeichen repräsentierte. Interessanterweise wird auf dem Emblem das Tier in Gold auf schwarzem Hintergrund dargestellt – mög-

Die Karosserie des 1976 auf den Markt gekommenen **Lamborghini Silhouette** war von derjenigen des *Urraco* abgeleitet. Für das Design war die Firma Bertone zuständig. Der *Silhouette* zeichnete sich unter anderem dadurch aus, dass er der erste in Serie produzierte offene Lamborghini war.

 DER GROSSE MÄNNERTRAUM | *Die großen Italiener*

licherweise ist dies eine Anspielung auf das Ferrari-Logo, das ein schwarzes Pferd auf gelbem Hintergrund zeigt.

1966 brachte Lamborghini gleich zwei neue Modelle auf den Markt. Der *400 GT* fungierte als Nachfolger des ersten Modells. Es handelte sich um ein Coupé, das aber einen 3,9 Liter großen Motor hatte. Die Leistung wurde mit 270 PS angegeben. Für die Karosserie war die Carrozzeria Touring zuständig. Das zweite Modell war der *Miura*, der in der ersten Ausführung von einem Mittelmotor mit einer Leistung von 350 PS angetrieben wurde. Für Lamborghini hatte das Modell eine besondere Bedeutung, denn das Unternehmen schrieb damit erstmals Gewinn.

Auf holpriger Straße Anfang der 1970er-Jahre geriet der Traktoren-Zweig der Lamborghini-Gruppe wegen geplatzter Exportaufträge in Schwierigkeiten. Die finanziellen Probleme griffen auch auf den Sportwagenbereich über, was dazu führte, dass Ferruccio Lamborghini die Traktorensparte verkaufte und 51 Prozent der Anteile des Automobilbereichs an den Schweizer Geschäftsmann Georges-Henri Rossetti übergingen. Die 1973 eingetretene Ölkrise verschlimmerte die Situation, was Lamborghini dazu veranlasste, seine restlichen Anteile am Unternehmen an René Leiner, einen Freund Rossettis, zu verkaufen.

In den 1970er-Jahren befand sich die Marke Lamborghini mit mehr Modellen als jemals zuvor auf dem Markt. Dazu gehörte auch der ab dem Jahr 1974 gebaute

1973 wurde auf dem Genfer Auto-Salon der **Countach** als Nachfolger des *Miura* präsentiert. Als Antrieb diente in der stärksten Ausführung ein 455 PS starker V12-Motor.

Der **Lamborghini Miura** gehörte zu den schnellsten Sportwagen seiner Zeit. Auch der Schah von Persien konnte es sich nicht verkneifen, sich ein Exemplar dieses Traumautos zuzulegen.

Countach, der Nachfolger des *Miura*, dessen Motorleistung bis zu 455 PS betragen konnte.

Kaum eine andere Automarke genoss unter Freunden von Sportwagen einen Ruf wie Lamborghini. Aber auch dieser gute Ruf konnte nicht verhindern, dass die neuen Besitzer bereits 1977 Konkurs anmelden mussten. In der Folgezeit kam es zu einem mehrfachen Eigentümerwechsel.

Ferruccio Lamborghini hatte sich währenddessen auf seinen Weinberg zurückgezogen und war ein erfolgreicher Winzer geworden.

Der 1966 eingeführte **Miura** war mit einem V12-Mittelmotor ausgestattet und leistete bis zu 415 PS. Das von Bertone stammende Design trug sicherlich mit dazu bei, dass der Sportwagen von der Fachwelt mit Lob überhäuft wurde.

DER GROSSE MÄNNERTRAUM | *Die großen Italiener*

Mit der Spider-Ausführung platzierte **Alfa Romeo** die sehr erfolgreiche **Giulietta** auf dem Markt für leichte Sportwagen. Einschließlich der *Spider-Veloce*-Version wurden über 17 000 Stück verkauft.

Alfa Romeo von sportlicher Seite

Wie die meisten anderen Hersteller, die auf ein sportliches Image bedacht waren, engagierte sich auch Alfa Romeo von Anfang an im Rennsport. Der 1922 vorgestellt *RL* verhalf dem Mailänder Unternehmen bereits auf dem Langstreckenrennen Targa Florio von 1923 zum Doppelsieg. Das Modell gab es unter anderem in den Ausführungen *Normale* und *Sport*. Die beiden Versionen unterschieden sich vor allem in Hinsicht auf die Motorleistung, die beim *RL Normale* 57 PS und beim *RL Sport* 72 PS betrug. Weitere Versionen waren der *RL Turismo*, der *RL Super Sport* und der *RL Targa Florio*. Beim Motor aller Varianten handelte es sich um ein Sechszylinderaggregat. Mit einem Vierzylindermotor war der ab 1924 gebaute *RM Sport* ausgestattet. Die Leistung dieses Modells lag bei 45 PS.

Als Nachfolger des *RL* und des *RM* stellte Alfa Romeo 1925 den *6C* vor. Diese Typenbezeichnung stand für *sei cilindri* (sechs Zylinder). Es handelte sich dabei um eine ganze Modellreihe, die bis 1953 in Ausführungen als Luxus-, Sport- und Rennauto im Programm von Alfa Romeo blieb. Als Antrieb kamen Sechszylindermotoren mit einem Hubraum von 1,5 bis 2,5 Litern zum Einsatz. Besonderen Ruhm heimsten aber die Achtzylindermodelle (*8C*) ein.

Eine schnelle Giulietta In den 1950er- und 1960er-Jahren brachte Alfa Romeo die sehr erfolgreichen Mittelklassewagen *Giulietta* und *Giulia* auf den Markt. Von diesen Modellen wurden auch sportliche Ausführungen angeboten. Die *Giulietta* gab es beispielsweise in einer Sprint-Version mit einem stärkeren Motor und höheren Geschwindigkeiten. In den Ausführungen *Sprint Speciale* und *Sprint Zagato*

Für viele gehört der **Alfa Romeo 2600 Spider** zu *den* sportlichen Luxusautos der 1960er-Jahre. Die kleine Auflage sorgte für Exklusivität. Nur 2253 Exemplare wurden bis 1965 bei Touring von Hand gefertigt.

waren bis zu 190 Stundenkilometer möglich. Ab 1955 wurde von dem Karosseriebauer Pininfarina das Cabrio *Giulietta Spider* gefertigt. Ebenso gab es von der 1962 eingeführten *Giulia* eine *Sprint-* und eine *Spider-*Version.

Auf der Weltausstellung 1967 in Montreal stellte Alfa Romeo dann ein Sportcoupé vor, das großes Interesse in der Fachwelt erregte und deshalb ab 1970 unter der Typen-

1961 brachte **Alfa Romeo** das Modell **2600** als Nachfolger des *2000* auf den Markt. Im gleichen Jahr erschien der *2600 Spider*. Diese sportliche Ausführung wurde bei der Carrozzeria Touring gebaut.

bezeichnung *Montreal* in Serienproduktion ging. Der Prototyp von 1967 hatte allerdings einen Mittelmotor besessen, beim Serienmodell entschied man sich dann aber doch für einen vorne eingebauten Motor. Der *Montreal* schaffte eine Höchstgeschwindigkeit von 200 Stundenkilometern. Die in den 1970er-Jahren rapide steigenden Benzinkosten wirkten beim Verkauf jedoch als Bremse. Bis 1977 wurden annähernd 4000 Exemplare hergestellt.

Abarth – Autotuning in Italien

Rennen hatte Carlo Abarth schon immer geliebt. 1933 ließ er sich auf ein Wettrennen mit dem Orient-Express auf der 1300 Kilometer langen Strecke Wien – Ostende ein. Er kam zwar auf seinem Motorradgespann 15 Minuten nach dem Zug am Ziel an, ließ sich aber einige Zeit später auf ein erneutes Kräftemessen in die umgekehrte Richtung ein und gewann diesmal mit einem Vorsprung von 20 Minuten.

Abarth wurde 1908 als Karl Abarth in Wien geboren. Mit 16 begann er seine Ausbildung bei verschiedenen Fahrrad- und Motorradherstellern und mit 21 baute er sein erstes Motorrad, das den Schriftzug *Abarth* trug. Er fuhr zahlreiche Rennen, erlitt einige gefährliche Unfälle und machte sich zudem einen Namen als begabter Motorradkonstrukteur.

Nach dem Zweiten Weltkrieg zog es Abarth nach Bologna, wo er gemeinsam mit einem Partner die Firma Abarth & Co. gründete. Später wurde der Firmensitz nach Turin verlegt. Das Unternehmensziel lag zunächst in der Produktion von Sportwagenzubehör und von Auspuffanlagen. Aber eine größere Bekanntheit erreichte Abarth durch das Tunen von Modellen bekannter Marken. Dazu gehörten Fiat, Alfa Romeo und Simca. Als 1957 der *Fiat Nuova 500* erschien, steigerte man bei Abarth dessen Leistung von 15 auf 20 PS und die Höchstgeschwindigkeit von 90 auf 100 Stundenkilometer. Auf Basis des *Fiat 500 D* erschien 1963 der *Abarth 595 SS*, der 27 PS und eine Höchstgeschwindigkeit von 130 Stundenkilometern vorweisen konnte. Abarth unterhielt außerdem einen eigenen Rennstall, für den sich bekannte Fahrer ans Steuer setzten.

Nach der Übernahme des Unternehmens 1971 durch Fiat, fiel Abarth weiterhin die Aufgabe zu, Fiat-Modelle renntauglich zu machen. Dazu gehörte beispielsweise der *Fiat 124 Sport Spider*, der als *Fiat 124 Abarth Rallye* für den Wettbewerb auf der Straße einsatzbereit gemacht wurde.

Abarth machte kleine Fiat-Modelle zu Flitzern. Bis zu 140 Stundenkilometer schnell war der **695 SS**. Sein 0,7 Liter großer Zweizylindermotor leistete 38 PS. Für die Beschleunigung von Null auf 100 Stundenkilometer benötigte das 470 Kilogramm leichte Fahrzeug 18 Sekunden.

1972 brachte **Abarth** eine Rallye-Version des bereits 1966 eingeführten *Fiat 124* auf den Markt. Dieser **124 Abarth Rallye** besaß einen 1,8 Liter großen Vierzylindermotor mit einer Leistung von 128 PS. Bis 1975 wurden von dem Sportwagen etwas mehr als 1000 Exemplare hergestellt. »

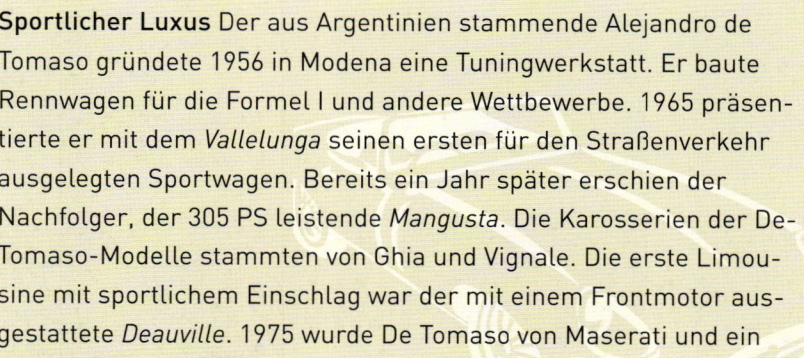

De Tomaso

Sportlicher Luxus Der aus Argentinien stammende Alejandro de Tomaso gründete 1956 in Modena eine Tuningwerkstatt. Er baute Rennwagen für die Formel I und andere Wettbewerbe. 1965 präsentierte er mit dem *Vallelunga* seinen ersten für den Straßenverkehr ausgelegten Sportwagen. Bereits ein Jahr später erschien der Nachfolger, der 305 PS leistende *Mangusta*. Die Karosserien der De-Tomaso-Modelle stammten von Ghia und Vignale. Die erste Limousine mit sportlichem Einschlag war der mit einem Frontmotor ausgestattete *Deauville*. 1975 wurde De Tomaso von Maserati und ein Jahr später von Innocenti übernommen.

DER GROSSE MÄNNERTRAUM | *Die großen Italiener*

Zu den Sportwagen der Oberklasse gehörte dieser **3500 GT**, den **Maserati** 1957 vorstellte. Im Jahr 1961 erhielt das Modell dann einen stärkeren Motor und hieß nun *3500 GTI*. Der Maserati war als Coupé und als Cabrio erhältlich.

Maserati – brüderlich für den Rennsport

Der Lokomotivführer Rodolfo Maserati hatte sieben Söhne, von denen sich die meisten für Fahrzeugtechnik interessierten – nur einer fiel aus der Reihe und wurde Maler. Die Brüder sammelten Erfahrungen bei verschiedenen Autoherstellern, darunter Fiat, Isotta Fraschini und Bianchi. Einige Mitglieder der Maserati-Familie nahmen auch an Rennen teil. 1914 waren sie soweit, sich selbständig zu machen. Der Unternehmenssitz stand in der Altstadt von Bologna. Zu dieser Zeit waren noch fünf der Brüder am Leben. Das Logo, ein Dreizack, soll der malende Angehörige der Maserati-Sippe entworfen haben.

Die Società Anonima Officine Alfieri Maserati (Werkstätten Alfieri Maserati AG) beschäftigte sich anfangs damit, Fahrzeuge anderer Hersteller, vor allem Modelle von Isotta Fraschini, zu tunen und renntauglich zu machen. Insbesondere Alfieri Maserati errang auch selbst einige Rennsiege. Nachdem er für einige Zeit disqualifiziert worden war, machte er sich daran, selbst einen Rennwagen zu konstruieren. Mit dem *Tipo 26* holte er für Maserati den ersten Klassensieg bei der Targa Florio in der 1,5-Liter-Klasse. Alfieri starb 1932. Aber die anderen Brüder ließen sich dadurch nicht entmutigen, sondern machten mit dem Rennwagenbau weiter. 1937 verkauften sie jedoch das Unternehmen an den Industriellen Adolfo Orsi, woraufhin der Umzug nach Modena erfolgte.

Eine breitere Modellpalette Mit dem *A 6* brachte Maserati 1947 das erste Serienfahrzeug auf den Markt. Der Sportwagen wurde als Coupé und Cabriolet angeboten. Die Karosserie stammte von Pininfarina. Der Hubraum des Fahrzeugs lag anfangs bei 1,5 Litern. 1951 kam ein zwei Liter großer Motor zum Einsatz. Dadurch erhöhte sich die Leistung von 65 auf 150 PS.

In den 1960er-Jahren verbreitete Maserati die Produktpalette erheblich. Im Angebot befand sich nun auch eine viertürige Oberklassenlimousine mit der Bezeichnung *Quattroporte*. Als Coupé und Cabriolet wurde ab 1957 der *3500 GT* angeboten. Der 3,5-

Zur Oberklasse gehört auch der luxuriöse Sportwagen **Quattroporte**, den **Maserati** 1963 auf den Markt brachte. Die erste Generation der viertürigen Limousine besaß einen 260 PS leistenden V8-Motor und war 220 Stundenkilometer schnell.

Der **Merak** ist nach einem Stern im Großen Bären benannt. **Maserati** führte das Modell 1973 ein. Als Antrieb diente ein V8-Motor, der abhängig von der Ausführung bis zu 208 PS leistete.

Liter-Sechszylindermotor leistete zu Beginn 220 PS. Dieser Wert konnte 1960 auf 235 PS erhöht werden. *5000 GT* hieß ein Modell, das 1959 gestartet und bis 1964 produziert wurde. Der Achtzylindermotor dieses Coupés brachte es auf eine Höchstleistung von 340 PS. Die Modelle *Mistral*, *Mexico* und *Ghibli SS* waren die Nachfolger des *3500* und *5000 GT*. Heute ist Maserati ein Teil der Fiat-Gruppe.

Frankreich und der Rest der Welt

Die französischen Rennwagen hatten Anfang des 20. Jahrhunderts die Farbe Blau zugeteilt bekommen. Dieser Tradition verpflichteten sich viele Hersteller von Sportwagen – die nationalstolzen Gallier waren es schließlich auch, die das Autorennen erfunden hatten. Viele interessante Firmen befassten sich seitdem damit, Sportlichkeit und fließende Formen in einen echten Traum zu verwandeln.

Ettore Bugatti war ein Exzentriker, ein Schöngeist und vor allem natürlich ein Technikbesessener. Gibt es bessere Voraussetzungen dafür, wunderschöne und erfolgreiche Sportwagen zu bauen? Der italienische Weltbürger jedenfalls zeigte, dass dies so war. Bereits das erste Modell seiner Firma, der *Typ 13*, dem Bugatti den Namen *pur sang* gab – zwei Worte, die im Pferderennen ein Vollblut kennzeichnen – erregte bei seiner Vorstellung beim Automobilsalon von Paris 1910 Aufsehen. Sein Design beeindruckte die interessierten Gäste, auch wenn sich viele von ihnen skeptisch äußerten, was das Leistungsvermögen des Wagens betraf. Doch schon bei den ersten Rennen zeigte der *Typ 13* seine Klasse. Über 400 Exemplare wurden als Straßenfahrzeuge verkauft. Auch nach der Zwangspause infolge des Ersten Weltkriegs produzierte Bugatti dieses Modell weiter.

1922 stellte der Italiener seinen ersten Achtzylinder vor. Der *Typ 30* brachte es auf vergleichsweise hohe Produktionszahlen: etwa 600 Stück wurden gebaut. Sein Nachfolger wurde der berühmte *Typ 35*, der eigentlich speziell als Rennwagen konzipiert war. Die Versionen *35 B* und *C* bekamen einen Roots-Kompressor, der die Motorleistung auf 135 PS erhöhte. Dieser Typ dominierte zu seiner Zeit die Autorennen der Welt. In diese Modellreihe gehörten auch die Tourenwagen *Typ 40* von 1926 und *43*. Ettores Sohn Jean Bugatti war an der Entwicklung dieser Wagen beteiligt. Den *Typ 57*, eine echte Ikone der Firma, hatte der Sohn sogar allein konstruiert. Das ab 1933 gebaute Fahrzeug war mit

Ein **Bugatti 35 B** auf der Rennstrecke: Mit diesem Modell gewann der britische Geheimagent William Grover-Williams 1929 den ersten Großen Preis von Monaco.

Dieser tiefergelegte **Bugatti T 57 S** aus dem Jahr 1937 hatte eine Karosserie von Gangloff erhalten. Der Entwurf des Wagens stammt von Bugattis Sohn Jean, der leider 1939 tödlich verunglückte.

einem Achtzylinder-Reihenmotor ausgestattet und leistete je nach Modell zwischen 135 und 210 PS. Eine tiefergelegte Version *S* wurde produziert, die jeden Autofreund dahinschmelzen ließ. Nur vier Exemplare wurden von der filigran wirkenden, in kühn geschwungenen Formen daherkommenden Version *57 SC* Atlantic gebaut. Mit dem Zweiten Weltkrieg kam das Ende der Firma. Ein Wiederbelebungsversuch des zweiten Sohns Roland, der auf der Plattform des *Typs 57* ein neues Modell *Typ 101* aufbaute, scheiterte leider.

Delahaye – Delage – Matra – Talbot: große Namen

Delahaye hatte eine ungewöhnliche Mischung. Die Firma baute Nutzfahrzeuge und Rennwagen, die auch in „Zivilversionen" in den Verkauf gelangten. Eines der berühmtesten Modelle war der *135 MS*, der zwischen 1938 und 1952 gebaut wurde. Ihn gab es als Rennwagen, Roadster, Coupé und Limousine, außerdem sogar mit Stromlinienkarosserie. Rennsiege waren an der Tagesordnung. 1935 glaubte man, sich Kompetenz hinzukaufen zu können. Die angeschlagene Automobilfirma Delage war in Schwierigkeiten geraten und Delahaye griff zu. Doch die Verkaufsprobleme, die nach dem Zweiten Weltkrieg auftraten und der stockende Absatz bereiteten Delahaye Sorge. So kam es zur Übernahme durch Hotchkiss. Die Rechte für Delage waren in diesem Kauf mit enthalten. Nur zwei Jahre später wurde der letzte Delahaye montiert.

Das spartanische Cockpit eines **Bugatti**. Die Firma machte mit ihren Autos besonders im Rennsport von sich reden. Die Wagen mussten deshalb auf jeden überflüssigen Schnickschnack verzichten.

Delage war als Sport- sowie Rennwagenhersteller ebenso bekannt wie für seine Auftragsarbeiten für reiche Leute, die sich ein individuelles Luxusvehikel zulegen wollten. Modelle mit Vier-, Sechs- und Achtzylindermotoren kamen auf die Lieferlisten. Besonders wichtig war das Design, das sich auch bei einem der bekanntesten Sportwagen wie dem *D8 S* zeigte. Unter dem Dach von Delahaye wurden weitere Automobile konstruiert, doch schon bald musste die Produktion komplett eingestellt werden.

Matra war ein französisches Rüstungsunternehmen, das 1965 die Automobilfabrik von René Bonnet übernommen

DER GROSSE MÄNNERTRAUM | *Frankreich und der Rest der Welt*

Matra und **Simca** entwickelten gemeinsam diesen Sportwagen, der eine Kunststoffkarosserie besaß. Drei Personen konnten nebeneinander im **Bagheera** Platz nehmen. Basis des Modells war der *Simca 1100*.

hatte und so ins Pkw-Geschäft eintrat. Es wurden Sportwagen gebaut, die eine Kunststoffkarosserie hatten. Matra gründete auch einen Formel-I-Rennstall. 1969 wurde für Simca der *Bagheera* entwickelt, ein Sportwagen. Es gab ihn mit 84 oder 90 PS. Eine Rennversion mit zwei 1,3-Liter-Motoren und einer Höchstgeschwindigkeit von bis zu 220 Stundenkilometern wurde lediglich in zwei Testexemplaren gebaut. Der *Bagheera* wurde 1981 durch den *Murena* ersetzt. Verkauft wurde er als Matra-Simca, der *Murena* kam als Talbot-Matra auf den Markt, denn inzwischen war Simca zu Peugeot gekommen und in die Marke Talbot integriert worden. Der Name *Bagheera* war ungewöhnlich. Er stammte aus dem *Dschungelbuch* von Rudyard Kipling.

Immer wieder Highlights Rückblende: Sommer 1902, Grand-Prix-Rennen von Paris nach Wien. Sieger wurde Marcel Renault auf Renault. Die jahrelange Dominanz der Fabrikate von Panhard & Levassor und Mors war gebrochen. Leider liegen Triumph und Katastrophe nur allzu oft eng beieinander. Ein Jahr später fand der Grand Prix auf der Strecke von Paris nach Madrid statt. Zweiter wurde Louis Renault, doch zum Feiern war ihm nicht zumute, denn sein Bruder Marcel war bei diesem Rennen tödlich verunglückt. Louis Renault baute jedoch auch weiterhin Sportwagen.

Bekannt wurden die Sportwagenversionen seiner *Stella*-Reihe der 1930er-Jahre. Dazu gehörten die Modelle *Nervasport* und *Reinasport*, vor allem aber die Typen *Nerva Grand Sport* und *Viva Grand Sport*. Der erste hatte einen Achtzylinder-Reihenmotor, der andere war mit einem Sechszylinder ausgestattet. Doch mit dem Beginn des Zweiten Weltkriegs hatte dieser Glanz ein Ende.

Unter staatlicher Obhut war es dann erst einmal nötig, die Produktion wieder aufzubauen. In den 1950er-Jahren arbeitete Renault mit dem Rennfahrer und Konstrukteur Amadée Gordini zusammen. Unter seiner Regie entstanden Rennversionen der Renault-Modelle, etwa auf Grundlage der *Dauphine*. Mitte der 1960er-Jahre entwickelte er aus dem *R 8* den *R 8 Gordini*, der im Vergleich zum Standardmodell eine 40 Stundenkilometer höhere Spitzengeschwindigkeit vorweisen konnte. Der Wagen konnte einige Rennerfolge vorweisen.

Bedeutender wurde jedoch die Kooperation mit der Firma Alpine. 1955 hatte Jean Rédélé in Dieppe nach Rennerfolgen mit einem umgebauten *Renault 4 CV* die Société des Automobiles Alpine gegründet, um weitere Sportwagen zu bauen. Sein Glanzstück wurde der *Alpine A 110* von 1961, der auf der Plattform des *Renault 8* aufgebaut war. Die Karosserie aus Glasfaser war wunderschön gestaltet: flach, breit und tiefliegend mit hübschen Rundungen. Einflüsse durch den *Lotus Elan* oder italienische Sportwagen waren nicht zu verleugnen. Alpine baute verschiedene Motoren ein. Die stärkste Version, ein Einspritzer-Vierzylinder-Reihenmotor mit 1,6 Litern Hubraum leistete 127 PS. Die Rallyeversion mit Turbolader und Doppelvergaser kam sogar auf 250 PS. In Anlehnung an die „Berline", im Französi-

Delahaye – Der französische Nutzfahrzeughersteller gönnte sich mit dem Bau traumhaft schöner, lang gezogener Sportwagen ein faszinierendes Hobby. Die Karosserien stammten von Meistern ihres Fachs.

Der **Renault Alpine A 110**, der von der Firma **Alpine** entwickelt worden war, gehörte zu den besten Rallye-Fahrzeugen seiner Zeit. 1971 belegte er bei der Rallye Monte Carlo die ersten drei Plätze.

schen ein Auto mit zwei Seitenfenstern, wurde der *A 110 Berlinette* genannt – kleine Berline. In Deutschland erhielt das Auto den ziemlich unpassenden Namen *Flunder*. Der *A 110* feierte unzählige Rennsiege und gehört zu den erfolgreichsten Rallyemodellen aller Zeiten. 1973 sicherte sich Renault eine Mehrheitsbeteiligung und 1978 erfolgte die vollständige Übernahme der Firma Alpine. Die Alpine-Modelle wurden fortan die Sportwagen von Renault.

Die schicke Karosserie des **Renault Caravelle** wurde von Pietro Frua designt. Zwischen 1958 und 1968 wurde der Wagen gebaut. Die *Caravelle* hatte einen Vierzylinder-Motor im Heck, der anfangs nur 845 Kubik hatte, am Ende der Bauzeit war er aber auf 1,1 Liter gewachsen. Neben dem Coupé baute man auch ein Cabrio. In den ersten Jahren wurde dieses Modell in Europa als *Renault Floride* verkauft.

DER GROSSE MÄNNERTRAUM | *Frankreich und der Rest der Welt*

Sportlich auf dem Highway

Lange Zeit waren die amerikanischen Hersteller durch relativ kostengünstige, in großer Stückzahl produzierte Autos, aber auch durch Wagen der Ober- und der Luxusklasse bekannt gewesen. Der Bereich der Sportwagen wurde durch europäische Importe abgedeckt. Im Jahr 1953 stellte General Motors jedoch auf der Motorama-Ausstellung in New York die *Corvette* vor. Es handelte sich dabei um einen zweisitzigen Roadster, der für amerikanische Verhältnisse mit einer Länge von 425 Zentimetern relativ klein war. Bei der Konstruktion hatte man sich verschiedener Bauteile, die bereits in anderen General-Motors-Modellen Verwendung fanden, bedient. Als Inspiration für die *Corvette* hatte der *Jaguar XK 120* gedient. Aber in Hinsicht auf die Leistung war die erste Ausführung noch nicht ganz so sportlich und hinkte dem Vorbild hinterher. Beim Motor handelte es sich um ein Sechszylinderaggregat mit einem Hubraum von 3,9 Litern. Die Reaktion der Öffentlichkeit auf den amerikanischen Sportwagen war zunächst positiv, nicht zuletzt wegen der neuen Karosserie aus Glasfaser.

Der kommerzielle Start, den die *Corvette* hinlegte, war jedoch alles andere als sportlich und fast hätte man das Projekt wieder eingestellt, wenn nicht Ford 1955 den *Thunderbird* auf den Markt gebracht hätte und man dem Konkurrenten etwas entgegenstellen wollte. Was der *Corvette* auf die Beine half, war nicht zuletzt der

Mit der *Corvette* gelang **Chevrolet** der große Einstieg in das Sportwagengeschäft. Trotz anfänglicher Schwierigkeiten wuchs das Modell zu einem der großen Kult-Wagen der amerikanischen Automobilgeschichte heran. Die **Corvette C1 Convertible** in diesem Bild wurde von 1958 bis 1961 hergestellt.

Die dritte *Corvette*-Generation kam 1967 auf den Markt. Wegen der markanten Karosserie war der **C3** wohl die bekannteste Version. Im Vergleich zu den Vorgängern war der **Stingray** etwas länger geworden und hatte an Gewicht gewonnen. Beim Motor hatte der Käufer eine sehr große Auswahl. In allen Fällen war es jedoch ein V8-Motor, der als Leistungslieferant diente.

neue Achtzylindermotor mit 4,3 Litern Hubraum, den man ebenfalls 1955 unter ihre Haube steckte. Im folgenden Jahr bekam der Sportwagen eine optische Überarbeitung verabreicht. Durch die Verbesserungen und Leistungssteigerungen gelang es immer mehr, die Verkaufszahlen in den Bereich zu bekommen, den man ursprünglich anvisiert hatte. 1960 konnte im *Corvette*-Werk in Saint Louis bereits die 10 000er-Marke bei der jährlichen Produktionszahl überschritten werden.

Neue Corvette-Generationen Die erste *Corvette*-Generation wurde 1963 durch die *Corvette C2*, auch *Sting Ray* (Stachelrochen) genannt, ersetzt. Außer als Cabriolet stand der Wagen nun auch als Coupé zur Verfügung. Die Motorleistung erreichte immer größere Höhen. Bei den ersten Ausführungen der zweiten *Corvette*-Generation leistete der Achtzylindermotor noch 250 bis 360 PS. 1967 kam dann ein V8-Aggregat zum Einbau, das bis zu 435 PS leisten konnte. Ihren anfänglichen Ruf, etwas träge zu sein, hatte die *Corvette* inzwischen schon lange abgelegt. Entsprechend waren die Produktionszahlen in die Höhe geschossen. Allein

Mit der zweiten *Corvette*-Generation wurden zahlreiche Neuerungen eingeführt. Ab 1965 war der **Sting Ray** mit einem Big-Block-Motor zu haben. Der Hubraum des Acht-Zylinder-Aggregats lag zunächst bei 6,5 und später sogar bei sieben Litern. Heute kostet ein solcher Wagen über 100 000 Dollar.

DER GROSSE MÄNNERTRAUM | *Frankreich und der Rest der Welt*

Das Design des **Thunderbird** war nicht nur außen, sondern auch innen ansprechend. Offiziell wurde das Modell als „persönliches Auto" bezeichnet. Die sportliche Ausrichtung war jedoch unverkennbar. Der *T-Bird* war ein voller Erfolg.

im Jahr 1966 verließen über 27 700 Exemplare das Chevrolet-Werk in Saint Louis.

Das Geburtsjahr der dritten *Corvette*-Generation war 1967. Der Beiname *Stingray* wurde dieses Mal ohne Leerzeichen geschrieben. Beim Motor bestand nun eine bedeutend größere Auswahl. Wer nicht so viel Wert darauf legte, eine möglichst hohe potentielle Kraft auf den Asphalt zu bringen, konnte sich auch mit weniger als 200 PS begnügen. Wer jedoch gern Starts mit rauchenden Reifen hinlegte, hatte die Möglichkeit einen Motor mit über 300 PS zu wählen. Die Produktionszahlen stiegen noch weiter. 1969 liefen sogar über 38 000 *Corvettes* vom Fließband. Wegen verschärfter Sicherheitsbestimmungen wurde die Cabrio-Ausführung nur bis 1975 gebaut.

Ford Thunderbird 1955 erreichte Ford etwas, was dem Unternehmen in Dearborn nicht oft gelang, nämlich die Öffentlichkeit mit einem neuen Modell zu überraschen. Noch dazu handelte es sich dabei nicht um einen für Ford typischen gut-bürgerlichen Mittelklassewagen, sondern um einen sportlichen Zweisitzer. Die Marketing-Leute aus Dearborn bezeichneten das Coupé zwar nicht als Sportwagen, sondern als „persönliches Auto" (*personal car*), aber der Name *Thunderbird* (Donnervogel) deutete schon darauf hin, auf welche Zielgruppe man es abgesehen hatte. Inspiration für den *T-Bird*, wie Fans ihren *Thunderbird* nennen, war wie bei der *Corvette* die *XK*-Klasse von Jaguar. Für das sportliche Fahrgefühl sorgte ein V8-Motor mit einem Hubraum von 4,8 Litern und 193 PS Leistung. Bereits in den beiden folgenden Jahren wurde die Motorleistung weiter erhöht. Die Kunden wussten dies offenbar zu schätzen, denn der *Thunderbird* ließ die *Corvette* bei den Verkaufszahlen weit hinter sich zurück. Bereits im ersten Jahr konnten über 16 000 Exemplare verkauft worden. Zwei Jahre später lag die Produktionsziffer schon bei über 21 000 Stück.

Die Square Birds Die zweite Generation des *Thunderbird* erschien bereits 1958. Das Modell wurde nun mit vier bis fünf Sitzen als Coupé und als Cabrio angeboten. Bei Ford stufte man den *T-Bird* nun in eine höhere Klasse ein und bezeichnete ihn als „persönliches Luxus-Auto" (*personal luxury car*). Die Fahrzeuge der ersten Generation bekamen die Bezeichnung *Classic Birds*, während die neuen, größeren Wagen die *Square Birds* waren. An Motorleistung mangelte es nicht. Ab 1959 war der Wagen neben der ursprünglichen 5,8-Liter- auch mit einer Sieben-Liter-Maschine zu haben.

Da man die Gruppe der Sportautoliebhaber aber als zu klein ansah, wollte man das Modell auch als vollwertiges Familienauto anbieten. Diese Strategie zahlte sich aus, denn in den drei Jahren, in denen sich die *Square Birds* in Produktion befanden, wurden fast 200 000 Exemplare hergestellt.

Der *Thunderbird* wurde von Ford in mehreren Generationen bis 1997 ohne Unterbrechung angeboten.

Dieser **Ford Thunderbird** gehörte zu den sogenannten **Flair Birds**, der vierten Modell-Generation, die 1964 eingeführt wurde. Angeboten wurden dieser *Flair Bird* anfangs mit einem 6,4 Liter großen Motor. Später kam noch ein Sieben-Liter-Motor hinzu.

Der **Thunderbird** in diesem Bild gehört zur ersten Generation des **Ford**-Bestsellers. Diese Ausführungen wurden später als **Classic Birds** bezeichnet. 1955 war der *Thunderbird* bereits für knapp 3000 Dollar zu haben. Zur Grundausstattung gehörte noch ein Dreiganggetriebe.

DER GROSSE MÄNNERTRAUM | *Frankreich und der Rest der Welt*

Der japanische Automobilhersteller **Daihatsu** brachte 1963 den Kleinwagen **Compagno 800** als Limousine auf den Markt. Der Hubraum lag nur bei 0,8 Litern. Eine Cabriolet-Ausführung folgte 1965 unter der Bezeichnung *Compagno Spider*. Ab 1965 stand auch eine Version mit einem Ein-Liter-Motor zur Verfügung.

Sportwagen aus Japan

Da in Japan die Autobranche erst nach dem Zweiten Weltkrieg aufzublühen begann, kamen auch Sportwagen relativ spät aus dem Land der aufgehenden Sonne. Zu den wenigen Unternehmen, die bereits vor dem Zweiten Weltkrieg Autos in dieser Klasse herstellten, gehörte Nissan mit dem *Datsun Roadster*, der ab 1932 produziert wurde und mit einem zehn PS starken Motor ausgestattet war. Dieses Modell wurde 1935 vom *Road Star* ersetzt. Die Motorleistung war auf „sportliche" 14 PS erhöht worden. Aber der Kriegsausbruch 1941 setzte dem Bau solcher Fahrzeuge ein Ende. Erst 1952 kam mit dem *Datsun DC-3* ein Nachfolger der Vorkriegsmodelle auf den Markt, diesmal bereits mit 20 PS unter der Haube. Gerade mal 70 Stundenkilometer Höchstgeschwindigkeit ließen sich damit erreichen. Nachfolger des *DC-3* war ab 1959 die weit bekanntere *Fairlady*-Reihe.

Mazda und der Wankelmotor Berühmt für sportliche Autos ist natürlich Mazda, nicht zuletzt durch den Wankel-Motor, der 1967 beim *110 S Cosmo* zum Einsatz kam. Das *Cosmo*-Projekt war eigentlich schon einige Jahre früher gestartet worden. Tsuneji Matsuda, der Sohn des Unternehmensgründers, hatte Anfang der 1960er-Jahre die NSU-Werke in Neckarsulm und Felix Wankel, den Erfinder des nach ihm benannten Motors, besucht. Der Rotationskolbenmotor konnte seitdem bei Sport- und Rennautos von Mazda seine Vorteile unter Beweis stellen.

Honda und Toyota Honda brachte bereits ab 1963 einige kleine Sportwagen auf den Markt. Das erste Modell war der *S500*, der mit einem 0,5 Liter großen Motor ausgestattet war und 44 PS leistete. Das Cabriolet wurde jedoch nur in Japan verkauft. Ebenso wenig war der im Jahr 1965 nachfolgende *S600* für den europäischen Markt bestimmt. Erst der *S800*, 1966 erschienen und der europäischen Öffentlichkeit auf dem Pariser Autosalon vorgestellt, war für den Export vorgesehen. Der 0,8 Liter große Motor dieses Modells leistete 67 PS.

Toyota stieg 1967 mit dem *2000 GT* in die Sportwagenklasse ein. Bei dem Modell handelte es sich um ein zweisitziges Coupé. Der zwei Liter große Sechszylindermotor leistete 150 PS. Der *Toyota 2000 GT* durfte sogar in dem Film *Man lebt nur zweimal* die Rolle des Bond-Autos spielen.

Der Wankel-Motor diente auch beim **RX-7** als Antrieb. Das 1978 von **Mazda** auf den Markt gebracht Sportauto erwies sich als Bestseller. Die Automobilzeitschrift *Car and Driver* führte den *RX-7* fünfmal in der jährlichen Liste der zehn besten Autos auf.

Mit dem **Cosmo** führte **Mazda** erfolgreich den Wankel-Motor ein. Seine Zuverlässigkeit konnte er 1968 auf dem Nürburgring unter Beweis stellen. Der Hubraum war nur einen Liter groß. Die Leistung betrug bei der ersten Serie 110 PS. 1968 wurde dieser Wert auf 130 PS erhöht.

DER GROSSE MÄNNERTRAUM | *Frankreich und der Rest der Welt*

1947 wurde in der sowjetischen Besatzungszone im ehemaligen Audi-Werk der **IFA F8** gebaut, der auf der *DKW Meisterklasse* basierte. Die attraktive Cabrioversion war fast ein Viertel teurer. Der vorn eingebaute Motor war ein Zweitakter.

Ostdeutschland rasant

Die IFA war der Industrieverband Fahrzeugbau, ein Zusammenschluss volkseigener Betriebe, die in der Fahrzeugproduktion engagiert waren. In Zwickau, wo früher Audis gebaut wurden, sollte die Produktion der *DKW Meisterklasse* wieder aufgenommen werden. Der *IFA F8* wurde zwar bereits 1947 erstmals gebaut, doch es

Der Sportwagentraum der Ostdeutschen hieß **Melkus RS 1000**. Er war auf der Plattform des *Wartburg 353* aufgebaut und wurde 101-mal gefertigt.

Zwischen 1956 und 1965 wurden vom **Wartburg 311** auch einige Cabrios hergestellt. Der Zweitakt-Motor leistete 37 PS. Die attraktive Zweifarb-Karosserie wurde in Dresden von den Nachfolgern der exquisiten Firma Gläser aufgebaut. An so ein Auto kam man nicht ohne gute Beziehungen heran.

dauerte nach einer umständlichen Prüfung mehrerer Prototypen noch bis 1949, ehe das erste Serienfahrzeug ausgeliefert werden konnte. Wie schon bei DKW gab es wieder eine Cabrioversion, von der jedoch nur ein paar Hundert Exemplare gebaut wurden. Und wirklich sportlich war dieses Cabrio auch nicht: Mit einer Leistung von 20 PS kam es gerade mal auf 85 Stundenkilometer. 1955 wurde der *F8* vom *Trabant*-Vorläufer *P 70* abgelöst.

Im Mittelklassebereich war ab Mitte der 1950er-Jahre der *Wartburg 311* aus Eisenach in den Planlisten zu finden. Dieses Fahrzeug beruhte auf der bis dahin gebauten IFA-Version des *F9* von DKW. Die schicke Karosserie wurde in Dresden aufgebaut – in einer wahrhaft illustren Adresse: dem Karosseriebetrieb, der früher Gläser hieß und für seine tollen Luxusaufbauten bekannt war. Die Fahrzeugtechnik entsprach allerdings dem Standardmodell, so hatte auch das Cabrio einen Dreizylinder-Zweitaktmotor mit 37 beziehungsweise 45 PS.

Schönheiten zwischen dem Einerlei Faszinierend war das Design des *Wartburg 313/1*, der Sportwagenversion des *311*. Der Roadster hatte ein Hardtop für schlechtes Wetter. Der Motor stammte vom Standardmodell, doch sorgten zwei Vergaser dafür, dass er 50 PS Leistung abrufen konnte. Zwischen 1957 und 1960 wurden aber nur 469 Exemplare hergestellt.

Manchmal konnte man in der DDR mit genügend Energie auch einen eigenen Traum verwirklichen. Der Dresdner Heinz Melkus war mehrmaliger DDR-Meister im Motorsport und begann Anfang der 1960er-Jahre, sich seine Wagen selbst zu bauen. Auf der Basis des *Wartburg 353* entwickelte er einen eigenen Sportwagen. Da ein Frontantrieb für einen Sportwagen ungeeignet ist, verlegte er das Aggregat kurzerhand in die hintere Mitte und konstruierte einen Heckantrieb. Die traumhaft gestaltete Karosserie mit den Flügeltüren bestand zum Teil aus Kunststoff, teilweise aber auch aus Blech. Dank gesteigerter Motorleistung lag die Höchstgeschwindigkeit in der Rennversion bei 210 Stundenkilometern. Das Modell erhielt den Namen *Melkus RS 1000*. Es war noch seltener als der Wartburg-Sportwagen. Lediglich 101 Stück konnten gebaut werden.

DER GROSSE MÄNNERTRAUM | *Frankreich und der Rest der Welt*

Škoda und die alten Schweden

Der wichtigste Autobauer der ČSSR versuchte sich außer an den normalen Personenwagen auch an sportlichen Autos – und das keineswegs ohne Erfolg. Das hatte Tradition, denn bereits die Vorgängerfirma Laurin & Klement hatte vor dem Ersten Weltkrieg mit ihren Fahrzeugen eine gute Figur bei Autorennen gemacht. Auch in der Nachkriegszeit wurden Rennfahrzeuge produziert. Daneben gab es sportliche Cabriolets. Das berühmteste Modell wurde der *Felicia*, ein schickes kleines Cabrio mit 50 PS, das mit einer Höchstgeschwindigkeit von 128 Stundenkilometern jedoch nicht gerade zum Sportgerät im Wettkampf taugte. Allerdings war die Leistung des *Felicia* dank eines Doppelvergasers gegenüber der Limousinenversion dieses Typs, dem *Octavia*, deutlich höher.

Mitte der 1970er-Jahre löste die Škoda-Baureihe 742 die 100er-Modelle ab. Sie bot eine Reihe unterschiedlicher Typen an. Auch im Sportbereich sollte sich etwas tun. Wichtigstes Modell dieser Serie war der *Škoda 130 RS*. Er ist der erfolgreichste tschechische Rennwagen aller Zeiten. 200 Exemplare durften zwar gebaut werden, gelangten aber nicht in den Handel. Unter dem Dach von VW setzte Škoda seine Präsenz im Rallye-Bereich fort.

Sportwagen aus dem kühlen Norden Saab hatte in der Automobilbranche noch gar nicht so richtig Fuß gefasst, als das schwedische Unternehmen bereits den ersten Sportwagen vorstellte. Der *Sonett* wurde der Öffentlichkeit auf dem Stockholmer Automobilsalon präsentiert. Bei dem Wagen wurde, wie zu dieser Zeit bei Saab üblich, ein Zweitaktmotor eingesetzt. Mit seinen 58 PS Leistung konnte das Modell eine Höchstgeschwindigkeit von 160 Stundenkilometern erreichen. Aber irgendwie ließen sich die Schweden davon nicht überzeugen. Es wurden nur sechs Exemplare hergestellt. Erst 1966 wagte sich Saab mit dem *Sonett II*, der auch *Saab 97* genannt wurde, wieder in den Bereich der Sportautos. Diesmal wurde neben dem Zweitakter auch ein moderner Viertaktmotor von Ford angeboten, was mit dazu beitrug, dass über 1800 Stück einen Abnehmer fanden. Noch erfolgreicher war der *Sonett III*, der ab 1970 hergestellt und nur mit einem Viertaktmotor angeboten wurde.

Nicht viel erfolgreicher als Saab war Volvo mit dem *P1900*, einem Roadster, den das Unternehmen 1956 vorstellte. Man hatte extra für das Modell eine Karosserie aus Fiberglas fertigen lassen. Der Motor hatte vier Zylinder mit

Der **Škoda 130 RS** war der erfolgreichste tschechische Sportwagen aller Zeiten. Dieser 1975 eingeführte Wagen erreichte bis zu 220 Stundenkilometer. Sein Vierzylinder-Motor hatte 140 PS, die Karosserie war aus Alu und Kunststoff.

einem Hubraum von 1,4 Litern und leistete 70 PS. Aber nur wenige Schweden konnten sich für den Kauf eines solchen Autos erwärmen. Es wurden wahrscheinlich nur etwas über 60 Exemplare hergestellt. Nach einigen Jahren Pause brachte Volvo 1961 den *P1800* als Coupé auf den Markt. Die Kunden wussten diesmal die stärkere Motorisierung und den Umstand, dass ihnen nicht der Wind um die Ohren pfiff, zu schätzen.

Mit dem **Sonett** unternahm **Saab** die ersten Schritte im Bereich der Sportwagen. Die erste Modellgeneration wog knapp 500 Kilogramm und konnte eine Geschwindigkeit von 160 Stundenkilometern erreichen. Die Kunden blieben aber zurückhaltend.

Mit dem **Škoda Felicia Cabrio** produzierten die tschechischen Autobauer Ende der 1950er-Jahre einen besonders hübschen Wagen. Sein 1,1-Liter-Motor leistete 50 PS und erbrachte Geschwindigkeiten von entspannenden 128 Stundenkilometern.

Die Youngtimer

Nachwuchs auf der Überholspur

Pferdestärken aus den USA

Die Geschichte des Automobils war in den 1960er- und 1970er-Jahren nicht weniger aufregend als zur Anfangszeit. Alte Marken verschwanden, neue Anbieter kamen auf den Markt und die Ansprüche der Autofahrer wandelten sich. Einschneidende Ereignisse waren für viele die Energiekrisen von 1973 und 1979, die den Ruf nach sparsamen Fahrzeugen laut werden ließen.

- Genau wie die Straßenkreuzer waren auch die Pony- und Muscle-Cars ein Phänomen amerikanischer Verhältnisse. Sie gelten als ungestüme Zeugen einer Zeit, als die Straße noch freier zu sein schien, die Tankrechnung nicht die große Rolle spielte und man sich noch ohne Sicherheitsgurt hinter das Steuer setzte.

Ein Mustang aus dem Ford-Stall

- Nur von wenigen Modellen kann gesagt werden, dass sie eine neue Autogattung begründeten. Der *Mustang* gehört dazu. Während der Entwicklung des Wagens sprach man bei Ford in Dearborn vom Projekt *T-5*. Henry Ford II. wollte als Namen für das fertige Fahrzeug *T-bird II* haben, was nachvollziehbar war, denn seit die zweite Generation des *Thunderbird* in die Riege der Luxuswagen gewechselt war, hatte Ford bei den reinen Sportwagen nichts mehr zu bieten. Letztendlich setzte sich aber *Mustang* durch, weil der Name für die Zielgruppe, die man ansprechen wollte, am geeignetsten erschien. Nur für den deutschen Markt musste man auf *T5* ausweichen, da sich bereits andere Unternehmen den Markennamen hatten schützen lassen.

- **Sportlich, aber preiswert** Zur Zielgruppe des *Mustang* gehörte ein Personenkreis, der sich zwar ein sportliches Auto wünschte, aber nicht zu viel Geld ausgeben wollte oder konnte. Der Preis sollte deshalb unterhalb der Marke von 2500 Dollar bleiben. Dies erreichte man durch die Verwendung von Komponenten, die bereits bei anderen Ford-Modellen eingebaut wurden. Außerdem sollte der *Mustang* mehr als zwei Personen Platz bieten. Die ursprüngliche Idee, einen zweisitzigen Roadster zu bauen, hatten die Ford-Konstrukteure deshalb wieder verworfen und sich stattdessen für einen Viersitzer entschieden, wobei vorn zwei Einzelsitze und hinten eine Sitzbank zur Verfügung standen. Auf eine große Beinfreiheit mussten die im Fond Mitfahrenden allerdings verzichten. Mit einem Radstand von 2700 Millimetern und einer Länge von 4613 Millimetern war der *Mustang* für amerikanische Verhältnisse relativ kurz. Für das sportliche Aussehen und das Fahrgefühl sorgten eine lange Motor-

Ford stellte 1967 eine überarbeitete Version des **Mustang** vor. Verglichen mit der ersten Ausführung war er etwas länger geworden und stand mit stärkeren Motoren zur Verfügung.

Wem der *Mustang* noch zu zahm erschien, der konnte sich auch einen **GT 350** zulegen, um auf dem Highway so richtig aufs Gas zu treten. Die Shelby-Ausführung war das ultimative Sportauto.

haube und das Antriebsaggregat, das standardmäßig aus einem Sechszylindermotor mit ursprünglich 100 PS Leistung oder optional aus einem 165 PS starken V8-Motor bestand. Eine lange Zubehörliste ermöglichte es zudem, Anpassungen an individuelle Präferenzen vorzunehmen.

Die offizielle Einführung des *Mustang* erfolgte am 1. Oktober 1964. Bereits in den ersten drei Monaten wurden über 100 000 Exemplare verkauft. Verantwortlich für den überraschenden Erfolg war neben der preiswerten Technik und dem sportlichen Image auch die groß angelegte Marketing-Kampagne. Ein Teil davon war der erste Auftritt des Mustang auf der Leinwand, und zwar in dem James-Bond-Film *Goldfinger*, der im September 1964 in die Kinos kam.

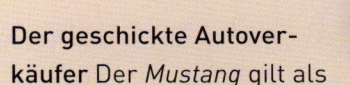 **Muskeln für den Mustang** Zur Zielgruppe des *Mustang* gehörten vor allem Junge, jung Gebliebene und solche, die ein Symbol der Jugend besitzen wollten. Manchen war der Hengst aus dem Ford-Stall aber noch nicht kräftig genug. Zu ihnen gehörte der texanische Rennfahrer Carroll Shelby. Er wollte aus dem *Mustang* das machen, was nach seinem Geschmack ein richtiges Sportauto war. Dazu nahm er die Rücksitze heraus und steckte einen 4,7 Liter großen V8-Motor, der es auf eine Leistung von 306 PS brachte, unter die Motorhaube. Dieser *GT 350* war zwar in den Verkaufszahlen nur eine Randerscheinung, aber er bewährte sich in Rennen und wurde sogar vom Autovermieter Hertz in schwarzem und goldenem Lack an Kunden verliehen, die sich am Wochenende gern dem Geschwindigkeitsrausch hingaben. 1967 bekam er mit dem *GT 500* einen stärkeren Bruder.

Die Entwickler von Ford arbeiteten ebenfalls an High-Performance-Varianten des *Mustang*. 1969 bauten sie des-

Lee Iacocca

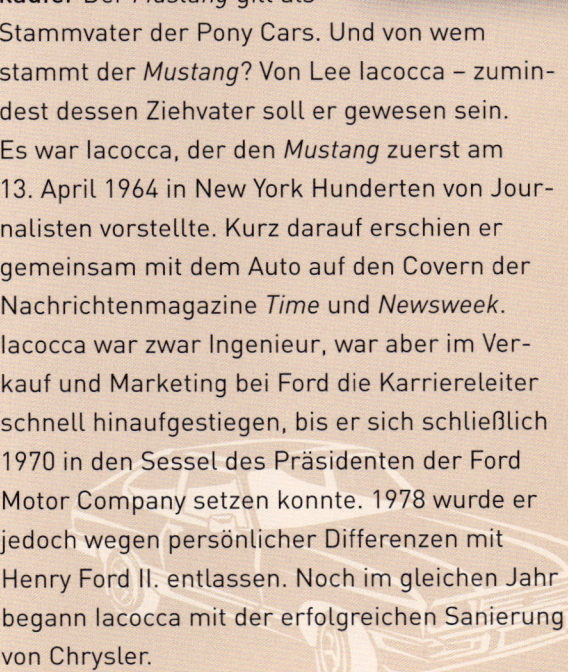

Der geschickte Autoverkäufer Der *Mustang* gilt als Stammvater der Pony Cars. Und von wem stammt der *Mustang*? Von Lee Iacocca – zumindest dessen Ziehvater soll er gewesen sein. Es war Iacocca, der den *Mustang* zuerst am 13. April 1964 in New York Hunderten von Journalisten vorstellte. Kurz darauf erschien er gemeinsam mit dem Auto auf den Covern der Nachrichtenmagazine *Time* und *Newsweek*. Iacocca war zwar Ingenieur, war aber im Verkauf und Marketing bei Ford die Karriereleiter schnell hinaufgestiegen, bis er sich schließlich 1970 in den Sessel des Präsidenten der Ford Motor Company setzen konnte. 1978 wurde er jedoch wegen persönlicher Differenzen mit Henry Ford II. entlassen. Noch im gleichen Jahr begann Iacocca mit der erfolgreichen Sanierung von Chrysler.

 DIE YOUNGTIMER | *Pferdestärken aus den USA*

halb die V8-Hochleistungsmotoren Boss 302 und Boss 429 in Sonderausführungen des ohnehin nicht untermotorisierten Autos ein. Die Höchstleistung der stärkeren der beiden Ausführungen wurde mit 375 PS angegeben. Tatsächlich leistete der Motor jedoch noch mehr. Die Boss-Motoren machten aus dem *Mustang* ein Feuer schnaubendes Ross, das allerdings einen erheblichen Durst hatte.

Der *Mustang* wurde im Lauf der Zeit immer größer und leistungsstärker. Lee Iacocca, der 1970 Präsident der Ford Motor Company geworden war, verordnete dem Modell eine Abmagerungskur. Es sollte kleiner und genügsamer beim Verbrauch werden. Der *Mustang II* wurde 1973 nur wenige Monate vor der Ölkrise eingeführt. Angesichts der steigenden Kraftstoffpreise kam er genau zur richtigen Zeit. Im ersten Jahr konnten immerhin ungefähr 386 000 Exemplare verkauft werden.

Der vielfältige Mustang Der *Mustang II* wurde als Coupé und als Fließhecklimousine angeboten. Außerdem gab es das Fahrzeug auch noch in einer Luxusausführung, die von dem italienischen Karosseriebauer Ghia entworfen worden war. Die sparsamere Ausführung als *MPG Stallion* sollte mehr Meilen pro Gallone erlauben. Ab 1976 gab es zudem eine Version als *Cobra II*. Ford hatte von Carroll Shelby die-

Das galoppierende Pony mit der wehenden Mähne und dem fliegenden Schweif versinnbildlichte die Idee hinter dem **Mustang**, nämlich eine neue Art ungestümer, robuster Autos. Es wurde zum Symbol eines der beliebtesten Wagen der US-Produktion.

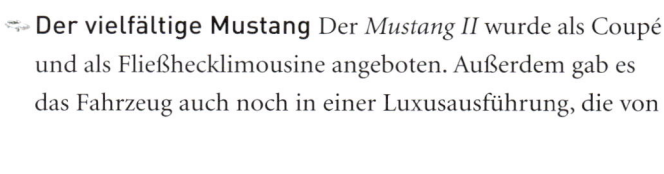

Die Ausstattungsvariante **Cobra II** des *Mustang* besaß einen V8-Motor mit 134 PS. Abgesehen von der Motorleistung konnte sich der Besitzer über große Spoiler, Zierstreifen und andere Design-Elemente freuen.

Der **Mustang II** war schlanker und leichter als sein Vorgänger. Dass sein Motor weniger durstig war, wussten die Käufer zu schätzen. Über 1,1 Millionen Exemplare stellte **Ford** in fünf Jahren her.

sen Markennamen erworben und verwendete ihn nun für ein sportlicheres Ausstattungspaket des *Mustang II*, das gegen Aufpreis erhältlich war. Dazu gehörten ein schwarzer Kühlergrill, größere Spoiler, Zierstreifen und natürlich eine höhere Motorleistung.

Der *Mustang II* wurde schließlich im Jahr 1979 von der dritten Modell-Generation abgelöst.

Carroll Shelby passte den *Mustang* seinem Geschmack an. Eines der Ergebnisse war der **GT 500**, dem er einen 360 PS starken Cobra-Jet-V8-Motor unter die Haube gepackt hatte.

281

DIE YOUNGTIMER | *Pferdestärken aus den USA*

Pony-Cars und muskulösere Typen

Der *Mustang* gilt als Namensgeber für eine ganze Reihe anderer Modelle, die sich dadurch auszeichneten, dass sie relativ erschwinglich, kompakt, sportlich gestylt und auf eine hohe Performance ausgerichtet waren. Der Herausgeber der Zeitschrift *Car Life*, Dennis Shattuck, soll die Bezeichnung „Pony Cars" für diese Art von Autos in Anspielung auf den Namen des Ford-Bestsellers geprägt haben. Beispiele für die Pony-Cars anderer Hersteller waren der *Camaro* von Chevrolet, der *Barracuda* von Plymouth, der *Firebird* von Pontiac und der *Challenger* von Dodge.

An der Spitze In Hinsicht auf die Verkaufszahlen blieb der *Mustang* der Leithengst unter den Pony-Cars. Vor allem bei Chevrolet hatte man aber schon seit längerem an einem ähnlichen Konzept gefeilt, wurde dann aber vom Erfolg bei Ford überrascht. Und so dauerte es noch bis zum September 1966, bis dann der *Camaro*, der dem *Mustang* den Spitzenplatz streitig machen sollte, aus dem Stall gelassen wurde. Das Chevrolet-Modell wurde als Coupé und Cabriolet mit einer Auswahl von mehreren Sechszylindermotoren, deren Hubraumgröße bei 4,1 bis 5,7 Litern lag, und optional mit einem 6,5 Liter großen V8-Motor angeboten.

Fünf Monate nach dem *Camaro* erschien der *Pontiac Firebird*. Die beiden General-Motors-Marken hatten sich entschieden, bei der Entwicklung eines *Mustang*-Konkur-

Für einen Aufpreis von 725 Dollar war der **Pontiac Firebird** ab 1969 mit dem Ausstattungspaket Trans Am erhältlich. Dazu gehörten ein stärkerer Motor, eine bessere Ausstattung und ein sportlicheres Design.

Der **Barracuda** sollte dem *Mustang* das Fürchten lehren, wenn es nach den Vorstellungen von **Chrysler** gegangen wäre. Doch bei den Verkaufszahlen konnte der Raubfisch das Wildpferd nicht einholen.

Wem das Design und die Performance nicht reichten, dem bot **Chevrolet** ein Super-Sport-Paket mit erhöhter Leistung und optischer Aufwertung an.

renten zusammenzuarbeiten und ließen deshalb die beiden Schwestermodelle auf der gleichen Plattform beruhen. Der *Firebird* wurde ebenfalls mit verschiedenen Sechs- und Achtzylindermotoren angeboten. Die Höchstleistung betrug beim 6,6 Liter großen V8-Motor 325 PS. Sowohl der *Camaro* als auch der *Firebird* erfuhren in fast jedem Jahr leichte Änderungen. Eine Überarbeitung des Designs erfolgte 1970 mit der Einführung der zweiten Generation.

Der neue *Camaro* befand sich bis 1981 in Produktion. Einige Änderungen im Design erfolgten 1974 und 1978. Dabei wurde der Wagen etwas größer. Der Wechsel von runden zu rechteckigen Heckleuchten kann als eher kosmetisch bezeichnet werden. Die für Autoliebhaber gedachte Zeitschrift *Road & Track* führte den *Camaro* von 1971 in der Ausstattungsvariante *SS350* in der Liste der zehn besten Autos der Welt.

Die zweite Generation des *Firebird* wurde ebenfalls 1970 eingeführt. Anlässlich dieses Ereignisses hatte man sich bei Pontiac zu einer Überarbeitung des Designs entschlossen. Die Kunden waren damit allerdings nicht so zufrieden wie man es sich erhofft hatte und übten sich in Kaufzurückhaltung. Eine große Auswahl bestand jedoch auch bei dieser Modellgeneration in Hinsicht auf die Motorisierung und die Ausstattung. Neben dem Sechszylindermotor mit

Die Youngtimer | Pferdestärken aus den USA

4,1 Litern Hubraum konnte der *Firebird* auch mit einem stärkeren V8-Motor versehen werden.

Barracuda – ein Raubfisch auf der Straße Auch bei Chrysler arbeitete man an einem sportlichen Wagen, der die gleiche Zielgruppe wie der *Mustang* anvisierte. Als Basis diente der Kompaktwagen *Plymouth Valiant*, was half, die Entwicklungskosten niedrig zu halten.

Zunächst wollte man dem neuen Modell den Namen *Panda* geben, der hätte aber kaum sportliche Assoziationen hervorrufen können. Vermutlich hatte dann doch jemand mit Sinn für Marketing eingegriffen, und man entschied sich für den wesentlich gefährlicher klingenden Namen *Barracuda*. Das *Plymouth*-Modell kam sogar einige Wochen vor dem Mustang auf den Markt. Ausgestattet war die erste *Barracuda*-Generation mit 2,8 bis 4,5 Liter großen Motoren, die eine

Leistung von 102 bis 231 PS erbringen konnten. Bei der zweiten Generation, die 1967 erschien, hatte man noch mehr Motor-Power unter die Haube gepackt. Die 3,7 bis 7,2 Liter großen Motoren leisteten nun 143 bis 388 PS. Die letzte Generation des *Barracuda* wurde von 1970 bis 1974 produziert. In Hinsicht auf die Motorleistung änderte sich nicht viel, aber das Pony-Car bekam ein neues Fahrgestell, wodurch die letzten Ähnlichkeiten mit dem *Valiant* verschwanden.

Das Dodge-Schlachtross Bei der Chrysler-Marke Dodge plante man ebenfalls schon Anfang der 1960er-Jahre die Einführung eines preisgünstigen Autos, das im Prinzip auf Standardkomponenten beruhte, aber stark motorisiert war und ein sportliches Design besaß. Man wollte dieses Modell jedoch in Hinsicht auf die Größe zwischen den Pony-Cars und den sogenannten „Full-Size Cars", also den Autos der Oberklasse, positionieren.

Der **Pontiac Firebird** war das Schwestermodell des Chevrolet *Camaro*. Nach der Einführung erwies sich das Pony Car sofort als Verkaufsschlager. Über 100 000 Exemplare des „Feuervogels" fanden bereits im ersten Jahr einen Abnehmer. Im Laufe der Zeit erschienen mehrere Modell-Generationen. Das beliebte Auto wurde auch noch weitergebaut, als die Zeit der Pony- und Muscle-Cars schon abgelaufen war.

DIE YOUNGTIMER | *Pferdestärken aus den USA*

Mercury Cougar

Im Zeichen der Katze Für manche Freunde schneller Autos waren die meisten Pony-Cars und Muscle-Cars in Hinsicht auf den Komfort etwas zu spartanisch ausgestattet. Um auch diejenigen bedienen zu können, die bereit waren, für eine bessere Ausstattung tiefer in die Tasche zu greifen, brachte Ford 1967 den *Mercury Cougar* auf den Markt. Die Marke *Mercury* war von Ford bereits 1938 eingeführt worden. Sie sollte Einstiegsmodelle in die Luxusklasse bieten. Der *Cougar* (zu deutsch „Puma") der ersten Generation war sozusagen der besser situierte Bruder des *Mustang*.

Am 1. Januar 1966 wurde der Öffentlichkeit dann der *Dodge Charger* (zu deutsch „Schlachtross") vorgestellt. Passend zur Modellbezeichnung wurde der Marketing-Slogan „Der Anführer der Dodge-Rebellion" (*Leader of the Dodge Rebellion*) geprägt. Für seine Aufgabe war der *Charger* mit einem 5,2 Liter großen V8-Motor gerüstet. Später bekam er Motoren mit einer Hubraumgröße von bis zu 7,2 Litern unter die Haube gesteckt.

Für Autos wie den *Dodge Charger* wurde der Begriff „Muscle-Car" geprägt. Einen Auftritt auf der Leinwand hatte der *Charger* 1968 gemeinsam mit dem Schauspieler Steve McQueen in seinem Ford *Mustang GT* in dem Film *Bullitt*, der für die spektakuläre Verfolgungsjagd in den Straßen San Franciscos berühmt wurde. Es folgten noch zahlreiche andere Filmrollen, wie beispielsweise in *The Fast and the Furious* aus dem Jahr 2001.

Der *Dodge Charger* befand sich in verschiedenen Ausführungen bis 1978 in Produktion. Ab 1975 basierte er auf dem *Chrysler Cordoba*.

Die Dodge-Herausforderung Einen Mitstreiter bekam der *Charger* 1970 in Form des *Dodge Challenger*, eines

Der Käufer eines **Dodge Challenger** konnte aus mehrere Motoren wählen. Bei der einfachsten Motorisierung leistete der Motor 125 PS. Auf 425 PS brachte es das stärkste Aggregat. Das Exemplar in diesem Bild besitzt einen 383 Magnum mit 335 PS Höchstleistung.

Pony-Cars, das auf der Chrysler-E-Plattform basierte und dadurch mit dem *Plymouth Barracuda* verwandt war. Da der *Challenger* in der Klasse des *Ford Mustang* und des *Chevrolet Camaro* lag, stellte er eine verspätete Herausforderung für die Pony-Cars der anderen Hersteller dar. Was den *Challenger* auszeichnete, war eine erstaunliche Auswahl an Motoren. Sie reichte von einem Sechszylinderaggregat mit 3,2 Litern Hubraum bis zu einem 7,2 Liter großen V8-Motor am oberen Ende des Spektrums. Die Leistung konnte bis zu 425 PS betragen.

Im ersten Produktionsjahr fanden ungefähr 83 000 Stück des Dodge-Pony-Cars einen Abnehmer. Diese Verkaufszahl wurde zwar als durchaus gut bewertet, aber sie lag dennoch weit von dem entfernt, was der *Mustang* selbst zu dieser Zeit noch erzielen konnte. Dass man sich in Hinsicht auf den Absatz bescheidener gab, zeigte aber auch, dass das Zeitalter der Pony-Cars und Muscle-Cars allmählich zu Ende ging. Die Ölkrise von 1973 tat dann ihr Übriges. Die Produktion des *Challenger* wurde deswegen schon 1974 wieder eingestellt. Zwar belebte Dodge den Modellnamen später wieder, aber diesmal handelte es sich um ein ganz anderes Modell, nämlich um eine Version des *Mitsubishi Sapporo*.

Dieser **Challenger** wird von einem 340 Six Pack angetrieben. Die Leistung gab **Dodge** offiziell mit 290 PS an. Tatsächlich konnte der Fahrer aber mehr aus der Maschine herausholen.

Der **Challenger** war ein schnelles, leistungsstarkes Modell von **Dodge**. Er kam aber etwas zu spät auf den Markt und verpasste die Hochsaison der Pony-Cars. In den ersten Baujahren war er sehr populär. Heute ist er eine Legende einer vergangenen Zeit. «

DIE YOUNGTIMER | *Pferdestärken aus den USA*

Impala – schnell wie die Antilope

Der *Chevrolet Impala* gehört nach der amerikanischen Klassifizierung zu den „Full-Size Cars". Für manche war er ein typisches Muscle-Car, und andere schreiben ihm sogar zu, die Muscle-Car-Ära eingeleitet zu haben. Auf jeden Falls war der *Impala* eines der meistverkauften Modelle in den USA. Von 1957 bis 1996 wurden über 13 Millionen Exemplare des Wagens abgesetzt.

Die Bezeichnung *Impala* fand bereits 1958 beim *Chevrolet Bel Air*, einem Modell der oberen Mittelklasse, für die zweitürigen Ausführungen als Hardtop-Coupé und Cabriolet Verwendung. Im folgenden Jahr wurde der *Impala* dann als eigenes Modell verselbständigt. Zu den äußeren Merkmalen zählten die großen, flügelähnlichen Heckflossen. Aber was vor allem zählte, war die Performance. 1960 wurde die Super-Sport-Variante mit der Bezeichnung *Impala SS* eingeführt. Mit dieser Ausstattung kam ein 5,7 Liter großer V8-

Die Super-Sport-Version gab dem **Impala** noch mehr Muskeln, als er sowieso schon hatte. Außer der gesteigerten Motorleistung bot das Ausstattungspaket auch eine optische Aufwertung.

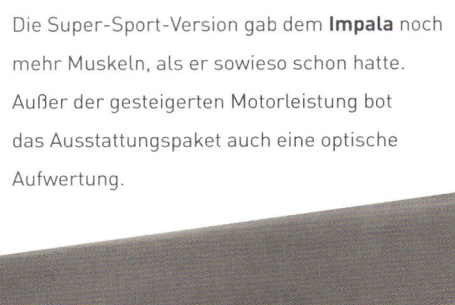

1958 war der **Impala** noch eine zweitürige Ausführung des *Bel Air*. Unter dieser Bezeichnung war der Wagen der oberen Mittelklasse als Hardtop-Coupé und Cabriolet zu haben. Die Motorleistung lag im Bereich von 145 bis 315 PS.

Motor zum Einsatz, der eine Leistung von bis zu 360 PS erbringen konnte. Manche bezeichnen diese Version als das erste wahre Muscle-Car. In diesem Jahr stieß der *Impala* auf den ersten Platz der Verkaufsstatistik vor. Noch mehr Leistung war ab 1963 mit einem sieben Liter großen V8-Motor verfügbar, der bis zu 430 PS zu bieten hatte. Das Styling des *Impala* änderte sich ziemlich schnell. Die rundlichen Formen gingen in ein immer kantigeres Design über. Auch die Heckflossen waren schon 1961 nur noch andeutungsweise vorhanden und fielen bald ganz weg.

Neue Generationen Mit der 1965 eingeführten neuen Generation bekam der *Impala* ein stromlinienförmigeres Aussehen. Zudem war die Karosserie um einige Zentimeter länger geworden und die Höhe hatte sich etwas verringert. Der vordere Teil der Motorhaube und der Kühlergrill bildeten ein flaches V. Bei den Motoren hatte es keine Leistungssteigerung gegeben, dafür aber eine vergrößerte Auswahl. Die Kunden ließen sich von der neuen Version überzeugen. Sie kauften das Modell allein 1965 über eine Million Mal.

Eine erneute äußerliche Überarbeitung erfuhr der *Impala* mit der Einführung der 1971er-Generation. Das vom Kühlergrill und dem vorderen Teil der Motorhaube gebildete V hob sich, begrenzt von den Doppelscheinwerfern an beiden Seiten, stärker ab. Der Radstand und die Länge waren weiter gewachsen. Der *Impala* war etwas konservativer geworden. Die Zeit der Muscle-Cars ging zu Ende.

Zu den auffälligsten äußerlichen Merkmalen des **Impala** gehörten anfangs die ausgeprägten Heckflossen. Nicht nur äußerlich hatte der **Chevrolet**-Bestseller einiges zu bieten. Auch für innen stand eine breite Palette an Sonderausstattungen zu Verfügung.

Die 1960er-Jahre brachten einen Wandel im Autodesign mit sich. Die Fahrzeuge wurden dezenter. Beim *Impala* war dies durch den Wegfall der großen Heckflossen offensichtlich. Bei der Beleuchtung sparte man allerdings nicht. Dieser **Impala** von 1963 besitzt drei Rücklichter auf jeder Seite.

Gediegenes und Sportliches in Europa

Die Herausforderung durch steigende Kraftstoffpreise und die neuen Anbieter aus Fernost trafen die europäische Automobilbranche nicht so hart wie die amerikanische. Trotzdem gab es auch Hersteller, die sich zu lange auf ihren Erfolg verlassen hatten, wie etwa VW. Neue Modelle halfen, die Herausforderungen zu meistern.

Mit dem **Audi 80** brachte die Ingolstädter VW-Tochter einen erfolgreichen Mittelklassewagen auf den Markt. 1976 wurde das Modell einem Facelift unterzogen. Dazu gehörte eine äußerliche Anpassung an den *Audi 100 C2*, wie an den Frontscheinwerfern zu erkennen ist.

„Vorsprung durch Technik" lautete der Slogan, den sich die Audi NSU Auto Union AG zum Programm gemacht hatte. Seit der Übernahme durch Volkswagen waren es vor allem Modelle der Mittelklasse und der oberen Mittelklasse, auf die man im Ingolstädter Werk den Schwerpunkt setzte. Da man an der Spitze der technischen Entwicklung stehen wollte, hatte man den an Zweitaktmotoren erinnernden Markennamen DKW fallen gelassen und stattdessen mit der *F103*-Reihe die Marke Audi wieder eingeführt. Das erste Modell der Baureihe hieß noch einfach *Audi*, aber 1966 gesellten sich noch die Modelle *Audi 80* und *Audi Super 90* zur Baureihe, wobei die Zahl die Motorleistung wiedergab. Der *Audi 60* mit 55 PS und der *Audi 75* erweiterten 1968 die Serie.

Als Nachfolger der *F103*-Reihe kam im Jahr 1972 ein neuer *Audi 80* auf den Markt. Auf dem amerikanischen und austra-

lischen Markt wurde das Modell als *Audi Fox* vertrieben. Die Hauptkonkurrenten in Europa waren der *Opel Ascona* und der *Ford Taunus*. Der Mittelklassewagen stand als zwei- und viertürige Limousine zur Verfügung. Die Motorleistung konnte anfangs bis zu 75 und ab 1975 bis zu 110 PS betragen.

Im Alleingang Bereits 1968 hatte das Ingolstädter Unternehmen mit dem *Audi 100 C1* ein Modell der oberen Mittelklasse auf den Markt gebracht. Hätte man sich an die Pläne des Wolfsburger Mutterkonzerns gehalten, wäre es nie zur Entwicklung des Modells gekommen, da Volkswagen das Ingolstädter Werk mit der Produktion des *VW Käfer* auslasten wollte. Der Ingenieur Ludwig Kraus entwickelte jedoch entgegen der Weisung der Unternehmensleitung vor allem am Feierabend das neue Modell. Wie sich herausstellen sollte, war dies ein Glücksfall nicht nur für Audi, sondern auch für Volkswagen. Der *Audi 100* entpuppte sich als Verkaufsschlager und sicherte damit das Überleben der Marke. VW profitierte von dem Technologietransfer aus Ingolstadt. Als Antrieb fanden Motoren mit einer Hubraumgröße von 1,6 bis 1,9 Litern und einer Leistung von 86 bis 112 PS

Der **Audi 60** war eine 55 PS starke Variante des *Audi F103*. Das Modell gab es als zwei- oder viertürige Limousine sowie als dreitürigen Kombi. Die Höchstgeschwindigkeit der Limousine lag bei 138 Stundenkilometern. Bis 1972 wurden fast 217 000 Exemplare des *Audi 60* verkauft.

Verwendung. Die Audi-Entwickler verloren die sportlich eingestellten Kunden nicht aus den Augen und brachten 1970 den *Audi 100 Coupé S* mit 115 PS Leistung auf den Markt. Vom *Audi 100 C1* wurden ungefähr 880 000 Exemplare hergestellt. 1976 erfolgte die Ablösung durch den *Audi 100 C2*.

VW – Abschied vom Käfer

Mit dem Käfer hatte Volkswagen die deutsche Landschaft verändert. Der rundliche Wagen war wie der *Austin Seven* in Großbritannien, der *Citroën 2CV* in Frankreich und der *Fiat Topolino* in Italien das Volksauto schlechthin – und noch dazu das erfolgreichste von allen. Aber der *VW Käfer* hatte sich auch zu einem Exportschlager entwickelt. Selbst

DIE YOUNGTIMER | *Gediegenes und Sportliches in Europa*

in den USA, dem Land der Straßenkreuzer, Pony- und Muscle-Cars, hatte der Wagen eine Nische gefunden, nämlich als Symbol der Gegenkultur, der Individualisten und Außenseiter.

Trotz der großen Erfolge des *Käfers* war man bei Volkswagen bestrebt, das Programm nach oben zu erweitern. Dazu gehörte 1961 die Einführung des auch als *Typ 3* bezeichneten Mittelklassemodells *VW 1500*, der in Ausführungen mit Stufenheck und als Kombi angeboten wurde. Das mit seinem 1,5 Liter großen Motor 45 PS leistende Modell wurde zwei Jahre später durch den 54 PS starken *1500 S* ergänzt. 1,6 Liter Hubraum besaß der *VW 1600*, der ebenfalls 54 PS leisten konnte. 1965 erschien die Ausführung *1600 TL*, wobei die Abkürzung „TL" eigentlich für „Touren-Limousine" stand. Spötter übersetzten sie allerdings mit „traurige Lösung", denn die Heckpartie des Fahrzeugs war ziemlich schlecht konstruiert. Ein äußerliches Merkmal war das Fließheck. Der *VW 1600* wurde ab 1968 auch im brasilianischen VW-Werk gebaut.

Ein Nasenbär und der K 70 Ebenfalls zu den Mittelklassemodellen gehörte der *VW 411*, auch *Typ 4* genannt, der 1968 die Markteinführung erlebte. Wie damals bei VW noch üblich, diente als Antrieb ein Heckmotor. Der Kofferraum befand sich vorne. Wegen der nach vorne gezogenen Frontpartie wurde er oft scherzhaft als *Nasenbär* bezeichnet. Mit dem 1972 durchgeführten Facelift wurde die Modellbezeichnung in *VW 412* geändert.

Ein weiteres Mittelklassemodell war der noch bei NSU entwickelte *K 70*, der 1970 eingeführt wurde. Dieses Modell besaß bereits einen wassergekühlten Frontmotor mit Frontantrieb und stellte damit einen entscheidenden Sprung

Der **Käfer** hat seine Spuren in der Automobilgeschichte hinterlassen. Ursprünglich als fahrbarer Untersatz für die Massen konzipiert, mutierte er am Ende zum Kultauto. Um hohe Verkaufszahlen zu sichern, reichte diese Rolle jedoch nicht aus.

Eine Glanzleistung der Wolfsburger Designer war der **VW 411** wahrlich nicht. Dies äußerte sich darin, dass man dem Mittelklassewagen den Spitznamen *Nasenbär* verpasste. Frischluftfanatiker konnten den *411* auf Wunsch auch mit Schiebedach haben.

in der Fahrzeugtechnik bei VW dar. NSU wurde zwar 1969 Teil der Audi NSU Auto Union AG, der *K 70* wurde jedoch als VW-Modell vertrieben, da sich in Ingolstadt mit dem *Audi 100* bereits Modelle der gleichen Klasse in Produktion befanden. Die Fertigung des *K 70* fand in dem neuen VW-Werk in Salzgitter statt. Bis zum Jahr 1975 wurden von dem maximal 100 PS starken Modell ungefähr 211 000 Exemplare hergestellt.

Der Golf kommt Anfang der 1970er-Jahre wurde offensichtlich, dass Volkswagen den *VW Käfer* ablösen musste. Mit dem steigenden Wohlstand waren auch die Ansprüche der bisherigen Zielgruppe gewachsen – und auch die Konkurrenz hatte nicht geschlafen. Es ließ sich nicht mehr länger übersehen, dass der *VW Käfer* technisch immer mehr ins Hintertreffen geraten war und deshalb auf dem Markt an Boden verlor. Ganz wollte man aber den einstigen Bestseller noch nicht aufgeben. 1974 wurde deshalb dessen Produktion nach Emden verlagert. Ab 1978 fand die Käfer-Fertigung aber nur noch in Südafrika, Brasilien und Mexiko statt. Für den deutschen Markt erfolgte der Import aus Mexiko über Emden, wo dann noch einmal eine Qualitätskontrolle stattfand.

Mit der Einführung des *Golf* als Nachfolger des *VW Käfer* im Jahr 1974 gelang Volkswagen der große Wurf. Das Kompaktauto erwies sich sofort als Verkaufserfolg. Die Motoren waren von Audi übernommen worden. Sie leisteten mit einem Hubraum von 1,1 Litern 50 PS und bei einer Größe

Wegen seines 1,6 Liter großen Hubraums bekam diese Version des Typ 3 die Verkaufsbezeichnung **VW 1600**. Durch Innovation fiel der Typ 3 nicht auf. Trotzdem entschieden sich 2,5 Millionen Käufer für dieses Modell aus Wolfsburg.

DIE YOUNGTIMER | *Gediegenes und Sportliches in Europa*

von 1,5 Litern 70 PS. Eine Erweiterung des Angebots erfolgte 1976 mit der Einführung des *Golf Diesel*. Dieselmotoren waren bis dahin bei Autos dieser Klasse unüblich. Der Golf verhalf ihnen zum Durchbruch.

Die erste Generation des *VW Golf* befand sich bis 1983 in Produktion. In dieser Zeit wurden ungefähr 6,2 Millionen Exemplare hergestellt. Der Liebling der jüngeren Generation war der *Golf GTI*, der mit einem starken Motor ausgestattet war und mit dem man auf der Autobahn gern Fahrzeuge von Mercedes oder BMW jagte.

Frische Winde Als neues Mittelklassemodell und Nachfolger des *VW 1600* kam 1973 der *Passat* auf den Markt. Das intern auch als *Typ 32* bezeichnete VW-Modell war jedoch keine Neuentwicklung, sondern basierte im Großen und

Mit 110 PS unter der Haube konnte der **Golf-GTI**-Fahrer richtig Gas geben. Der Volkssportwagen wog nur 810 Kilogramm und war dementsprechend leicht zu beschleunigen. Auf 100 Stundenkilometer konnte man es in 9,2 Sekunden schaffen.

Mit dem **Golf** war es **VW** erneut gelungen, einen richtigen „Volkswagen" zu schaffen. Das neue VW-Modell besaß einen vorne querliegend eingebauten Motor sowie einen Frontantrieb. «

Ganzen auf dem *Audi 80*. Der auffallendste äußerliche Unterschied war das Fließheck. Die Leistung betrug bei der Ausstattung mit einem 1,3-Liter-Motor 55 PS und bei einem 1,5 Liter großen Motor 75 PS. Ab 1978 stand der *Passat* auch in einer Ausführung mit Dieselmotor zur Verfügung.

Ebenfalls für frischen Wind sorgte der 1974 vorgestellte *Scirocco*. Wäre es jedoch nach dem VW-Vorstand gegangen, hätte es dieses Modell nicht gegeben. Die Idee, ein Sportcoupé auf Basis des *Golf* zu bauen, hatte eigentlich der Designer Giorgio Giugiaro, der bereits an der Entwicklung des *Golf* mitgearbeitet hatte. Da sich Volkswagen finanziell nicht am *Scirocco* beteiligen wollte, übernahm die Wilhelm Karmann GmbH das Projekt. Das Osnabrücker Unternehmen hatte bereits mit dem *Karmann Ghia*, einem auf dem Käfer basierenden gestylten Wagen, von sich reden gemacht. Den *Scirocco* gab es zunächst in Ausführungen mit 50, 70 und 85 PS. Später kamen weitere Varianten hinzu. 1981 erfolgte die Ablösung der ersten Generation des Modells durch den *Scirocco II*. Bis dahin waren über eine halbe Million Exemplare von der Fertigungsstraße bei Karmann gerollt.

Die Verkäufe des **Passat** liefen schleppend an, gewannen aber dann doch noch an Fahrt. Einen Beitrag dazu leistete die Kombi-Ausführung, die 1974 eingeführt wurde. Von den Autotestern bekam der Mittelklassewagen fast ausschließlich sehr gute Noten.

➦ **Mehr Platz** Ebenfalls auf dem *Golf* basierte der *Jetta*, der ab August 1979 produziert wurde. Zu dessen

VW-intern hieß das Modell *Typ 53*. Aber für den Verkauf entschloss man sich, den Wagen nach dem heißen Wind aus der Sahara zu benennen. Allerdings benötigte der **Scirocco** 13 Sekunden, um von 0 auf 100 Stundenkilometer zu beschleunigen.

DIE YOUNGTIMER | *Gediegenes und Sportliches in Europa*

Das Erscheinungsbild des **Jetta** wurde von vielen als bieder empfunden. Manche bezeichneten ihn wenig liebevoll als *Rucksack-Golf*. Trotzdem entschieden sich von 1979 bis 1984 über 600 000 Käufer für dieses Fahrzeug.

auffallendsten äußerlichen Merkmalen gehörte das Stufenheck, durch das ein größerer Kofferraum entstand. Außerdem verfügte er über eine bessere Serienausstattung. Diese Merkmale waren der Grund dafür, warum der *Jetta* ungefähr 2000 DM mehr kostete als der *Golf*. Auf dem europäischen Markt wusste man die Vorteile weniger zu schätzen. Eines der wichtigsten Absatzgebiete lag deshalb in den USA, wo man mehr Bedarf an großen Kofferräumen hatte.

Bei den Motoren hatte der *Jetta*-Käufer eine große Auswahl. Der Hubraum lag im Bereich von 1,1 bis 1,8 Litern bei

Erfahrungen mit anderen VW-Modellen flossen bei der Entwicklung des **Jetta** mit ein. Dies zeigte sich beim neuen Cockpit ebenso wie bei Rostschutzmaßnahmen und den kunststoffummantelten Stoßfängern.

Opel Commodore

Gesetzt und sportlich Bis Anfang der 1960er-Jahre hatte Opel vor allem Modelle der Kompakt- und Mittelklasse hergestellt. Dann erfolgte jedoch eine erhebliche Ausweitung des Programms in den Kleinwagenbereich sowie in die Oberklasse hinein. Damit begann die Blütezeit des Rüsselsheimer Unternehmens. Opel stieg zum zweitgrößten Automobilhersteller in Deutschland auf. Allerdings hatten die Opel-Modelle ein eher konservatives Image. Mit dem 1967 eingeführten *Commodore* boten die Rüsselsheimer jedoch nun auch sportliche Versionen als Coupé und Cabrio an.

Der **BMW 316** gehörte zu den Vierzylinder-Modellen der 3er-Reihe, die 1975 als würdige Nachfolger der 02er eingeführt wurde. Als Antrieb des *316* diente ein 1,6 Liter großer Motor mit einer Maximalleistung von 91 PS. Ab 1981 fasste der Hubraum 1,8 Liter. »

Für heutige Verhältnisse wirkt der **BMW 2002 tii** wenig spektakulär. Aber als die Sportausführung des *2002* auf den Markt kam, sorgte sie bei vielen Freunden schneller Autos für Begeisterung. Der *2002* nahm an einigen Rennen teil und ist heute ein seltener und gesuchter Kultschlitten.

den Ottomotoren. Die Leistung konnte 50 bis 112 PS betragen. Darüber hinaus standen zwei Dieselmotoren zur Auswahl. Von der ersten Generation des *Jetta* wurden bis 1984 ungefähr 616 000 Exemplare hergestellt.

BMW – stärker in der Mittelklasse

In den ausgehenden 1950er-Jahren war BMW vor allem im Bereich der Klein- und Kleinstwagen, in der Oberklasse sowie bei den sportlich orientierten Modellen vertreten. Bereits in den 1960er-Jahren begann sich der Münchener Autohersteller jedoch verstärkt auch in der Mittelklasse zu engagieren – zuerst mit der Einführung der „Neuen Klasse" mit den Modellen *1500*, *1600*, *1800* und *2000* und ab 1966 mit dem Start der *02*-Serie, zu der die zweitürige Variante des *1600* und später die Modelle *2002*, *1802* und *1502* gehörten.

Die Modelle der „Neuen Klasse" standen als viertürige Limousinen sowie als zweitürige Coupés und Cabriolets zur Verfügung. Bei der *02*-Serie waren die Limousinen zweitürig. Außerdem gab es Ausführungen als Cabriolet und mit Schrägheck. Von den Modellen *1600* und *2002* wurden ab 1967 und 1968 *ti*-Ausführungen mit einer stärkeren Motorisierung angeboten – diese Abkürzung stand für „turismo internazionale". Hinzu kam dann im Jahr 1971 der *2002 tii*, dem man noch mehr Kraft unter die Motorhaube gepackt hatte, nämlich 130 PS.

Als Nachfolger der „Neuen Klasse" wurde 1973 die *5er*-Reihe vorgestellt. Die *3er*-Reihe ersetzte 1975 die *02*-Serie.

DIE YOUNGTIMER | *Gediegenes und Sportliches in Europa*

Ein flotter Ford Capri

Mit dem *Mustang* hatte Ford auf dem US-Markt in den 1960er-Jahren enorme Erfolge feiern können. In Europa gab es aber kein richtiges Äquivalent zu den amerikanischen Pony-Cars. Ford deckte vor allem die Mittelklasse mit so bekannten Modellen wie dem *Taunus*, dem *Corsair* und dem *Cortina* ab. Ein sportliches Coupé hatte es seit dem *Consul Capri*, der von 1961 bis 1964 im Programm war, sich aber nicht zufriedenstellend verkauft hatte, nicht mehr gegeben. Nichtsdestoweniger arbeitete man beim europäischen Zweig von Ford daran, eine Art europäische Version des Pony-Cars auf den Markt zu bringen. Das Ergebnis wurde der Öffentlichkeit auf dem Brüsseler Autosalon als *Ford Capri* offiziell vorgestellt. Das Coupé basierte auf dem Fahrwerk der Mittelklasse-Limousine *Cortina*. Die Produktion wurde in mehreren Werken durchgeführt, nämlich in den deutschen Fabriken in Saarlouis und Köln, im englischen Dagenham und Halewood sowie im belgischen Genk. In den deutschen und englischen Werken wurden unterschiedliche Motoren verbaut, da man die Kosten möglichst niedrig halten wollte. Schon bald nach dem Start wurde das Modell in Hinsicht auf die Ausstattung und Motorisierung erweitert. 1969 kam beispielsweise der in Deutsch-

Fünf Varianten bot **Ford** zur Markteinführung an: *Capri 1300*, *Capri 1500*, *Capri 1700 GT*, **Capri 2000**, *Capri 2300 GT*. Sie unterschieden sich beim Hubraum und der Zylinderzahl. Der *Capri 2000* und der *2300 GT* hatten einen V6-, die anderen einen V4-Motor.

land gebaute *Capri 2300 GT* mit einem 2,3 Liter großen, 125 PS leistenden V6-Motor auf den Markt. In Großbritannien begann im gleichen Jahr der Bau des *Capri 3000 GT*, der einen drei Liter großen V6-Motor unter der Haube hatte. Die Leistung dieser Ausführung wurde mit 138 PS angegeben.

Von der ersten Generation des *Capri* fanden ungefähr 1,2 Millionen Exemplare einen Käufer. Eine zweite Generation des *Capri* wurde 1974 eingeführt. Als Zielgruppe wurde nun ein breiterer Personenkreis anvisiert.

Der **Ford Capri** war als europäisches Äquivalent zum amerikanischen *Mustang* gedacht. Manche Kommentatoren bezeichneten ihn deshalb als „Mini-Mustang". Der Wagen verkaufte sich nicht nur in Europa sehr gut, sondern als *Mercury Capri* auch in den USA. «

Opel Manta

Heiße Reifen im Zeichen des Rochen Nur wenige Autos haben einen ähnlichen Kultstatus erlangt wie der *Manta*. Opel führte das Modell 1970 als Antwort auf den *Ford Capri* ein. Es war vor allem ein junger, männlicher Kundenkreis, der durch das schnittige Design und die sportliche Motorisierung angesprochen werden sollte. Der Name leitete sich von dem Mantarochen ab, der als Emblem des Fahrzeugs diente. Die Fahrer der *Mantas* hatten später mit einem zweifelhaften Ruf zu kämpfen. Aber für Opel war das Modell ein großer Erfolgt. Von 1970 bis 1988 wurden über eine Million Exemplare produziert.

DIE YOUNGTIMER | *Gediegenes und Sportliches in Europa*

Japan holt auch in Europa auf

Die Ölkrise von 1973 kam für viele wie ein Schock – nicht zuletzt natürlich für die Automobilhersteller. Vor allem auf dem amerikanischen Markt, wo man sich vorher den Luxus großer Spritfresser geleistet hatte, schaute man sich angesichts der steigenden Benzinpreise nach kleineren Modellen um. Die Selbstzufriedenheit der „Drei Großen" tat ihr Übriges.

In den Chefetagen von General Motors, Ford und Chrysler war man nicht wenig überrascht und hilflos, als auf dem amerikanischen Markt die japanischen Marken auftauchten. Die ostasiatischen Wagen waren sparsamer, zuverlässiger und innovativer. Der Zugang zum amerikanischen Markt gab den japanischen Herstellern einen großen Auftrieb. Aber auch der japanische Markt selbst wuchs enorm. 1962 hatten noch 14 Prozent der Haushalte ein Auto besessen, bis 1975 war dieser Wert auf 50 Prozent angewachsen.

In Europa sah die Situation anders aus. Dort trafen die Exporteure aus Ostasien auf Produzenten, die bereits Erfahrung darin hatten, qualitativ hochwertige und sparsame Autos zu bauen.

Der **Corolla** gehörte zu den ersten **Toyota**-Modellen, die auf dem europäischen Markt platziert wurden. Die erste Generation des Autos wurde aber noch nicht in allen Ländern des Kontinents angeboten. Erst mit der Einführung der zweiten Generation fand der *Corolla* eine größere Verbreitung.

Toyota versuchte bereits 1965 mit dem Mittelklassemodell *Corona* auf dem europäischen Markt Fuß zu fassen. Im Jahr 1966 folgte dann der zur Kompaktklasse zählende *Corolla*. Diese Modelle taten sich zunächst jedoch schwer, da Toyota noch eine unbekannte Marke war. Die Marktanteile mussten erst langsam erobert werden. 1970 erweiterte Toyota das Angebot im sportlichen Bereich mit dem Mittelklasse-Coupé *Celica*.

Zu den Modellen, mit denen Nissan auf dem europäischen Markt auftrat, gehörte der Mittelklassewagen *Bluebird*, der zwar in Japan schon länger produziert wurde, aber erst ab 1972 auch in einigen europäischen Ländern angeboten wurde. Mit diesem Modell verwandt war der *Datsun Violet*, der ab dem folgenden Jahr als Limousine und Coupé zu kaufen war. Im Jahr 1977 begann Nissan dann mit der Markteinführung des *Laurel*, der zur oberen Mittelklasse gehörte. In einigen Ländern wurde der Wagen als *Datsun 200 L* angeboten.

In zunächst eher kleinen Schritten entwickelte sich Japan vom einstigen Nachzügler der Autobranche zum aufsteigenden Stern.

Den **Carina** führte **Toyota** 1970 in Europa ein. In der ersten Ausführung standen Motoren mit 79 und 86 PS Leistung zur Wahl. Ab 1973 wurde der Mittelklassewagen mit Dieselmotor angeboten. Die zweite Generation des *Carina* kam 1975 auf den Markt.

REGISTER

A

Abarth 256, 257
   Abarth 695 SS 256
Ader 29
Adler 58, 59
   Adler 8/16 59
   Adler Trumpf Junior 58
Alfa 24 HP 150, 151
Alfa Romeo 150, 151, 254, 255
   Alfa Romeo 1750 153
   Alfa Romeo 2600 Spider 254, 255
   Alfa Romeo Giulia 152, 153, 254, 255
   Alfa Romeo Giulia 1600 Sprint 152
   Alfa Romeo Giulietta 151, 153, 254, 255
Arnolt Bristol 242
Aston Martin 236, 237
   Aston Martin DB-Reihe 236, 237
   Aston Martin V8 Vantage 236
Audi 61, 126, 128, 129, 191
   Audi 60 129, 291
   Audi 80 290
   Audi 80 GL 129
   Audi 100 129, 291
   Audi Alpensieger C 14/35 PS 61
   Audi Front 225 61, 128
   Audi M 192, 193
Austin 44, 45, 102, 103, 162, 163, 164
   Austin Mini 102
   Austin Seven (Baby Austin) 44, 45, 87, 102, 103, 162
   Austin-Healey Sprite 244, 245
Auto Union 62, 63, 93, 126, 127, 128, 129, 192

B

Bagheera 262
Bentley 42, 43, 213
   Bentley 3 Liter 43
   Bentley Arnage Blue Train 213
   Bentley Speed Six 213
Benz (Firma) 24, 28, 58, 60
   Benz 8/20 PS 50
Benz, Carl 10, 11
Blitzen-Benz 220, 221
BMW 55, 86, 87, 94, 97, 131, 132, 133, 190, 191
   BMW 3/15 PS DA 3 Wartburg 86, 87
   BMW 316 296
   BMW 328 190, 230
   BMW 328 Mille Miglia 230, 231
   BMW 501 132, 190
   BMW 502 (Barockengel) 190, 191, 230
   BMW 507 190, 230
   BMW 700 131, 132
   BMW 2002 tii 297
   BMW 3200 S 191
   BMW Isetta 95, 97, 98, 99, 131
   BMW M1 231
Boattail Speedster 196
Borgward Isabella 130
Brennabor 55, 56, 57
   Brennabor Juwel 57
   Brennabor S 57
   Brennabor Typ C 56

Brezelkäfer 89
Bristol 242, 243
   Bristol 404 242
   Bristol 409 243
British Motor Corporation (BMC) 103, 163, 216, 244
Bugatti 260, 261
   Bugatti 35 B 260
   Bugatti 101 208, 209
   Bugatti T 57 S 261
   Bugatti Typ 41 Royale 208, 209
   Bugatti Type 13 30
Buick 37, 144, 168, 169, 170
   Buick Special 168, 169

C

Cadillac 34, 36, 37, 171, 172, 173, 174, 175, 194, 195, 201
   Cadillac B 36, 37, 194
   Cadillac Calais 174, 195
   Cadillac Coupe de Ville 171, 172
   Cadillac Eldorado 195
   Cadillac Serie 61, 62 & 70 174
   Cadillac Sixty Special 174, 195
Case 36, 38
   Case Jay-Eye-See 38
Chevrolet 37, 170, 171, 266
   Chevrolet Bel Air 171
   Chevrolet Camaro 282, 283
   Chevrolet Corvette C1 Convertible 266
   Chevrolet Corvette C2 (Sting Ray) 267
   Chevrolet Corvette C3 (Stingray) 267, 268
   Chevrolet Fleetline 170
   Chevrolet Impala 171, 288, 289
Chrysler 160 125
   Chrysler 300E 180
   Chrysler 82, 124, 125, 179, 180
   Chrysler Airflow 68, 180
   Chrysler Alpine 124
   Chrysler Imperial 200, 201
Cisitalia 249
Citroën 21, 30, 76, 119, 122, 205
   Citroën 2 CV (Ente) 30, 77, 78, 79
   Citroën Ami 6 79
   Citroën DS 79, 116, 117, 118, 205
   Citroën SM 205, 206
   Citroën Traction Avant 11 CV 115
   Citroën Traction Avant-Reihe 114, 115, 116, 117
   Citroën Typ C (5 CV) 76, 77, 115
Cord 196, 197, 200
Corsair 177

D

DAF 92
Daihatsu Compagno 800 270
Daimler 12, 18, 24, 40, 216, 217
   Daimler Consort 41
   Daimler DB18 41
   Daimler Majestic Major 217
Daimler, Gottlieb 10, 11, 12
Daimler Motor Company (London) 40, 41, 216, 217
Dampfwagen 14, 15, 16, 17, 18, 21, 22, 26, 93, 126

Datsun 69
Dearborn 32, 35
Delage 21, 25, 261
   Delage AB 24
Delahaye 23, 25, 206, 207, 261, 262
   Delahaye 135 207
Dernburg-Wagen 12
Deutz 11, 12, 30
Dieselmotor 86, 135
Dixi 55, 87
   Dixi 3/15 87
DKW 92, 126, 127, 128, 192
   DKW 3=6 127, 128
   DKW F 12 126
   DKW F 91 (Sonderklasse) 127
   DKW Junior (Auto Union) 92
Dogde 180
   Dodge Challenger 282, 285, 286, 287
   Dodge Charger 286
   Dodge Coronet 180
Dolomite 240, 245
Duesenberg (Duesy) 197, 200
   Duesenberg SJ 197

E

Elektrische Voiturette System Lohner-Porsche 65
Elektroantrieb 17, 36, 37, 64, 65, 75

F

Facel 204, 205
   Facel Vega Excellence 205
   Facel Vega III 204
Fardier 14
Ferrari 246, 247, 248
   Ferrari 125 246
   Ferrari 166MM (Barchetta) 246, 247
   Ferrari 250 GTE 249
   Ferrari 250 GTO 247
   Ferrari 330 GT 248
   Ferrari 340 America 248
   Ferrari 410 Superamerica 248
Fiat 23, 46, 47, 82, 106, 107, 156, 157, 158
   Fiat 16-20 HP 47
   Fiat 18-24 HP 48
   Fiat 124 Abarth Rallye 256
   Fiat 126 106
   Fiat 130 157
   Fiat 130 HP Corsa 48
   Fiat 500 (Topolino) 106, 107, 108, 109, 156
   Fiat 520 (Superfiat) 47
   Fiat 600 108
   Fiat 850 82
   Fiat 1400 156, 158
   Fiat 1500 156, 157, 158
   Fiat 2800 156
   Fiat Balilla 1100 156
   Fiat Mefistofele 47
   Fiat Nuova 500 106, 107
   Fiat Zero (HP 12-15) 47
Fließband 35, 39, 55, 73, 84, 115
Ford 32, 33, 34, 35, 36, 72, 73, 144, 177, 202
   Ford 1937er 34
   Ford A 34, 144, 178

Ford Anglia 102, 103
Ford Capri 2000 299
Ford Capri-Reihe 298, 299
Ford Classic Bird 268, 269
Ford Fairlane 178
Ford Falcon 178
Ford Flair Bird 269
Ford GT 350 279
Ford GT 500 281
Ford Lincoln Continental Mark IV 203
Ford Lincoln Convertible 201
Ford Lincoln Cosmopolitan 197, 201
Ford Lincoln Zephyr
Ford Mercury Cougar 286
Ford Mustang 278, 279, 280, 281, 282
Ford Mustang Cobra II 280
Ford T (Tin Lizzy) 32, 33, 34, 35, 72, 73, 75
Ford Taunus 179, 291
Ford Thunderbird 178, 266, 268, 269
FSO (Fabryka Samochodów Osobowych) 101, 147, 148
   FSO Polonez 149
   FSO Syrena 149
   FSO Warszawa M20 148
Fuldamobil 98

G

GAZ Gorkovskij Avtomobilnij Zawod (Automobilwerke Gorki) 144
   GAZ Tschaika 144
   GAZ 24 Wolga 144, 145
   GAZ-12 ZIM 144
General Motors 19, 36, 37, 55, 138, 139, 162, 166, 167, 169, 170, 171, 174, 175, 194, 266
Glas 95, 95, 130, 131, 132
   Glas Goggomobil 94, 95, 130, 131
   Glas Isar 130, 131
   Glas V8 2600 (Glaserati) 131
Gutbrod Superior 94, 95

H

Hanomag 84, 85, 86
   Hanomag 2/10 PS (Kommissbrot) 85
Heinkel Kabine 153 96, 97
Holden 166, 167
   Holden 50-2106 167
   Holden FC 166
   Holden FJ 166
   Holden HK 167
Honda 270
Horch 192, 193
   Horch 830 BL 128, 192
   Horch 830 V 192, 193
   Horch 930 V 63
Hotchkiss 21, 23, 25, 207
Hybridauto 64

I

Iacocca, Lee 279
IFA F8 272
Isotta-Fraschini 48, 140

J

Jaguar 210, 214, 215
   Jaguar E-Type 232, 233, 234
   Jaguar Mark IV 215
   Jaguar Mark X 216
   Jaguar SS 100 210
   Jaguar XJ 6 214, 216
   Jaguar XK 120 232
   Jaguar XK 150 233, 234
   Jaguar XK-SS (D-Type) 234, 235

K

Kleinschnittger 94, 96
   Kleinschnittger F 125 96
Kwaishinsha Automobilwerke 69

L

Lada 145, 146
   Lada 2103 146
   Lada Niva 146
Lagonda 238, 239
   Lagonda M45 239
   Lagonda V12 238, 239
Lamborghini 250, 251
   Lamborghini 350 GT 250, 251
   Lamborghini 350 GTV 250, 251
   Lamborghini Countach 252, 253
   Lamborghini Miura 252, 253
   Lamborghini Silhouette 251
   Lamborghini Urraco 251
Lancia 48, 154, 155, 158
   Lancia Alpha 48
   Lancia Aprilia 154, 155
   Lancia Artena 154
   Lancia Flavia 155
   Lancia Fulvia 155
Land Rover 163
Laurin & Klement 66
   Laurin & Klement 300 67
Leland & Faulconer 36
Lincoln 197, 201, 202
   Lincoln Phaeton 203
Lloyd 63, 97, 149
   Lloyd 300 LP 98

M

Maserati 205, 258, 259
   Maserati 3500 GT 258
   Maserati Quattroporte 259
Matra 261, 262
Maurer-Union 63
Maybach 187, 188, 189
   Maybach Zeppelin 188, 189
Mazda 110, 111, 270
   Mazda Cosmo 270, 271
   Mazda R360 110
   Mazda RX-7 271
   Mazda T2000 111
   Mazda-Go 110, 111
Melkus RS 1000 272, 273
Mercedes 12, 51
   Mercedes 630 51
   Mercedes Knight 51, 184, 185
   Mercedes SSK 221
Mercedes-Benz 12, 127, 134, 222, 223
   Mercedes-Benz 180 134
   Mercedes-Benz 190 SL 221
   Mercedes-Benz 220 Sb/SEb 135, 186
   Mercedes-Benz 230 SL (Pagode) 223
   Mercedes-Benz 250 SL 223
   Mercedes-Benz 280 Se 3,5 Coupé 134
   Mercedes-Benz 290 134
   Mercedes-Benz 300 (Adenauer-Mercedes) 186
   Mercedes-Benz 300 Sc Coupé 134
   Mercedes-Benz 300 SL 222, 223
   Mercedes-Benz 320 134
   Mercedes-Benz 320n Kombinations-Coupé 134
   Mercedes-Benz 450 SEL 6.9 187
   Mercedes-Benz 500 K 184
   Mercedes-Benz 600 186, 187
   Mercedes-Benz 770 185
   Mercedes-Benz C 111 222, 223
   Mercedes-Benz Großer Mercedes (Kaiserwagen) 186
   Mercedes-Benz S-Klasse 187
   Mercedes-Benz Silberpfeile 222, 223
   Mercedes-Benz W 111-Baureihe 187
   Mercedes-Benz-Strich-8-Baureihe 8 (W 114, W 115, C 114) 135, 138
Michelin 77, 116
Mini 102, 103, 104
Mitsubishi 69, 164, 165
   Mitsubishi Debonair 165
   Mitsubishi Galant 165
   Mitsubishi PX33 69
Model M 17
Morgan 44, 238
   Morgan +8 238
   Morgan 4/4 238
   Morgan V-Twin 44
Morris 104, 105, 163
   Morris Minor 105, 163
Mylord Coupé 11

N

NAG 17, 56, 57
Nagant 25
Nesselsdorfer Wagenbau-Fabrikgesellschaft 66
Nissan 164, 270
   Nissan Datsun 200 L
   Nissan Datsun Bluebird 164, 165, 301
   Nissan Datsun Violet 301
   Nissan Fairlady 270
   Nissan Roadstar 270
NSU (NSU-Fiat) 92, 93
   NSU 1200 TT 92
   NSU K 70 93
   NSU Prinz (Sportprinz) 92, 93, 128, 129
   NSU Ro 80 93, 129
   NSU Spider 93

O

Oldsmobile 36, 37, 174, 175
   Oldsmobile Eighty-Eight 174
Opel 54, 55, 77, 86, 138, 139, 191
   Opel 4/8 PS (Doktorwagen) 54, 86
   Opel Admiral 55, 138, 139, 191
   Opel Ascona 139, 291
   Opel Commodore 139, 396
   Opel Diplomat 139
   Opel Kadett 55, 138, 139
   Opel Kapitän 55, 138, 139
   Opel Laubfrosch 55, 77, 86
   Opel Manta 139, 299
   Opel Olympia 138, 139
   Opel Rekord 139

P

Packard 176, 177, 196, 200
Panhard & Levassor 24, 25, 118, 119
   Panhard & Lavassor 6 DS RL N Spécial X74 118
   Panhard & Lavassor A1 69
   Panhard Dyna Z 119
Patent-Motorwagen 10
Peugeot 18, 19, 20, 21, 23, 25, 30, 76, 77, 82, 83, 120, 121, 122, 124, 125
   Peugeot 104 6, 77, 83
   Peugeot 504 121
   Peugeot 601 Roadster 120, 121
   Peugeot Bébé 19, 20, 21, 31, 74
   Peugeot Quadrilette 21, 74, 75
   Peugeot Type 3 18
   Peugeot Typ 127 19, 21
   Peugeot Typ 161 74
   Peugeot Typ 172 75
   Peugeot Typ 177 20, 21
   Peugeot Typ 201 21, 74, 75, 76, 77
Plymouth 180, 181
   Plymouth Barracuda 282, 284
Polski-Fiat 100
Pontiac 175
   Pontiac Chieftain 181
   Pontiac Firebird 282, 283, 284, 285
   Pontiac Star Chief 175
Pony-Cars 282
Porsche 356 224, 225, 226
   Porsche 911 225, 227
   Porsche 1600 226
   Porsche Carrera 225
Porsche, Ferdinand 64, 65, 88, 185, 224
Protos Typ C 10/30 PS 56, 57

R

Red Jammers 16
Renault 26, 27, 28, 80, 81, 82, 122, 123, 262, 263
   Renault 3 81
   Renault 4 80, 81
   Renault 4 CV (Crèmeschnittchen) 26, 80, 262
   Renault 5 80, 81
   Renault 14 123
   Renault 16 Ts 123
   Renault Alpine A 110 263
   Renault Caravelle (Floride) 265
   Renault Dauphine 122
   Renault Stella 122, 204, 262
   Renault Typ D 4 CV 26
   Renault Type Al 27
Rochet-Schneider 28, 29
   Rochet-Schneider 12 CV Type 9000 28
Rolls-Royce 40, 42, 43, 211, 212, 213
   Rolls-Royce 16EX 43
   Rolls-Royce hp-Serie 42
   Rolls-Royce Phantom 43, 210
   Rolls-Royce Silver Dawn 211
   Rolls-Royce Silver Shadow 211
Rover 163

S

Saab 158, 159
   Saab 95 158, 159
   Saab 96 160
   Saab Sonett-Reihe 274, 275
Seat 600 108
Serpollet 15, 18, 26
Simca 23, 82, 124, 125, 262
   Simca 1100 82
   Simca 1307 124, 125
   Simca 1610 124, 125
Škoda 64, 66, 140, 141, 274
   Škoda 100er 105, 120 141
   Škoda 120 141
   Škoda 130 RS 274
   Škoda 1202 140
   Škoda Felicia 274, 275
   Škoda Octavia 141, 274
   Škoda Tudor 140
Standard Motor Company 163, 232
Stanley 15, 17
   Stanley 740 17
Steyr 64, 65, 66
   Steyr Typ 220 64
Studebaker 176, 200
   Studebaker Champion 176

T

Talbot 29, 30, 82, 83, 124, 125, 261
   Talbot 1100 82, 83
   Talbot Bagheera 125
   Talbot Murena 125
   Talbot Rancho 125
Talbot-Lago 29, 124
   Talbot-Lago T23 Teardrop Coupé 30
Tatra 67, 140, 141, 142, 143
   Tatra 11 67
   Tatra 66 140, 141
   Tatra 67 140, 141
   Tatra 77 142
   Tatra 87 142
   Tatra 97 142
   Tatra 600 Tatraplan 142
   Tatra 603 142, 143
   Tatra 613 142, 143
Toyota 68, 69, 110, 111, 165, 270
   Toyota 2000 GT 270
   Toyota AA 68, 69
   Toyota Carina 301
   Toyota Celica 301
   Toyota Corolla 111, 301
   Toyota Corona 165, 301
   Toyota Crown (S40) 165
   Toyota Publica 110, 111
   Toyota SA 165
Trabant (Trabi) 100, 101
   Trabant 601 100
   Trabant P50 101
   Trabant P70 101
Triumph Cycle Company/Motor Company 162, 163, 240
   Triumph 10/20 162
   Triumph Gloria 163

REGISTER / BILDNACHWEIS

Triumph Herald 162
Triumph Roadster 240
Triumph Spitfire 4 240
Triumph Spitfire 4 Mark 2 241
Triumph Super Seven 162
Triumph TR-Reihe 240, 241
Trojan 96, 97

U
Unic 23

V
VEB Sachsenring Automobilwerke Zwickau 100
Verbrennungsmotor 10, 12, 13, 40, 64
Victoria 12
  Victoria Spatz 94, 95
Voisin 31, 206, 207
  Voisin C23 207
  Voisin M-1 31
  Voisin Typ C 31
Volkswagen (VW) 88, 89
  VW 411 (Nasenbär) 292, 293
  VW 1200 (Ovali) 89, 90, 92
  VW 1300 92
  VW 1600 292, 293
  VW Golf 293, 294, 295
  VW Golf GTI 294
  VW Jetta 295, 296
  VW Käfer 88, 89, 90, 92, 291, 292
  VW Karmann-Ghia 228
  VW Karmann-Ghia Typ 14 228
  VW Karmann-Ghia Typ 34 Coupé 229
  VW Passat 294, 295
  VW Porsche 914 228, 229
  VW Scirocco 295
Volvo 92, 160, 161
  Volvo Amazon (120er Serie) 161
  Volvo ÖV4 160
  Volvo P1800 275
  Volvo P1900 274
  Volvo PV4 160
  Volvo PV444 (Buckelvolvo) 161
  Volvo PV544 161

W
Wanderer 62, 74, 126, 128
  Wanderer Stromline Spezial 228
  Wanderer W25 K 128
Wankelmotor 129, 270, 271
Wartburg 23, 55, 87, 149
  Wartburg 1.3 146, 147
  Wartburg 311 146, 147, 273
  Wartburg 313/1 273
  Wartburg 353 146, 147, 273
  Wartburg 353W 146, 147
  Wartburg 1000 146, 147
  Wartburg Motorwagen 55
White Motor Comoany 17

Achim Lueckemeyer/Pixelio.de 299 u; Ad Meskens 119 u; Adam Opel AG 139 o; Alex1011/Creative Commons 100 u; Alexander Dreher/Pixelio.de 111 o; Alexf/Creative Commons 64 u; Alpinemauve 162; Andrea Kratzenberg 244 Mitte; Andreas Ladewig/Pixelio.de 174/175 o; Andrew Beierle 171 u; Andrew Butko 141 lu; Arnaud 25/Creative Commons 249 Mitte; Arnold Exportbier/Pixelio.de 92 u; Aston Martin 236, 236/237 u, 237 alle, 238 u, 239 u; Audi AG 8/9, 60, 61, 63, 93, 126 o, 127 beide, 128 o, 129 beide, 192 beide, 193, 228 o, 290 u, 291; auto-im-vergleich.de/Pixelio.de 273; Ben C 164 o; Bentley 43 u, 212; Birgit Winter/Pixelio.de 84 u; biscoc/Pixelio.de 177 o, 220 o; BMW AG 70/71, 87 u, 89u, 132 o, 133 o, 133 u, 190 u, 230 o, 231 beide, 297 beide; Brian Snelson 45 o, 243 or, 259 u; Brigitte Schimpfhauser/Pixelio.de 88 o; Buch-t 15 Mitte, 28 u, 37 o, 95; Bugatti 31, 208 beide, 261 o; C. G. P. Grey/Creative Commons 16 o; Carola Langer/Pixelio.de 181 or; Case IH 38, 39; Chr. Späth 23 o; Chris Greene 78 m; ChrisBLong 241 u; ChristophS./Pixelio.de 135 o; Chrysler 179 u, 180 ol, 200 beide, 279 Mitte; ChUB/Pixelio.de 79 u; Citroën 78 o, 79 o, 112/113, 114 o, 205 o, 206 o; Ctellal/Creative Commons 207 u; Cvf-ps 241 o; Daihatsu 270; Daimler AG 10 m, 11 lo, 11 u, 12 u, 13 o, 51, 52/53, 65 u, 134, 135 lu, 136/137, 182/183, 184 beide, 185 o, 186, 187 beide, 188 beide, 189 beide, 220 u, 221 u, 222, 223 beide; Daimler pics/Creative Commons 41; Daniel Duchon 29; Dave_7/Creative Commons 118 beide, 240 o; David Saunders/Creative Commons 14 u, 286 u; Derek Jones 244 u, 245 o; Dieter Haugk/Pixelio.de 272 u; Dieter-Schütz/Pixelio.de 10 u, 11 ro, 90/91, 170, 180/181 o, 203 o; Dr. Ing. h.c. F. Porsche AG 225 beide, 226, 227 o; Drzem Ek 141 o; Ed Callow/Creative Commons 30 u, eddie60 13 u; Eduardo Martinez 146 u; Eduardo Mota Silva 128 u; Egon Häbich/Pixelio.de 105 o; Emily Bronze 164 o; ems74/Pixelio.de 176 u; Erik Hutters 175 o; Fabio Sommaruga /Pixelio.de 211 u, 278 o; Facel-Vega 204 u, 205 u; Fiat 46 beide, 47, 49 beide, 106 u, 108 o, 109, 150 beide, 151 beide, 152 beide, 153 u, 154 beide, 155 beide, 156, 157 beide, 158 u, 254, 255 beide, 257; Ford Motor Company 32 u, 33 beide, 72 groß, 73 u, 177 u, 178 o, 198/199, 201 beide, 202, 203 u, 276/277, 279 o, 280 beide, 281 beide, 286 o, 298 u, 298/299 o; Frank Güllmeister/Pixelio.de 54 o; Frank R. Harbig/Pixelio.de 126 u, 261 u; Gabi Schönemann 30 o, 87 u, 185 u; General Motors Company 32 o, 36, 158 o, 166 beide, 167 u, 171 Mitte, 174 oben klein, 194 u, 284/285, 288 alle; Geoffroy Magnan 120 o; George Grantham Bain Collection/Library of Congress 16 u; Gérard Delafond/Creative Commons 77 u; Gerda B./Pixelio.de 149 o; Gerhard Giebener/Pixelio.de 138 lo; Gerla Brakkee 114 u; Günter Havlena/Pixelio.de 42 o; Harold/Creative Commons 140 u; Hartmut910/Pixelio.de 59 ru; Heinrich Schmidt/Pixelio.de 62 u; Helga Schmadel/Pixelio.de 230 u; Huhu Uet / Creative Commons 161 o; Ian Beeby 242, 243 u, 243 ol; ibon san martin 108 klein; Ingo Anstötz/Pixelio.de 168 u, 172/173; ingo132/Pixelio.de 169 o, 171 o; Irene Disse 84 u; Jaguar Cars 210 u, 214, 215 beide, 216, 217 beide, 234, 235 beide; Jan van den Meerssche 141 u; Jens-Schöninger/Pixelio.de 240 Mitte; Jerzy/Pixelio.de 92 o; Joel Dietle 80 u; Johannes Vortmann/Pixelio.de 78 u; John Boyer 245 u, 287 u; John Nettleship 105 u; Jonny Hansson/Creative Commons 97 o; Jorge Vicente 19 u, 23 u; Joujou/Pixelio.de 72 o, 76 u, 77 m; JR Goleno 289 u; Juan Pablo Oitana 131 u; Julie Elliott-Abshire 283 u; Karl-Heinz Laube/Pixelio.de 86, 191 u; Kenn Kiser 278 u; Kent Eriksson 174 u; Kersten Schröder/Pixelio.de 34 o; Klaus Ableiter/ Creative Commons 14 o, 15 u; Klaus-Peter Wolf/Pixelio.de 292 u; Konnieciu 146 o; Kurt F. Domnik/Pixelio.de 224; laakrs 282; Lamborghini 218/219, 250 beide, 251 beide, 252, 253 beide; lease roe 104; Lennart Coopmans/Creative Commons 69 u; Liebesspieler/Pixelio.de 133 m; Liftarn 17; Loretta Humble 73 o; Lorraine Dietrich 22 u; Lothar Spurzem/Creative Commons 98, 131 u, 138 ro, 221 Mitte, 233 u, 260 u; Lothar Wandtner/Pixelio.de 99 o; Ludek/Creative Commons 148 o; Luis Rock 35; lustfish 267 o; Maciej Lewandowski 102 o; magstefan 180 u, 196 u; Manny756/Creative Commons 246 groß; manwalk/Pixelio.de 178 u; Marc Slingerland 116 u; Marc Tollas/Pixelio.de 50 o; Marco Barnebeck/Pixelio.de 62 o, 64 o, 67 u, 101 o, 132 u, 145 u, 147 u, 161 u, 221 o, 256 u, 263 o, 273 o; Maren Beßler/Pixelio.de 64 m; Markus Biehal 168 u; Mazda Motor 110 beide, 270/271 unten, 271 o; Michael Dolan/Creative Commons 283 u; Michael Dörflinger 22 o, 50 u, 55 beide, 56, 57 u, 58, 59 o, 59 lu, 68 o, 69 Mitte, 85 beide, 95 o, 96 beide, 130 beide, 191 o, 197 o, 269 o, 296 u; Michael Hänsel mh grafik/Pixelio.de 160 Mitte, 210 o, 214 o; Michael Puoci 269 u; Michael.O 115 o; Michal Zacharzewski 115 u, 148 u, 149 u; Morgan 44, 238 o; Motorpress Iberica 256 o; MPW57 209 u; Newspress Ltd. 102 u, 196 u; Nick Stahlkocher/Creative Commons 24 o; Nippy Liftarn 40 o; Nissan Motor Co. 164 u; nobbymg/Pixelio.de 227 u; Nobody/Pixelio.de 168 Mitte; Noodia/Creative Commons 248; Norbert Höller 267 u; Oiler/Pixelio.de 163 u; Olaf Rendler/Pixelio.de 190 o; Oldtimer/Pixelio.de 211 o, 233 o, 268; Ondrej Ertl/Creative Commons 10 o, 143 u; Pequel Urga 81 o; Peter Schmitz/Creative Commons 204 o; Peter von Bechen/Pixelio.de 54 u; Peugeot 18 Mitte, 19 o, 20 beide, 21, 72 o, 74 u, 75 alle, 76 o, 77 o, 82, 83 beide, 120 u, 121, 124, 125 beide, 260 o, 262; Philip MacKenzie 169 u; Philipp K. 101 u; Photo Libre 163 o; Piotr Rudziewicz 143; Pujanak 94; Rainer Berg 159, 160 u; Rasmus Andersen 181 u; Ray Nelissen 107 u; Reinhard Grieger/Pixelio.de 144 u; Remi Garneau 175 u; Renault 18 o, 26, 27 beide, 80 u, 81 u, 122 beide, 123 beide, 264/265; Rike/Pixelio.de 289 o; Robert Babiak/Pixelio.de 100 u; Robert Blanken/Pixelio.de 25 ro, 233 or, 239 Mitte, 263 u; Rochet-Schneider 28 o; Rodrigo/Creative Commons 275 u; Rolf Handke/Pixelio.de 140 o, 194 o; Rolls-Royce Enthusiasts Club 42 u, 43 o; Rundvald 25 u; Saab Automobile 275 o; Sammlung Michael Dörflinger 12 o, 15 o, 25 o, 40, 41 o, 65 o, 66; Sasha Davas 167 o; Seano1/Creative Commons 176 o; Shafina Sheridan 153 o; Simon Carlsson 34 u; Simon Davison/Creative Commons 207 o; Snowdog/Creative Commons 258; stahlkocher/Creative Commons 197 u; steem steem 195 o; Stefan Wogrin 135 ru; stefano barni 106 o; Steve Austin 37 u; Stingray/Pixelio.de 213; suedberliner/Pixelio.de 232 beide; Tatra 67 o, 143 o; t-fotos/Pixelio.de 103 u; Thad Zajdowicz 249 u; Thesupermat/Creative Commons 206 u; Thomas Gray 247 o; Thomas Max Müller/Pixelio.de 117, 195 u; Tom Romig 266; Tomislav Medak 24 u, 48; Ton Koldewijn 89 u; Ton1-bot/Creative Commons 119 o; Tony Harrison/Creative Commons 259 o; Tony Hisgett 45 u; Toyota 68 u, 69 o, 111 u, 165 u, 300/301, 301 u; tutto62/Pixelio.de 139 u; Valery Zaveryaev 145 u; Vitezslav Valka 287 o; Volkswagen AG 88 u, 89 u, 228 u, 229 beide, 290 u, 292/293 o, 293 u, 294 beide, 295 beide, 296 o, 296 Mitte; W. Poertner/Pixelio.de 185 Mitte; Walter Ditgens/Pixelio.de 73 Mitte; watchaddic 107 o; wbaiv/Creative Commons 246 klein; Windrose/Pixelio.de 57 o; Writegeist/Creative Commons 247 u, 249 o; Xocolatl 97 u